JN143561

カラーイメージで学ぶ

〈新版〉
統計学の基礎 第2版

市原清志 山口大学名誉教授
佐藤正一 国際医療福祉大学准教授
山下哲平 滋慶医療科学大学院大学講師

〈新版〉統計学の基礎 第2版
CONTENTS

本書で使用する主な記号と意味 ……………………………………………………… 3
検定法と検定統計量 …………………………………………………………………… 4
本書で取り扱う統計処理法の分類 …………………………………………………… 5
検定法の使い分け ……………………………………………………………………… 6

第1章 統計学とは   9

■ 統計学とは …………………………………………………………………………… 10
統計学は、バラツキを伴う情報を客観的に分析・評価する学問 …………………… 10
　　我々は、日常いろいろな数値を読み経験的に判断している ………………… 10
サイエンスでは、統計がなぜ必要とされるか？ …………………………………… 11
　　経験的な"統計処理"は主観的であいまい ……………………………………… 11
　　サイエンスでは、未知の情報を扱うため、客観的な"統計処理"が不可欠となる …… 11
　　バラツキがなければ、統計処理はいらない …………………………………… 13
母集団と標本 …………………………………………………………………………… 13
　　標本はどの程度ばらつくのか？ ………………………………………………… 14

■ 統計の2つの機能 …………………………………………………………………… 16
機能1：少ない情報から全体像を把握する（推計学） ……………………………… 16
　　統計学的仮説検定と有意確率 …………………………………………………… 16
機能2：データを要約する（記述統計学） …………………………………………… 17

第2章 記述統計   19

■ 標本の分布 …………………………………………………………………………… 20
度数分布の概念と作り方 ……………………………………………………………… 20
統計量　〜標本の特徴を表す要約値〜 ……………………………………………… 21
　　分布の中心位置の表し方 ………………………………………………………… 21
　　分布の広がり（散布度、変動）の表し方 ……………………………………… 21
　　探究：標準偏差の計算で、nではなくn-1で割る理由 ………………………… 23
　　参考：他の箱ひげ図作成法 ……………………………………………………… 27
　　探究：分布の形状を示す統計量（歪度と尖度） ……………………………… 28

■ 正規分布の特徴と使い方 …………………………………………………………… 32
正規分布とは …………………………………………………………………………… 32
正規分布と信頼区間確率 ……………………………………………………………… 32
正規分布となる計測値の例 …………………………………………………………… 33
正規分布とならない計測値の例 ……………………………………………………… 33
よく見られる分布型 …………………………………………………………………… 35

III

正規分布の標準化とzスコア ……………………………………………… 36
　　　標準正規分布表の見方 …………………………………………………… 37

■ 分布の特徴点の表し方
　　　zスコアによる、分布の中での相対位置の表し方 …………………… 38
　　　片側有意確率Pによる分布中の相対位置の表し方 …………………… 38
　　　　　参考：パーセンタイル（百分位数）による相対位置の表し方 …… 41
　　　　　探究：pパーセンタイルの値xの求め方 ………………………… 43
　　　　　参考：計測尺度と統計処理方式 ………………………………… 44

第3章　検定の原理　　　　　　　　　　　　　　　　　　　　　45

■ 統計的仮説検定の目的と理論 ……………………………………………… 46
　　　有意差検定では反証の論理が使われる ………………………………… 47

■ 検定の原理を考えよう（平均値の検定） ………………………………… 50
　　　標本平均の理論分布と標準誤差（SE） ……………………………… 52
　　　シミュレーションで考えよう　標本平均の分布 …………………… 54
　　　　　実行手順 ………………………………………………………… 54
　　　　　実行例 …………………………………………………………… 55

第4章　関連2群の差の検定　　　　　　　　　　　　　　　　　57

■ 1標本t検定（パラメトリック法） ………………………………………… 58
　　　1標本t検定の概念 ………………………………………………………… 58
　　　検定の手順 ………………………………………………………………… 59
　　　1標本t検定におけるt分布とは ………………………………………… 64
　　　正規分布とt分布の違い ………………………………………………… 65
　　　　　t分布表の見方 …………………………………………………… 66
　　　1標本から求めた各種統計量の理論分布 ……………………………… 67
　　　シミュレーションで考えよう　標本のt値の分布 …………………… 68

■ 統計学的推定（平均値の検定の場合） …………………………………… 70
　　　　　探究：母平均の95％信頼区間の推定 ………………………… 72
　　　　　探究：自由度（df : degree of freedom） …………………… 73

■ 一標本Wilcoxon検定（ノンパラメトリック法） ………………………… 74
　　　検定の概念 ………………………………………………………………… 74
　　　検定の手順 ………………………………………………………………… 75
　　　　　注意：統計量Tの求め方：チェックポイント ……………… 76
　　　Wilcoxon検定における統計量Tの理論分布 ………………………… 78
　　　　　Wilcoxon T検定表の見方 ……………………………………… 78

第5章 独立2群の差の検定　　　81

■ 2標本t検定（パラメトリック法）　　82
 2 標本 t 検定の概念　　82
 検定の手順　　83
 シミュレーションで考えよう　平均値の差の標準化値 t の分布　　88
  実行手順　　88
  実行例　　89
 2 標本から求めた各種統計量の理論分布　　90
 2 標本 t 検定における t 分布とは　　91

■ 統計学的推定（平均値の差の検定の場合）　　92

■ 等分散性の検定（F検定）　　94
 検定の手順　　94
  F 分布表の見方　　96
  参考：F 分布の形状と期待値 $E(F)$　　97
  参考：正規分布の加法定理　　98

■ Mann-Whitney検定（ノンパラメトリック法）　　102
 検定の手順　　102
 検定の概念　　103
  Mann-Whitney 検定と統計量 U について　　103
  同順位があるとき　　103
 Mann-Whitney 検定の統計量 U の理論分布　　108
  $n_1=2$、$n_2=2$ の場合　　108
  $n_1=3$、$n_2=2$ の場合　　108
  $n_1=3$、$n_2=3$ の場合　　109
  $n_1=n_2 \geqq 4$ の場合　　109
 2 標本 t 検定の制約と Mann-Whitney 検定との使い分け　　111
 シミュレーションで考えよう　検出力の比較　　112
  実行手順　　112
  実行例　母集団が正規分布の場合と対数正規分布の場合の比較　　113

第6章 判断分析　　　115

■ 感度・特異度・ROC解析　　116
 感度と特異度　　116

■ ROC分析による2群の判別度の分析　　119
 ROC 分析と曲線下面積　　120

■ カットオフ値の設定法　　121
 感度・特異度曲線の利用　　121

有病率によるカットオフ値の調整 ··· *122*

偽陽性や偽陰性の重要性を考慮した調整 ······································· *123*

第7章 出現度数に関する検定 125

■ 一要因の場合 ·· *126*

比率の検定（二項検定）··· *126*

二項検定の概念 ·· *126*

検定の手順 ·· *128*

注意：個別確率と有意確率の区別 ··· *131*

シミュレーションで考えよう 出現度数の分布 ······································· *132*

実行手順 ·· *132*

実行例 ·· *133*

母比率 p と試行回数 n によって変わる二項分布の形状 ····························· *134*

母比率 p 既知：出現度数 r の分布と出現比率 r/n の分布の関係 ····················· *135*

母比率 p 未知：観察した比率 po から母比率 p を推定するには ····················· *135*

探究：二項分布を正規分布に近似するための連続補正 ···························· *137*

探究：正規近似できない場合の出現度数（比率）の区間 ·························· *138*

χ^2 適合度検定（多項分布の検定）·· *140*

検定の手順 ·· *140*

χ^2 分布表の見方 ··· *142*

■ 2要因の場合 ·· *144*

χ^2 独立性検定（2×2 分割表検定）··· *144*

検定の手順 ·· *144*

参考：2×2 分割表検定は、比率の差の検定と同じ ······························· *147*

Fisher の直接確率計算法 ·· *148*

第8章 独立多群間の比較 153

■ 多群間の同時比較が必要な場合 ·· *154*

■ 一元配置分散分析(one-way ANOVA) ······································ *155*

検定の概念 ·· *155*

検定の手順 ·· *156*

分散分析を利用した日間 CV、日内 CV の求め方 ································· *161*

■ Kruskal-Wallis検定 ·· *164*

検定の概念 ·· *164*

検定の手順 ·· *165*

Kruskal-Wallis 検定の統計量 H の理論分布 ······································· *168*

分散の均一性の検定（Bartlett 検定）··· *170*

一元配置分散分析法の制約と Kruskal-Wallis 検定との使い分け ····················· *172*

第9章　相関と回帰直線　　173

■ 相関係数　174
- 相関係数の定義　175
  - 探究：偏差積和 ⇒ 共分散 ⇒ 相関係数　176
  - 参考：相関係数の別の定義　176
- 偏差積和（共変動）の意味をn=4の場合で考えてみよう　177
- 偏差積和（共変動）の意味をn=10について考えてみよう　178
  - 正の相関の場合の偏差積和　178
  - 負の相関の場合の偏差積和　179
  - 無相関の場合の偏差積和　179
- 単相関係数の検定　180
- 標本相関係数の理論分布　185
- シミュレーションで考えよう　相関係数の分布　186
  - 実行手順　186
  - 実行例　187

■ スピアマン順位相関係数　188
- スピアマン順位相関係数 r_s の概念　188
  - スピアマンの順位相関係数の特性　189
- 検定の手順　190

■ 回帰直線　(linear regression)　195
- 何を独立変数にするかで回帰式が変わる（回帰の方向性）　198
- 探究：最小二乗法の原理と回帰直線　199
- 探究：回帰直線による予測の求心性と線形関係式　200
- 回帰直線を計算するときに注意すべき点　202

第10章　適切な統計処理に必要な考え方　よくある質問に答えて　203

- Q1. パラメトリック検定では、分布の正規性を検定で確認する必要がありますか？　204
- Q2. 検定法によって判定が異なる場合、どう対処すればいいですか？　206
- Q3. 片側検定と両側検定をどのように使い分けるのですか？　207
- Q4. 有意差検定の有意水準は常に P=0.05 でいいのですか？　208
- Q5. データ数が大きく、有意差検定が無意味な場合、研究結果をどのようにまとめればいいですか？　209
- Q6. 臨床試験などの介入研究では、計画段階でデータ数の設定が要求されるのはなぜですか？また何を目安に設定するのですか？　211
  - 参考：有意差検定におけるαエラーとβエラー　215
- Q7. 多群間で2群ずつ検定したところ、査読者から検定回数による有意確率の補正を要求されました。なぜ補正が必要なのですか？　217
- Q8. 観察研究では群間比較に有意差検定を使えないって本当ですか？　220

第11章 実験してみよう　225

- 実験してみよう　226
  - 実験結果記録用紙（実験4a）k = 4、$n_1 = n_2 = n_3 = n_4 = 4$ の場合　233
  - 実験結果記録用紙（実験4b）k = 3、$n_1 = n_2 = n_3 = 5$ の場合　234
  - 計算例　235
  - 標本相関係数記録用紙（n=6）　238
  - 標本相関係数記録用紙（n=12）　239

解答集　241

統計表　269

付　録　281

- StatFlexのインストール　282
  - インストール手順　282
  - StatFlex 製品版との違い　282
  - StatFlex 本体のインストール　283
- StatFlexの機能と基本的な使い方　284
  - 基本事項　284
    - データ形式と視点　284
    - 変数型と自動グラフ　286
    - データの取り込み（新規作成）　288
    - 貼り付け時の自動確認と修正　289
    - 演習データの読込み　290
  - StatFlex の基本的な使い方　290
    - グラフの調整法　290
    - データの並べ替え　292
    - 値の一時除外　292
    - 統計表機能　293
    - 統計量→確率の計算機能　294

第12章 参考文献　295

索　引　301

はじめに

情報社会の急速な進展により、日常的なデータであれ、科学的に得られたデータであれ、それらを正しく分析し、有効に活用するニーズがますます高まっている。データ分析を的確に行うには、統計処理は必須であり、統計学を理解した上での利用が求められる。

統計処理を正しく理解するには、統計処理がどのようなプロセスで進められていくのかについて、明確なイメージを描いて学習していくことが重要となる。そのために本書では、様々な視点から多数のシェーマを用意し、統計理論をできるだけ分かりやすく理解していただけるように努めた。

特に、統計学の理論は確率論に基づいており、標本抽出に伴うデータの確率論的な揺らぎの特性の理解が求められる。そこで、常に図式的に提示することで、統計学の背景にある確率論の意味をイメージできるようにした。

本書は、好評いただいている1990年に出版した「バイオサイエンスの統計学」(南江堂) を発展させた形で構成した。各種統計手法の基本的な概念と処理手順の解説に加えて、より深い理解のために、「探求」、「参考」、「注意」の欄を設けて解説した。また、図中に示した「ここがポイント」では、その重要点を明瞭に述べ、理解を促すようにしている。

なお巻頭では、多様な統計処理法を分類・整理し、それらの全体像を把握できるようにした。さらに検定法と統計処理法のまとめ図表から、検定法間の関連性と使い分けについても、すぐに確認できるよう工夫している。また、10章の「適切な統計処理法に必要な考え方：よくある質問に答えて」では、これまで曖昧にされてきた、誰もが抱く統計処理上の様々な疑問点を取り上げて、その本質的な部分に触れて回答し、適切な統計処理の指針とした。

本書では、実際に統計処理を行えるようにすべく、著者らが開発した統計ソフト (機能限定版) を付けている。これは単なる学問としての統計学ではなく、実データを用いて読者自身が統計処理を体験的に学んでいただくことを目指している。このソフトが持つ統計シミュレーション機能により、統計学の根本にある、標本抽出理論 (母集団と標本統計量の関係) を、乱数データを発生させて視覚的に理解できるようにした。

本書を利用することで、統計学をより身近なものに感じてもらえればと願っている。なお、本書作成にあたっては、StatFlex 開発チームのメンバーである佐藤和孝氏、川野伶緒氏に、付属統計ソフトの開発のみならず、編集作業においても多大な援助をいただいたことに、改めて感謝の意を表す。

2014年9月　市原清志
佐藤正一

第2版によせて

市原による「バイオサイエンスの統計学」(1990年南江堂)は、基礎統計学についての知識を広く、深く取り扱っており、これまで多くの読者を得ている。しかし、やや難解な内容も含んでおり、初学者には敷居の高い内容となっていた。そこで、大学1年の教養課程における統計学の授業での利用を想定して、内容を簡略化した「カラーイメージで学ぶ統計学の基礎」を2006年に刊行し、2011年に同書の改訂版を出版した。しかし、教養課程で利用するには、さらなる簡略化や補足説明の必要な箇所が多々あった。

そこで2014年に全面的な改定を行い、統計データの解析を行う際に多くの方々が疑問をもつ点に関して、より明快な解説を試みた「カラーイメージで学ぶ＜新版＞統計学の基礎」を刊行した。幸い、教養課程の教科書としての価値が認められ、より多くの大学で採用されるようになった。ただ、解説の流れや説明文の明解さなどに問題があったことや、誤字・誤植もいくつか存在した。

今回の増刷にあたり、細部にわたり記述内容を見直し、かつ授業でより使いやすくするため、頁の配置を全体的に整理した。特に、統計学の理解を助けるシミュレーションを付録から本文の該当箇所に再配置し、標本のばらつきや統計量への理解を高める工夫を行った。また、類似した内容の記述をまとめ、主要な図を作り直した。さらに、その要点を把握しやすくするため「ここがポイント」の数を増やすとともに、表現をより簡潔なものとした。新たな検定法としては、分布の正規性を確認するための歪度と尖度について解説を追加した。

この改訂により、統計学の理論とデータ処理法に関し、よりスムーズな理解が得られ、授業ばかりではなく、独学でも本書から統計学の基本を十分習得していただけることを、執筆者一同願っている次第である。

2016年8月　　市原清志
　　　　　　　佐藤正一
　　　　　　　山下哲平

本書で使用する主な記号と意味

記号	意 味
AUC	曲線下面積
α	有意水準
μ	母平均
μ_T	Wilcoxon T 検定統計量の期待値
μ_U	Mann-Whitney U 検定統計量の期待値
σ^2	母分散
σ	母標準偏差
Σ	累和
σ_T	Wilcoxon T 検定統計量の標準誤差
σ_U	Mann-Whitney U 検定統計量の標準誤差
χ^2	χ^2 統計量
χ^2_α	χ^2 統計量の有意水準 α に対する有意点
a	回帰直線の y の切片
b	回帰直線の y の傾き
CV	変動係数 (Coefficient of variation)
$_nC_r$	n 個から r 個取り出す組み合わせの数
CI	信頼区間 (Confidence Interval)
d	偏差（特に対をなす観測値の差）
$\bar{d}$	対をなす観測値の差の平均値
df	自由度
E	期待度数
$E(x)$	確率変数 x の期待値
F	F 統計量（分散比）
H	Kruskal-Wallis の検定統計量
H_0	帰無仮説
H_1	対立仮説
IQR	四分位範囲
N	総データ数
n	標本データ数

記号	意 味
$N(0, 1^2)$	標準正規分布
$N(\mu, \sigma^2)$	平均値 μ, 分散 σ^2 の正規分布
NS	not significant 「有意でない」
O	観察度数
P	有意確率
p	母比率
p_o	出現比率
QD	四分位偏差
r	実現度数
r	標本相関係数
ρ	母相関係数
r_S	スピアマンの順位相関係数
s	標本標準偏差
S	偏差平方和
SD	標準偏差
SE	標準誤差
S_{xx}	x の偏差平方和
S_{yy}	y の偏差平方和
S_{xy}	x, y の偏差積和
s_x	x の標準偏差
s_y	y の標準偏差
s^2	標本分散
T	Wilcoxon の検定統計量
t	t 統計量
t_α	t 統計量の有意水準 α に対する有意点
U	Mann-Whitney の検定統計量
$Var(x)$	確率変数 x の分散期待値
$\bar{x}$	標本平均
$\bar{\bar{x}}$	総平均
Z	Z 変換値
z	標準化値
z_α	標準正規分布の有意水準 α に対する有意点

検定法と検定統計量

データ形式	検定法	P/NP	検定統計量	自由度 (df), データ数 (n)	統計表
n 組	1 標本 t 検定	P	$\bar{d} \Rightarrow t$	$df = n-1$	
	Wilcoxon 検定	NP	$T \Rightarrow z$	n	$n \leq 25$ は Wilcoxon 検定表
	2 標本 t 検定	P	$\bar{x}_1 - \bar{x}_2 \Rightarrow t$	$df = n_1 + n_2 - 2$	
	Mann-Whitney 検定	NP	$U \Rightarrow z$	n_1, n_2	$n_1, n_2 \leq 20$ のとき Mann-Whitney 検定表
k 群	一元配置分散分析	P	F	$df_A = k-1$ $df_E = N-k$	k は群数 N はデータ総数
	Kruskal-Wallis 検定	NP	$H \fallingdotseq \chi^2$	$df = k-1$	k は群数、但し $k=3$, $n \leq 17$ は Kruskal-Wallis 検定表
k 分類	χ^2 適合度検定	NP	χ^2	$df = k-1$	k は分類数
	2×2 分割表	NP	χ^2	$df = 1$	
	単相関係数の検定	P	$r \Rightarrow t$	$df = n-2$	n はデータ組数
	スピアマン順位相関係数	NP	$r_S \Rightarrow t$	$df = n-2$	n はデータ組数

P：パラメトリック法 NP：ノンパラメトリック法 $\Rightarrow$：標準化

本書で取り扱う統計処理法の分類

統計処理は、以下のような内容について調べたいときに利用される。
*は本書では取り扱っていない

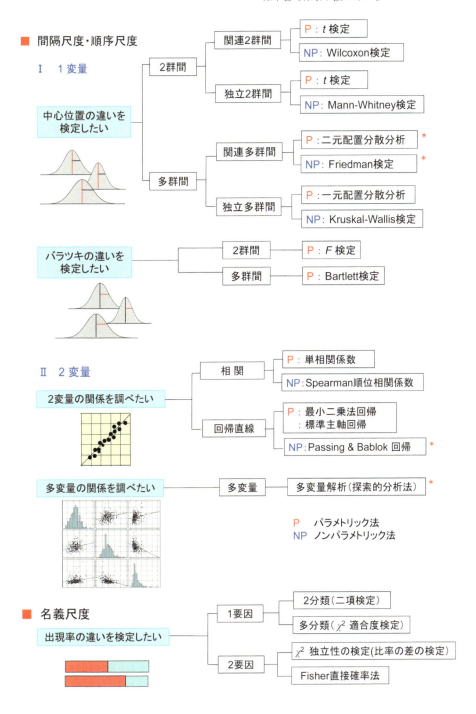

検定法の使い分け

●適用要件による使い分け

データ形式	検定法	方式	分布型の制約	計測尺度の制約	分散の制約
	1標本t検定	P	分布の正規性*1	間隔尺度*3	—
	1標本Wilcoxon検定	NP	なし	なし	—
	2標本t検定	P	分布の正規性*2	間隔尺度*3	2群の等分散性
	Mann-Whitney検定	NP	なし	なし	なし*4
	一元配置分散分析	P	分布の正規性*2	間隔尺度*2	分散の均一性
	Kruskal-Wallis検定	NP	なし	なし	なし*4
	単相関係数	P	分布の正規性*2	間隔尺度*3	—
	スピアマン順位相関係数	NP	なし	なし	—

P＝パラメトリック法　　NP＝ノンパラメトリック法

1. 差dの分布の正規性。データ数が大きくなると制約なし。
2. 各群の分布の正規性。データ数が大きくなると制約なし。
3. 順序尺度でも、細かく段階分けされている場合には制約なし。
4. ノンパラメトリック法では、基本的に群間での分散の不一致を問わないが、分散が有意に異なる場合には、仮に位置関係のずれが有意でないとしても、分散が異なるという意味で、群間差があると解釈する必要がある。

●検出力による使い分け

データ形式	検定法	方式	正規分布	一様分布	片側に歪んだ分布	両裾広がりの分布
	2標本t検定	P	◎	◎	×	×
	Mann-Whitney検定	NP	○	◎	◎	◎
	一元配置分散分析	P	◎	◎	×	×
	Kruskal-Wallis検定	NP	○	◎	◎	◎
	単相関係数	P	◎	◎	×	×
	スピアマン順位相関係数	NP	○	◎	◎	◎

◎良好　○可能　×不可

　　母集団が正規分布と仮定できる場合には、パラメトリック法は、有意確率により的確な判定を行え、かつノンパラメトリック法よりも、少しだけ差の検出力が高くなる。一様分布の場合には、一般にどちらの方法でも、差の検出力に大差はない。しかし、分布の非対称性が強い場合や極端値がある場合など、明らかに正規分布とみなせない場合には、ノンパラメトリック法のほうが常に差の検出力が高く、最適な検定法となる。

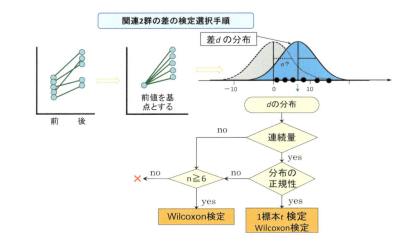

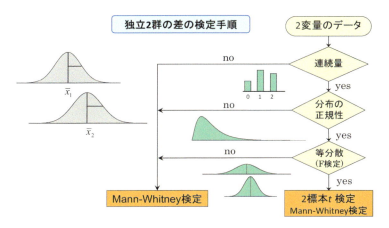

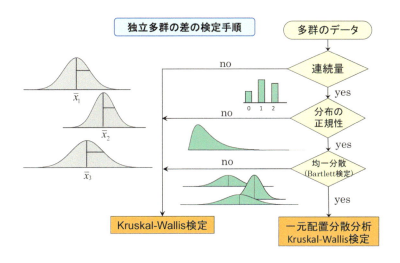

　得られるデータの性質から、どの統計処理法が適切であるのかを示すフロー図である。これは検定法の使い分けの目安であるが、絶対的なものではない。一般に厳密な実験の場合には、データを見てからその特性によって検定法を選ぶことは不適切で、実施前に用いる検定方法を決めておくことが要求される（ランダム化比較試験）。よって、データ分布の特性が不明な場合には、分布に依存しない**ノンパラメトリック法**がふさわしいと言える。

第 1 章

統計学とは

第1章
01 統計学とは

> 統計学は、バラツキを伴う情報を客観的に分析・評価する学問

■ 我々は、日常いろいろな数値を読み経験的に判断している

　体重であれ、野菜や果物の値段であれ、日常取り扱う数値を、繰り返し調べる（計測する）と、常にゆらぎ（**バラツキ**）があり、一定ではない。我々は、その数値が大きいか小さいか、等しいか異なっているかを、経験的に処理して判断している。

日常我々は数値を無意識に"統計処理"している

　この意味で、我々は日常出くわす数値に対して、"常識"に従って無意識のうちに"統計処理"を行っているのだが、その判断は**主観的**なため曖昧であり、また経験の程度に依存するので、人によって異なる。

サイエンスでは、統計がなぜ必要とされるか？

■ 経験的な"統計処理"は主観的であいまい

統計学を用いると、バラツキを伴う数値が、確率の理論に基づいて処理されるので、判断をより**客観的**に行えるようになる。

■ サイエンスでは、未知の情報を扱うため、客観的な"統計処理"が不可欠となる

サイエンス（科学）の分野でも、様々な計測が行われ、それに基づいていろいろな評価や判断をする。しかし、新しい実験をしたり、調査をするとき、多くの場合、**未知の情報であるが故に、その計測値がどの程度ばらつくのかを予測できない**。このため、統計による客観的な判断が求められる。

未知の実験結果

人は元々数値に弱い。情報量が多く、たくさんのパラメータからなる新しい研究データを眺めてもわからない。その基本構造を把握するために統計処理が必要となる。

複雑な調査データ

性別	年齢	BMI	TCHO	TG	HDL-C	LDL-C	TP	BS	HbA1c
0	67	21.41	258	169	46	178.2	6.9	109	5.2
1	62	22.73	216	107	44	150.6	7.2	110	5.1
1	51	21.39	186	88	55	113.4	7.2	99	5.0
0	54	23.93	207	136	43	136.8	7.2	281	5.6
1	51	20.92	203	125	66	112	7.8	109	5.1
1	59	25.69	227	288	53	116.4	7.3	118	5.0
0	51	24.22	169	146	45	94.8	7.2	70	4.8
0	59	23.83	220	112	60	137.6	7.7	89	4.9
0	52	24.51	190	85	61	112	8.1	90	4.7
1	57	24.58	205	120	55	126	7.2	141	7.0
1	52	22.41	264	97	90	154.6	8.0	124	6.1
1	50	30.09	223	246	45	128.8	7.8	99	5.3
1	30	23.24	186	168	54	98.4	7.4	67	4.9
1	66	24.20	205	104	46	138.2	7.1	95	5.1
0	73	17.33	164	87	70	76.6	7.0	85	4.6
0	75	26.02	285	156	65	188.8	7.9	110	5.0
1	24	28.83	265	158	42	191.4	7.1	96	4.8
0	35	24.75	201	132	47	127.6	7.6	98	4.9

従って、医学、行動科学、理工学など、**新しいものを探求するサイエンスでは、いかなる計測を行っても、常に、計測した情報を統計学に基づいて処理し、解釈することが要求される**。

サイエンス（科学）と統計

　「**科学**」 science とは、「知識や経験を実証可能な形で体系化してゆく知的活動（学問）」である。実際には、研究の成果（観察、調査、実験により得た結果とその解釈）を、実証（再現）可能な形で科学論文の形にまとめて報告する。そして、その論文を共有することにより、知識や経験が体系化され、この一連の活動（科学）により世の中が進歩・発展してゆくことになる。

　一般に、科学は、**自然科学**（物理学、化学、生物学、医学）、**社会科学**（経済学、法学）、**人文科学**（心理学、言語学）などに分類される。

　しかし、どの分野の科学においても個々の研究成果は、過去の報告や仮説との違い（新規点）を明らかにした上で公表することが要求される。ここで科学研究では、もともと**新規で未知な情報を取り扱うことが多く、「差の程度」についての「常識」が働かないので、「客観的」な判定の手段として統計学が必要となる。**

　また、統計学は複雑な研究データを要約し、様々な角度から分析する手段を提供するので、研究結果の解釈を的確に行う上でも重要となる。

科学論文では新規性や従来との違いが重要視され、統計学はその判定で必要となる。また、複雑な調査データを的確に読み解く手段を提供する。

バラツキがなければ、統計処理はいらない

　バラツキがなければ、1種類の計測値の時は1回測れば済み、2変量の関係を求めるときには、2回測れば関係が決まる。しかし、実際には計測するたびに値がばらつくため、繰り返し測定が必要になる。

　統計学では繰り返し計測の情報から、バラツキの傾向を把握し、確率論的に様々な推論を行う。すなわち**統計学は、計測値のバラツキを科学的に解析し、それに基づいて最も妥当な判断を行う手段を提供する。**

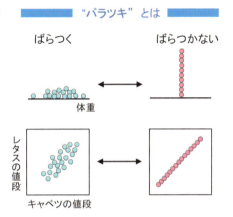

統計学では、反復測定で"バラツキ"を調べ、それを基準に変化を判断する。バラツキ情報なしでは統計処理できない。

母集団と標本

　分析対象となる**全事象の計測値の集合**を**母集団** population と呼び、そこから**取り出した計測値の部分集合**を**標本** sample と呼ぶ。母集団は無限のことが多く、有限でも計測には多大な時間と労力を要する。そこで統計学では、母集団から適当なサイズの標本を取り出して計測し、その結果から全体（母集団）の状態について様々な推論を行う。

　この場合、できるだけ偏りなく標本を選ばないと、母集団の状態を正しく把握できない。この偏りなく標本を選び出す方法を**無作為抽出** random sampling と呼び、ランダムに対象を選ぶ工夫が必要となる。

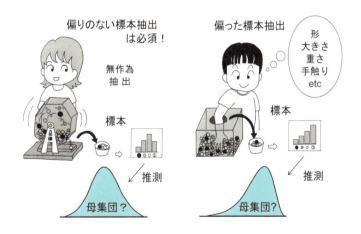

統計では一部の標本から全体を推測するので、標本の"**無作為**"抽出が求められる

標本はどの程度ばらつくのか？

下図は、ある母集団から、**7つのデータ**を取り出し分布を調べる実験を、計12回繰り返した結果である。

標本の分布は、その広がりが大きい場合（標本7、標本11など）や、逆にかなり小さい場合（標本8、標本10など）がある。また、その中心位置が、母集団の中心とほぼ一致している場合（標本3）や、かなり離れている場合（標本4、標本7）が見られる。実際には、このゆらぎの程度は、標本サイズ（データ数）に依存して変化する（15頁の図を参照）。

個々の標本のゆらぐ範囲は、母集団の分布についてある仮定を置き、標本サイズを指定すれば、統計学的に予測可能となる。

また、任意の2つの標本について、その平均値のずれが、どの程度の確率で生じるかを推定できる。下の例では、標本サイズが小さいので、偶然とはいえ、任意の2つの標本の間に様々なずれが見られるが、それぞれについて、確率的にどの程度起こりうるかを後述の**有意確率**の形で計算できる。

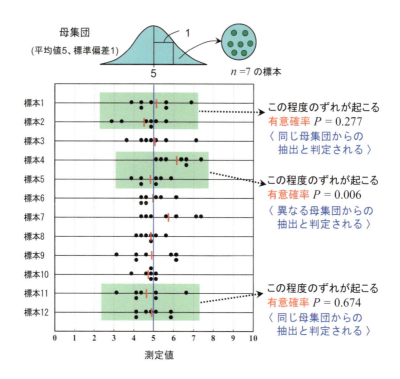

同じ母集団からの標本でも、取り出すたびにその分布が揺らぐ。偶然極端な標本も生じうるので要注意。

統計学では、標本サイズによって、どの程度のゆらぎが生じるかを理論的に説明できるため、標本や母集団について様々な分析や推論を行える。

例えば、正規母集団（母平均＝30、母標準偏差＝5）の中から、データ数（標本サイズ）$n=5$と$n=25$の標本を計40回取り出した場合に、標本の値の広がり（分布）がどの程度ゆらぐかを調べてみると、次の図のような結果が得られた。

標本サイズが$n=5$のとき、赤い線で示した中心位置（平均値）は大きくゆらいでいるが、これに対して$n=25$のときには、平均値のゆらぎは小さい。この情報を利用して、観察した平均値の偏りについて確率的な推論が可能となる。(標本平均のシミュレーション54頁を参照)

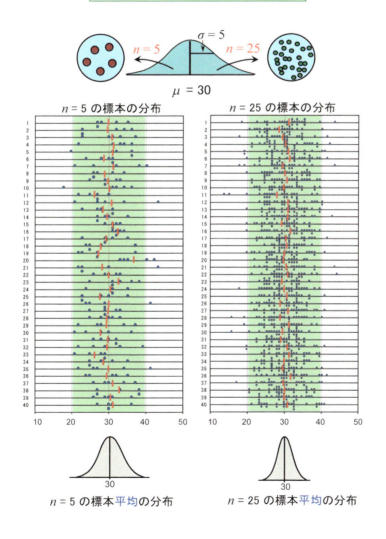

標本数による標本平均分布の変化

$n=5$の標本の分布　　$n=25$の標本の分布

$n=5$の標本平均の分布　　$n=25$の標本平均の分布

統計理論により、データ数に応じた標本平均の変動範囲を推定できる

第1章 02 統計の2つの機能

～ 統計学をその機能から分類すると、大きく 推計学 と 記述統計学 に分けられる ～

機能1：少ない情報から全体像を把握する（推計学）

統計学的仮説検定と有意確率

統計学を使うと、全てのデータ（母集団）を網羅的に調べなくても、そこから取り出した少数のデータ（標本）から、母集団についていろいろな推測を行えるようになる。この機能に焦点をあてた統計学の分野は、特に推計学 inferential statistics と呼ばれる。

例えば、2つの標本の平均値を比較する場合、平均値の差が偶然のものか、それとも、偶然では起こりにくい、意味のある差（統計では"有意差"と呼ぶ）であるかどうかを判定したいときに、統計学の検定という機能を利用する。

具体的には、2つの標本の平均値には"差がない"という「帰無仮説」（どちらも同じ母集団から得た標本で、平均値のずれは、偶然の範囲内であるとする仮説）をまず設定し、それが確率的にどの程度起こりうるかを計算する。もしその差が確率的に起こりにくい場合には、"差がある"とする逆の仮説「対立仮説」を採用する。一般にこの証明方法を、**統計学的仮説検定** statistical hypothesis testing（一般的には、**有意差検定**）と呼ぶ。そして、対立仮説が採用されたとき、2つの標本の平均値には、"統計的に有意差がある"と判断する。

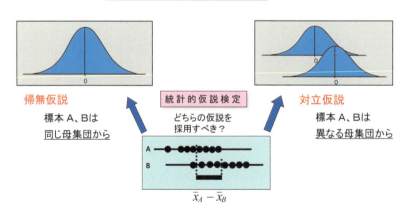

有意差検定の考え方

1) 帰無仮説が正しいとして、観察された平均値の差が生じる有意確率 P を求める
2) P の値からどちらの仮説がより妥当かを判定

有意差検定は、観察された差が偶然のずれか、偶然を超えたずれであるかを客観的に判定する手段

機能2：データを要約する　（記述統計学）

統計学のもう1つの機能は、データ（母集団）の把握に役立つ**要約値**を求めることにある。すなわち、母集団から標本を取り出せば、そのデータの要約値として平均値、標準偏差、相関係数、回帰直線などの数値が計算され、それらの数値から母集団の状態を推定できる。一般にデータを要約した数値のことを、**統計量 (statistic)** と呼ぶ。

この機能は、データが単純な**一種類**の情報からなっている場合だけでなく、**多種類**の情報が複雑に絡み合っている場合にも適用でき、それぞれに相応しい要約値を求める多様な機能が用意されている。後者は、特に**多変量解析**と呼ばれ、複雑で大規模な情報を的確に分類・整理でき、情報の骨格を把握できるようになる。

このような要約値を求めるという機能に焦点をあてた統計学の分野は、特に**記述統計学** descriptive statistics と呼ばれる。しかし、推計学の中でも記述統計学による要約値が常に使われ、両者は密接に関連しており、決して独立したものではない。また、統計学そのものが大きく発展し、多様化している現在、統計学を推計学と記述統計学に区別して考える意味は乏しい。

記述統計学の機能を具体的に述べると、例えば、下記の健常者から得られた、血中のアルブミンとカルシウムの濃度の数値を眺めただけでは、何も見えない。

そこで、記述統計学の機能を使って、それぞれの測定値の**度数分布図**を作ってみると、各測定値がどのように広がっている（分布している）のかが見えてくる。また、2つの測定値の間にある関係も、**相関図を描いてみる**と、数値表の上からは全く見えていなかった2変量間の密な関連が、明瞭に浮かび上がってくる。

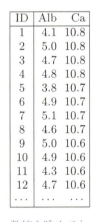

数値を眺めても
何も見えてこないが…

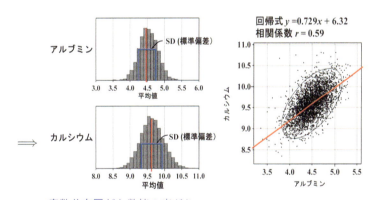

度数分布図だと数値の広がりが分かる。記述統計では、その数値を要約した値（平均値や標準偏差）が求まるので、その傾向を把握しやすくなる。

相関図を描いてみてはじめて、アルブミンとカルシウムの関連の強さが分かる。

この例では、測定値別に見たときの統計量（要約値）として、平均値や標準偏差を求めている。また2つの測定値を同時に調べたときには、回帰直線の傾き、切片、相関係数などを統計量として求めている。

 人は数値に弱いが、作図と統計量によりデータの特徴をつかめる

統計量とは
~ 標本から算出された要約値 ~

統計量とは**標本の中の数値を要約**した値で、一種類の計測値に対する**平均値** ($\bar{x}$) や、**標準偏差** (s) などがそれに当たる。また、計測値が二種類ある場合は、**相関係数** (r) や回帰直線を求めたときの**傾き**や**切片**といった数値も統計量である。

統計量という用語の英語訳は、**statistic** であるが、通常複数形の **statistics** で用いる。一方、統計学という学問の英語訳も **statistics** である。もともと、統計学は、集団の状態を特徴づける複数の数値（統計量）を調べ、解釈するのが目的であったので、統計量と統計学の単語が一致しているのもうなずける。

一般に統計量は、標本についての要約値であり、それを母集団全体について求めた数値を**母数**と呼ぶ。例えば、母集団の平均値は**母平均** (μ)、標準偏差は**母標準偏差** (σ) と呼ばれるが、それが母数に相当する。母数と区別するため、標本から求めた平均値、標準偏差などの統計量を**標本平均** ($\bar{x}$)、**標本標準偏差** (s) などと呼び、母数のそれと区別して扱う。

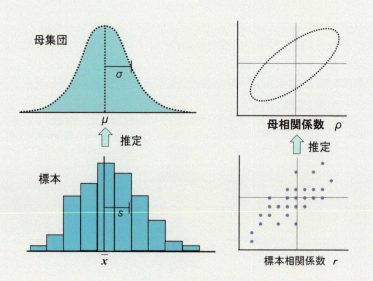

統計量には、このように**母数の推定**を目的としたものと、それとは別に「**検定統計量**」として、有意差検定のための1つの差の代表値として求めるものがある。

第2章

記述統計

第2章
01 標本の分布

～ 収集したデータについて、はじめに分布の観察を行う ～

度数分布の概念と作り方

　数値を眺めても、データが何を表しているのか把握できないので、その数値を整理して、グラフ化するのが良い。一番よく使われるのは、**度数分布図（ヒストグラム）**である。これには、まず、計測した数値の区切りとなる値（**階級値**）を等間隔に求めておく。そして、階級値と階級値の間の区間（**階級幅**）に含まれるデータ数（**度数**）を数え、**度数分布表**を作成する。これから、横軸に階級値を、縦軸に観察度数をとってグラフ化する。その他、箱ひげ図と呼ばれるグラフにしてもよい。

　下の例は、n=14 の観察値から**度数分布図**、**数直線**（一次元散布図）、**箱ひげ図**を作成した例である。度数分布図は、階級値として 10, 20, 30, 40, 50 を指定して、その区間に含まれる度数を調べて、度数分布表を作り、度数に対する棒グラフを作成したものである。

　各級の度数を数えるとき、両端の階級値の下を含めず、上を含める方式と、逆の方式がある。下の例では、下の階級値を含めず、上の階級値を含める方式になっている。

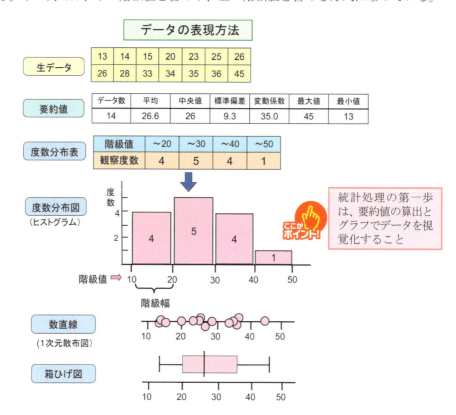

統計量　～ 標本の特徴を表す要約値 ～

分布の中心位置の表し方

分布の中心を一つの値で代表する表し方として、**平均値、中央値、最頻値**がある。

- **平均値**（mean : M）
  分布の重心を示す値、n 個よりなる標本データ x_i $(i = 1, \cdots, n)$ に対し、

  $$\text{平均値} = \frac{\sum_{i=1}^{n} x_i}{n}$$ で計算される。

  標本について計算した場合、特に
  標本平均と呼び、本書では $\bar{x}$ で表す。

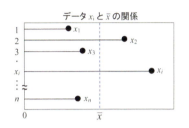
データ x_i と $\bar{x}$ の関係

- **中央値（メディアン）**（median : Me）
  データを大きさ順に並べたとき、ちょうど中央に位置する値のこと。

- **最頻値（モード）**（mode : Mo）
  最も頻繁に発生する値のこと。計測値が連続量のときは、モードを直接求めることはできないが、度数分布表を作成して、出現度数の最も多い区間の値をモードとする。

下図のように、左右対称な分布の場合には平均値 (M)、中央値 (Me)、最頻値 (Mo) が一致するが、右裾広がりの分布の場合では中央値や最頻値に比べて平均値は大きな値をとる。

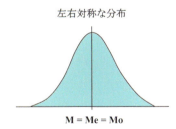
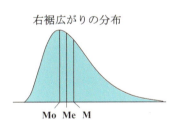

分布の広がり（散布度、変動）の表し方

分布の広がり（spread）の程度は、**散布度**（dispersion）、**変動**（variation）とも呼ばれ、その表し方には、**平均偏差、分散、標準偏差、変動係数、四分位偏差**などがある。

02-01 標本の分布

■ 平均値を使った散布度の表し方

データ数を n として、**個々の点** $x_i (i = 1, \cdots, n)$ について分布の中心からの偏差を求め、平均化したものが散布度である。散布度の求め方として4つ指標がある。いずれも分布の中心指標には平均値が用いられるが、母平均（真の平均値：μ）が既知の場合と、母平均未知で標本平均 $\bar{x}$ で代用する場合とで、計算法が異なる。

1) 分散: variance

計測値の分布の中心（平均値）からの偏差を2乗して足し合わせた値を**偏差平方和**と呼ぶ。分散は、偏差平方和をデータ数 n（または $n-1$）で割ることで平均化したもので、バラツキの程度を表す指標として利用される。分散の平方根をとると標準偏差になるが、分散の形の方が数値演算が容易となるため、数値のバラツキ要因の分析で利用される。母平均が未知かどうかで2通りの計算がある。しかし、通常は母平均未知なので、**標本分散の公式**を用いる（右図は、計算の基となる偏差のイメージ）。

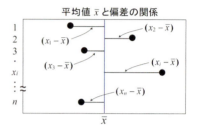

平均値 $\bar{x}$ と偏差の関係

$$\text{母平均既知の場合 母分散 } \sigma^2 = \frac{\text{偏差平方和}}{n} = \frac{\sum_{i=1}^{n}(x_i - \mu)^2}{n}$$

$$\text{母平均未知の場合 標本分散 } s^2 = \frac{\text{偏差平方和}}{n-1} = \frac{\sum_{i=1}^{n}(x_i - \bar{x})^2}{n-1}$$

2) 標準偏差: standard deviation

分散の平方根である。計測値の分布の中心（平均値）からの平均的なゆらぎの幅を表す指標で、英語の略は SD。通常は母平均は未知なので、**標本標準偏差の公式**を用いる。

$$\text{母平均既知の場合 母標準偏差 } \sigma = \sqrt{\text{分散 } \sigma^2} = \sqrt{\frac{\sum_{i=1}^{n}(x_i - \mu)^2}{n}}$$

$$\text{母平均未知の場合 標本標準偏差 } s = \sqrt{\text{標本分散 } s^2} = \sqrt{\frac{\sum_{i=1}^{n}(x_i - \bar{x})^2}{n-1}}$$

探究 標準偏差の計算で、n ではなく $n-1$ で割る理由

標本から標準偏差を計算する場合、本来母集団の中心 μ からの偏差平方和 $\Sigma(x-\mu)^2$ を使って計算すべきである。しかし、母平均 μ は通常未知なので、標本の中心 (標本平均値 $\bar{x}$) を使って、偏差平方和 $\Sigma(x-\bar{x})^2$ を計算する。その値は、母集団の中心から計算した場合と比べて、常に小さ目に算出される。それを補正するには、偏差平方和を n でなく、$n-1$ で割る。これにより母集団の標準偏差 σ を 偏りなく推定できる (73 頁、自由度の解説参照)。

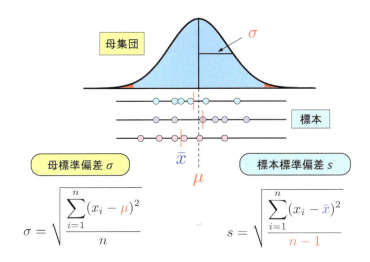

標本標準偏差 s を母標準偏差 σ の不偏推定値とするには、偏差平方和を n ではなく $n-1$ で割る

3) 変動係数 CV: coefficient of variation

変動係数は、標準偏差の平均値に対する比率で、単位に依存しないため、**異なる計測値間でバラツキの程度を比較するのに利用される**。ただし、負の値を含む計測値には利用できず、また平均値が0に近い値となる計測値では、変動係数は大きな値となるので注意が必要である。

$$変動係数\ CV = \frac{標準偏差\ SD}{平均値\ \bar{x}} \times 100$$

変動係数 CV のイメージをつかもう

CV とは、標本標準偏差の幅が平均値の何パーセントに相当するかを示した値である。単位を持たないので異なる計測値の誤差の相互比較に広く用いられる。一般に、計測値の誤差が正規分布する場合、その誤差の 95 %（正確には 95.45 %）は、平均値±2×標準偏差 (2SD) の範囲に入る。これを誤差の 95 %**信頼区間**と呼ぶ。

下図は、いずれも血糖測定管理用試料の値のゆらぎを示した例である。平均値が 50 mg/dL であるが、上段は CV が大きく 10 %なので、標準偏差は平均値の 10 %、すなわち 5 mg/dL とわかる。したがって測定値の 95 %はおよそ 50±2×5(40〜60 mg/dL) の範囲に入る。中段では、CV が 5 %なので 50±2×2.5(45〜55 mg/dL) の範囲が信頼区間となる。

一方、同じ血糖測定用の試料でもその CV が 2 %の場合、標準偏差は 1(= 50×0.02) となるので、誤差の 95 %信頼区間は、48〜52 mg/dL と非常に狭く、CV 2 %は、ゆらぎの少ない状態と言える。

臨床検査では、毎日同じ管理用試料を繰り返し測定するが、一般に、同じ日の中での変動（日内変動）を CV で表すと、血糖値やコレステロールなど、主な検査値の CV は 1〜2 %前後の値である。また、ホルモンなど血中濃度の極めて低い物質を測る場合の CV は 3〜10 %である。

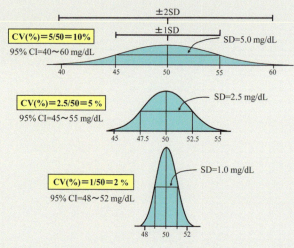

■ 分位数を使った（平均値を使わない）散布度の表し方

四分位偏差 QD: quartile deviation

データを小さい方から順に並べて、それを均等に4等分したときの境界値を**四分位数** quartile という。小さい方から順に、第1四分位数（Q_1: 25％点），第2四分位数（Q_2: 50％点），第3四分位数（Q_3: 75％点）となり、第2四分位数の値は、中心の表し方で取り上げた**中央値**と同じである。なお、％点はパーセンタイル (percentile) の略で、大きさ順に並べ換えられた数値を100等分した場合の分位数（百分位数）をさす（41頁参照）。

ここで、中央の50％のデータが含まれる領域、すなわち、第3四分位数（Q_3）の値と第1四分位数（Q_1）の値の差を、**四分位範囲** inter quartile range(IQR) と呼ぶ。**四分位偏差 (QD)** は四分位範囲を2で割った値のことで、分布の形が正規分布とみなせないときに、バラツキの程度を示す指標としてよく使われる。**正規分布のとき、QD は標準偏差の 0.674 倍**とかなり小さいことに注意。

$$四分位偏差\ \mathrm{QD} = \frac{Q_3 - Q_1}{2}$$

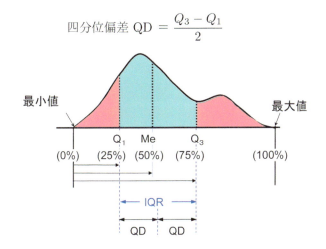

■ 箱ひげ図による分布の表し方

主要なパーセンタイル (2.5, 25, 50, 75, 97.5 パーセント点の値) で、分布を要約して表示する方法でデータの分布型によらず適用できる。特に分布が正規分布でない場合、平均値と標準偏差からはデータの広がりをイメージしにくいが、箱ひげ図は分布の広がりや左右の対称度を把握できるので有用な表現方法である。

次の図は、正規分布と正規分布でない場合について**度数分布図**、平均値 M を中心とし散布度を SD で表した**記号ひげ図**、**箱ひげ図**を比較したものである。正規分布の場合は、記号ひげ図と箱ひげ図の中心（M と Me）は一致する。しかし、非正規分布の場合、M と Me は一致せず、M と SD を用いた記号ひげ図はデータのバラツキを適切に反映していない。箱ひげ図にすると特殊な分布形状であっても、その分布域を把握しやすい。

データの分布形状と箱ひげ図の関係

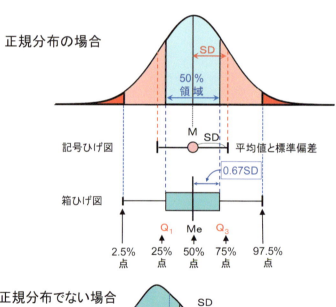

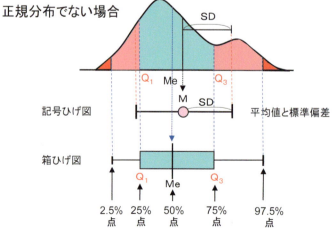

箱ひげ図はこのような特徴のため、正規分布に従わないデータを用いた群間比較に有用な方法となる。下図は、疾患別の検査値（ALT）の度数分布図と箱ひげ図を示す。分布に非対称性や偏りがある場合、箱ひげ図の方が中心位置や分布域の定量的な評価を行いやすい。

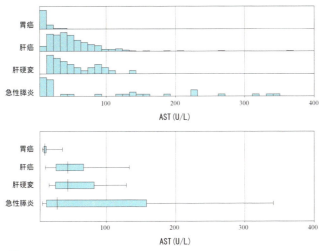

分布形状に依存しない箱ひげ図は、データの分布域の把握に有用

参考 他の箱ひげ図作成法

　他の箱ひげ図の描画法として、Tukey法がある。
　両ひげは、4分位範囲 IQR を用いて、その下端位置を $Q_1 - 1.5$ IQR 内の最小値、上端位置を $Q_3 + 1.5$ IQR 内の最大値 として表示する。そしてその範囲を外れる点が存在する場合"○"記号で表示し、さらに $Q_1 - 3.0$ IQR 以下、または $Q_3 + 3.0$ IQR 以上の点を"＊"記号で表示する。
　例として40個のデータについて、ひげ両端を2.5％点と97.5％点とした通常の場合と、Tukey法を用いた場合を示す。なお、Tukey法は極端値の位置やその数の把握を目的としており、分布域の定量的な把握（信頼区間表示）には向かず、かつデータ数が大きいと範囲外の点が出すぎる欠点がある。

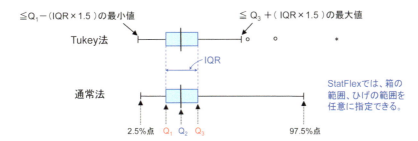

探究 分布の形状を示す統計量（歪度と尖度）

〜 分布の正規性の判定でよく利用される統計量 〜

歪度: skewness(Sk)

歪度は、分布の非対称性を表す指標である。右裾広がりのとき $Sk > 0$、左裾広がりで $Sk < 0$、左右対称のとき $Sk = 0$ となる。データ数が100以下の場合、$|Sk| \leq 0.3$ であれば、ほぼ左右対称分布と見なせる。Sk を正規性の検定に利用するには、統計表10を参照する。

$$歪度\ Sk = \sqrt{n}\frac{\sum_{i=1}^{n}(x_i - \bar{x})^3}{\left(\sum_{i=1}^{n}(x_i - \bar{x})^2\right)^{3/2}}$$

尖度: kurtosis(Kt)

その名称とは逆に、分布の扁平度（裾の広がり度）を表し、両端が切断されたドーム型の分布で、$Kt < 3$ となる。正規分布の場合 $Kt = 3$ となる。データ数が100以下で $2.7 \leq Kt \leq 3.3$ の場合、両端が切断されたり、逆に両裾が広すぎたりしていないと見なせる。Kt を正規性の検定に利用する場合、統計表11を参照する。

$$尖度\ Kt = n\frac{\sum_{i=1}^{n}(x_i - \bar{x})^4}{\left(\sum_{i=1}^{n}(x_i - \bar{x})^2\right)^2}$$

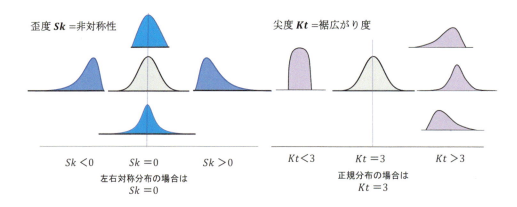

歪度 Sk =非対称性 　　　尖度 Kt =裾広がり度

$Sk < 0$　$Sk = 0$　$Sk > 0$　　$Kt < 3$　$Kt = 3$　$Kt > 3$

左右対称分布の場合は $Sk = 0$　　　正規分布の場合は $Kt = 3$

データの尺度
～ 計測方式による分類 ～

データの尺度とは、対象とする個体や現象の特性に対して数値を割り振ったり、分類するための目安で、次の3つに大別される。

1. **分類尺度**（nominal scale）
   定義：個体をある定性的な特性（属性）によって、数値や文字からなるコードを割り振って分類するための尺度。分類される要素をカテゴリーと呼び、カテゴリー間に大小関係はない。名義尺度ともいう。
   例：疾患分類、男女の分類、季節分類、学生番号、図書番号、車登録番号、性別コード、職業コード、血液型など。

2. **順序尺度**（ranking scale または ordinal scale）
   定義：データをその量的な特性の大小関係によって、順序づけするための尺度。データ間に大小関係はあるが、その距離は定義されない。
   例：成績順位、ものの好き嫌いの順序、重症度分類（軽症、中等症、重症）、効果判定（無効、やや有効、有効、著効）などは順序尺度にあたる。

3. **連続尺度**（continuous scale）
   定義：計測値を連続的な数値として表す場合の尺度である。厳密には次の2つに分類されるが、統計処理では両者を区別する意味はなく、単に「連続尺度」として扱う。

   a) **間隔尺度**（interval scale）
      定義：連続尺度であるが、絶対原点（0点）を定義できない相対尺度で、データ間の距離のみに意味がある。距離尺度とも呼ばれる。
      例：摂氏や華氏で表した温度、カレンダーの日付など。

   b) **比尺度**（ratio scale）
      定義：連続尺度で、絶対原点（0点）が存在し、それを基準に目盛られた尺度。
      例：重さ、長さ、時間、絶対温度など多くの物理計測値。身長・体重、血糖値、白血球数など。

      例：体重30kgが60kgとなった場合は、比率が2倍となったことに意味を持つが、温度が10℃から20℃になった場合には、2倍になったとは言えない。絶対温度Kで表して比を取る必要がある。

形（質的要素）による仕分けは分類尺度

大きさ（量的要素）による仕分けは
順序尺度的な分類

タイムは連続尺度

勝敗は順序尺度

02-01 標本の分布

下記の男性の GGT データについて、StatFlex を使って、データ数、$25(Q_1), 50(Q_2), 75(Q_3)$ パーセンタイル値を求めよ。また、散布図と比較せよ。

43	31	39	73	77	49	34	82	34	129
63	37	34	22	75	61	109	31	15	44
27	43	44	51	27	19	75	29	22	36
56	19	27	99	37	29	22	17	26	15

StatFlex での計算

手順:

1. サンプルファイル「例題 1_GGT40 件データ Q1-Q2-Q3 用.SFD6」を開く。
2. グラフ形式の設定でノンパラメトリック法を選択してから箱ひげ図を選択する（290 頁のグラフ形式の設定参照）。
3. 「統計」メニューの「基本統計量」の「ノンパラメトリック」を選択して実行。

計算結果:

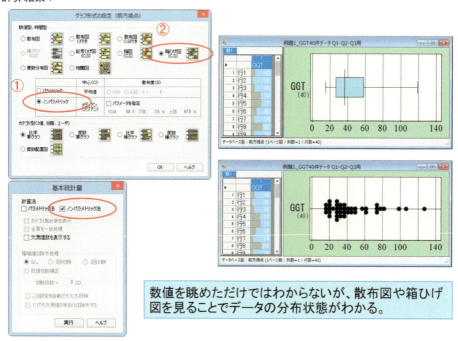

数値を眺めただけではわからないが、散布図や箱ひげ図を見ることでデータの分布状態がわかる。

```
<< 基本統計量 >>

< ノンパラメトリック法 >
 [第1頁：群1]　Q1,Q3:第一, 三 四分位数 IQR:四分位範囲
  N：行数　n：有効データ数
          n     2.5 %    Q1    Median    Q3    97.5 %   IQR
   GGT    40    15.0    27.0    36.5    58.5   119.0    15.8
```

血糖値 (mg/dL) を毎朝、食事前に 5 日間記録して、次のデータを得た。標本平均 $\bar{x}$、標本分散 s^2、標本標準偏差 s、CV を計算せよ。

	第 1 日	第 2 日	第 3 日	第 4 日	第 5 日
血糖値 (mg/dL)	125	132	113	142	128

標本分散 s^2、標準偏差 s、CV を求める。

計算では、$\sum_{i=1}^{n} x$ と $\sum_{i=1}^{n} x^2$ を求めておくと、計算が単純化される。

データ数を $n = 5$ として、

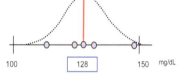

$\sum x_i = 125 + 132 + 113 + 142 + 128 = \mathbf{640}$
$\sum x_i^2 = 125^2 + 132^2 + 113^2 + 142^2 + 128^2 = 82,366$

$$\text{平均値 } \bar{x} = \frac{\sum_{i=1}^{n} x_i}{n} = \frac{640}{5} = \mathbf{128} \quad \text{mg/dL}$$

$$\text{標本分散 } s^2 = \frac{\sum_{i=1}^{n}(x_i - \bar{x})^2}{n-1} = \frac{\sum_{i=1}^{n} x_i^2 - \frac{(\sum_{i=1}^{n} x_i)^2}{n}}{n-1}$$

$$= \frac{82366 - \frac{640^2}{5}}{5-1} = \mathbf{111.5}$$

$$\text{標本標準偏差 } s = \sqrt{\text{標本分散}} = \mathbf{10.56} \quad \text{mg/dL}$$

$$\text{CV} = \frac{\text{標本標準偏差}}{\text{標本平均値}} \times 100 = \frac{10.56}{128.0} \times 100 = \mathbf{8.25} \%$$

 体重と身長を毎朝午前 7 時に 7 日間連続して計測した。それぞれの分散 s^2、標準偏差 s、CV を計算して比較せよ。(解答 242 頁)

演習:1

	第 1 日	第 2 日	第 3 日	第 4 日	第 5 日	第 6 日	第 7 日
身長 (cm)	155.6	155.8	156.1	155.5	155.9	155.7	155.8
体重 (kg)	53.3	52.6	54.1	53.7	52.8	52.9	54.0

第 2 章 02 正規分布の特徴と使い方

正規分布とは

　生物現象など、自然界で観察される多くの計測値は、何であれ、平均値に近いほどその出現率が高く、平均値からその両側に値が遠ざかるに従って出現頻度は少なくなる。このうち、同じものを何度も繰り返し計測し、平均値からのずれ（誤差）の大きさを求め、その出現度数を描いてみると、平均値を中心とした左右対称の釣り鐘状の分布型となることが多い。1812 年に数学者ガウスは、**純粋な条件で繰り返し計測した時に、一貫して現れる計測値の分布形状**を数理的に導き、**正規分布 normal distribution** と名付けた。発見者の名前をとって、**ガウス分布 Gaussian distribution** とも呼ばれる。

正規分布と信頼区間確率

　正規分布は理論上次の 3 つの特性を持つ。
(1) 分布曲線の極大値は、平均値 μ であり、μ を中心に左右対称である。
(2) 分布曲線には 2 つの変曲点が存在し、中心 μ から $\pm\sigma$ 偏位した位置にある。
(3) その平均 μ と標準偏差 σ が分かれば、任意の値 k を指定して、$\mu \pm k\sigma$ の範囲内に入るデータの割合を的確に推定できる。

　(3) については、例えば $k=1.0$ すなわち $\mu \pm 1\sigma$ 内に 68.3 % のデータが含まれる。同様に、$k=2.0, 3.0$ では、$\mu \pm 2\sigma (\bar{x} \pm 2s)$ に 95.45 %、$\mu \pm 3\sigma (\bar{x} \pm 3s)$ に 99.73 % のデータが含まれる。

　一方統計でよく使われる中央 95 % のデータが含まれる区間は、$\mu \pm 1.96\sigma (\bar{x} \pm 1.96s)$ として求まる。なお、この標準偏差の倍率 k を本書では"**信頼区間限界指数**"と呼ぶ。後述の標準正規分布で k は、z スコアに相当する。

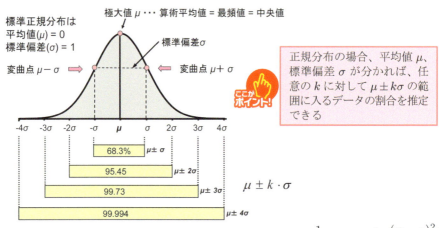

正規分布の確率密度関数は次のように表される：$f(x) = \dfrac{1}{\sqrt{2\pi\sigma^2}} \cdot exp\left(-\dfrac{(x-\mu)^2}{2\sigma^2}\right)$

正規分布となる計測値の例

1. 毎朝飲んでいる牛乳1パックの重量を、精密な秤（はかり）で、測って記録したときの重量の分布

2. 同じ患者さんの血清試料を、同じ日に何度も繰り返し測定したときの測定値の分布

3. 毎朝同じ条件で、何日も繰り返して精密に測った体重の分布

このように、<u>同じものを</u>、<u>同じ条件</u>で、<u>繰り返して</u> 測った場合、その計測値は正規分布となる。

正規分布とならない計測値の例

異質な集団の計測値が組み合わさった分布は正規分布とならないことが多い。例えば、右下図のように男性の身長も女性の身長も、それぞれほぼ正規分布とみなせるが、男女を合わせた混成分布を作ると、正規分布ではなくなる。

一方、35頁で示した臨床検査の測定値のほとんどは、厳密な意味では正規分布ではない。しかし、個人個人の計測値の分布を見ると、ほぼ正規分布を示していることが多い。以下に示す図は、健常成人20例を対象に、1年間にわたり毎月2回、2つの血中ホルモン Free T4（遊離サイロキシン）と TSH（甲状腺刺激ホルモン）を繰り返し測定したときの、検査値の分布を個人別に分類して示している。

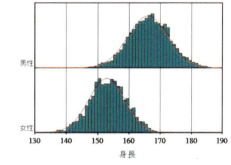

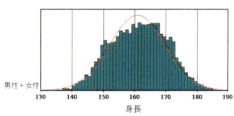

Free T4 の個体内の分布は、いずれもほぼ正規分布と考えられるが、値が大きいほど分布幅がやや広く、上段に示す全体を合成した分布はやや右裾広がりとなっている。

02-02 | 正規分布の特徴と使い方

　TSH の分布は、個体内の分布をみるとやはりほぼ正規分布に近似しているが、値が大きくなるほど分布幅が広がり、全体を合成した分布は、明らかに右裾広がりが強く、歪んだ分布（対数正規分布）となっている。

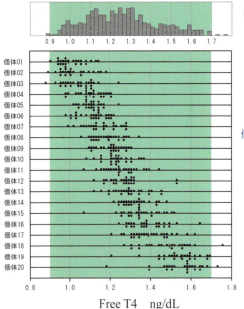

集団の分布
正規分布よりやや右裾広がりの分布

個体別分布
個体別の平均値は大きく異なる（**個体差大**）が
どの個体の値もほぼ正規分布とみなせ
標準偏差も同程度

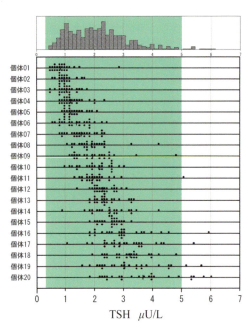

集団の分布
高値側への値の広がりが大きく、
対数正規分布とみなせる分布

個体別分布
個体別の平均値は大きく異なる（**個体差大**）が
どの個体の値もほぼ正規分布と考えられる。
ただし、平均値が大きいほど、標準偏差が
大きい。

　この事例に示されるように、一般に繰り返し測定された血中物質の個体内変動は、正規分布を示すことが多い。一方、測定値の散布度は個体によって異なり、値が大きい個体ほど散布度が大きくなる傾向が見られる。このため、各個体の分布を合成した集団の分布は、右裾広がりの形をとる検査項目が多い。

よく見られる分布型

　計測する項目によって、いろいろな分布の形がある。下図では、健診時に健常男性から得られた主な身体計測値と血液検査値の分布を示す。

　臨床検査のデータでは、正規分布型となるものもあるが、値の大きい方に広がる傾向の分布（右裾広がり分布）を示すものが多い。

健常男性の身体計測値と血液検査データ

1. **正規分布型**→身長、肥満度 (BMI)、最小血圧、HbA1c、総蛋白、コレステロール、尿酸、ヘモグロビン、赤血球数
2. **軽度の左裾広がり型**→体温
3. **軽度の右裾広がり型**→体重、体脂肪、最大血圧
4. **強い右裾広がり型**→ ALT、γ GT、中性脂肪、白血球数

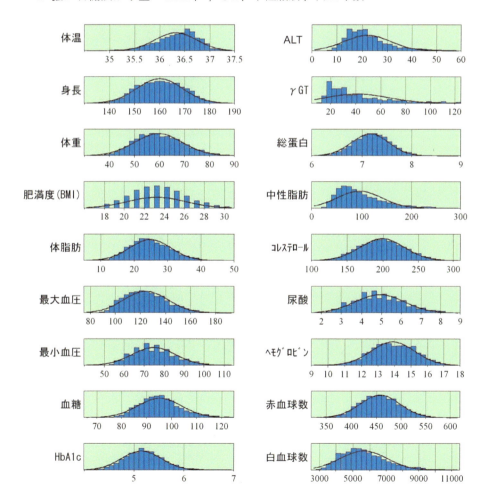

　曲線は平均値、標準偏差から描いた理論正規分布曲線。青色の度数分布図との合致度で正規分布からの偏りを評価できる。

正規分布の標準化と z スコア

正規分布の標準化とは、平均値が 0.0、標準偏差が 1.0 となるように、値を変換することである。これには、標本から得た標本平均と標本標準偏差を使って次式により変換する。

$$z = \frac{x - \text{標本平均}\ \bar{x}}{\text{標本標準偏差}\ s}$$

この標準化操作を z 変換と呼び、変換後の値を z スコアという。
z には単位が存在しない。

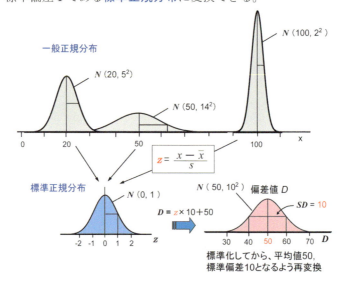

正規分布は、その形（平均値、標準偏差）は異なるが、その値を z 変換することにより、平均値 0、標準偏差 1 である標準正規分布に変換できる。

どんな正規分布も標準化（z 変換）により標準正規分布に変換できる。さらに、z を平均 50、標準偏差 10 となるよう再変換すると、成績評価で用いられる偏差値となる。

標準正規分布表の見方

標準正規分布表には、任意の z スコアに対する、**両側確率**（$|z|$ の値がそれよりも大きくなる合計の確率）が示されている。任意の正規分布上の値 x に対する両側確率を求めるには、まず平均値と標準偏差を使って、z スコアに変換しておく。

表の見方は、まず z スコアの小数第 1 位までの値から**縦軸**の位置を決め、次に小数第 2 位の値から**横軸**の値を選ぶ。そして、その交点の値を読むと、それがその z に対する両側確率になっている。

例えば、$z = 1.96$ の場合、交点の値が 0.0500 となっているので、その z スコアの両側の赤い部分の合計面積（**両側確率**）が全体の 5 %であることが分かる。

逆に、両側確率が 0.2000 となる z スコアを求めるには、表から、$z = 1.28$ に対する両側確率が、0.2006 で、$z = 1.29$ に対して 0.1970 であるので、z 値は両者の間にあることが分かる。

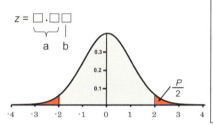
標準正規分布表（両側確率）

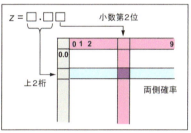
正規分布表の見方

z	(b) .00	.01	.02	.03	.04	.05	.06	.07	.08	.09
(a) 0.0	1.0000	.9920	.9840	.9760	.9680	.9602	.9522	.9442	.9362	.9282
0.1	.9204	.9124	.9044	.8966	.8886	.8808	.8728	.8650	.8572	.8494
0.2	.8414	.8336	.8258	.8180	.8104	.8026	.7948	.7872	.7794	.7718
0.3	.7642	.7566	.7490	.7414	.7338	.7264	.7188	.7114	.7040	.6966
0.4	.6892	.6818	.6744	.6672	.6600	.6528	.6456	.6384	.6312	.6242
0.5	.6170	.6100	.6030	.5962	.5892	.5824	.5754	.5686	.5620	.5552
0.6	.5486	.5418	.5352	.5286	.5222	.5156	.5092	.5028	.4964	.4902
0.7	.4840	.4776	.4716	.4654	.4592	.4532	.4472	.4412	.4354	.4296
0.8	.4238	.4180	.4122	.4066	.4010	.3954	.3898	.3842	.3788	.3734
0.9	.3682	.3628	.3576	.3524	.3472	.3422	.3370	.3320	.3270	.3222
1.0	.3174	.3124	.3078	.3030	.2984	.2938	.2982	.2846	.2802	.2758
1.1	.2714	.2670	.2628	.2584	.2542	.2502	.2460	.2420	.2380	.2340
1.2	.2301	.2262	.2224	.2186	.2150	.2112	.2076	.2040	.2006	.1970
1.3	.1936	.1902	.1868	.1836	.1802	.1770	.1738	.1706	.1676	.1646
1.4	.1616	.1586	.1556	.1528	.1498	.1470	.1442	.1416	.1388	.1362
1.5	.1336	.1310	.1286	.1260	.1236	.1212	.1188	.1164	.1142	.1118
1.6	.1096	.1074	.1052	.1030	.1010	.0990	.0970	.0950	.0930	.0910
1.7	.0892	.0872	.0854	.0836	.0818	.0802	.0784	.0768	.0750	.0734
1.8	.0718	.0702	.0688	.0672	.0658	.0644	.0628	.0614	.0602	.0588
1.9	.0574	.0562	.0548	.0536	.0524	.0512	.0500	.0488	.0478	.0466
…	…	…	…	…	…	…	…	…	…	…
…	…	…	…	…	…	…	…	…	…	…

正規分布表は、270 頁参照
StatFlex では、任意の z 値に対して両側や片側の確率を計算ができる。

第2章
03 分布の特徴点の表し方

zスコアによる、分布の中での相対位置の表し方

前述のように、任意の値 x を、標本平均 $\bar{x}$ と標本標準偏差 s を使って、次式により標準化した値を z スコアと呼ぶ。もとの分布が、正規分布のときには、z は、平均値 0.0、標準偏差 1.0 の標準正規分布の形に標準化されたことになるので、z スコアがわかれば、x がどの程度偏った位置にあるかを、標準正規分布表から両側確率の形で求めることができる。

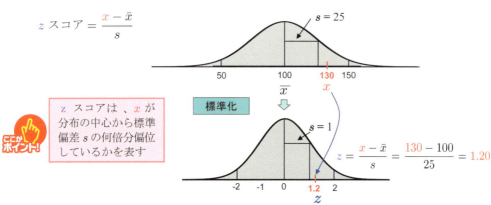

z スコア $= \dfrac{x - \bar{x}}{s}$

z スコアは、x が分布の中心から標準偏差 s の何倍分偏位しているかを表す

平均値 $\bar{x}=100$、標準偏差 $s=25$ のとき 130 は z スコアにすると 1.2 となる。

片側有意確率 P による分布中の相対位置の表し方

z スコアから、その上側（または下側）の確率 P が標準正規分布表から求まる。

値の小さい方から順に累積した確率を**下側確率**、大きい方から累積したものを**上側確率**と呼ぶ。P が小さいほど z は極端な値と判定される。

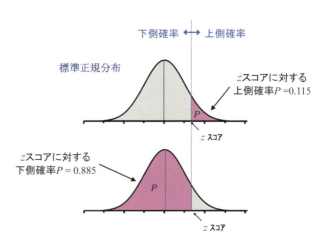

038

標準正規分布表から、次の5つの値を求めよ。

1. $|z| \geq 1.0$ となる確率 $P = 0.3174$

2. $|z| \leq 1.5$ となる確率 $P = 1 - P(|z| \geq 1.5) = 1 - 0.1336 = 0.8664$

3. $-1 \leq z \leq 2$ となる確率 $P = \dfrac{1 - P_1(|z| \geq 2.0)}{2} + \dfrac{1 - P_2(|z| \geq 1.0)}{2} = 0.819$

4. 両側（両裾）の確率 P が $0.001(0.1\%)$ となる $|z|$ 値 $= 3.291$

5. 内側の確率 P が $0.50(50\%)$ となる $|z|$ 値 $= 0.674$

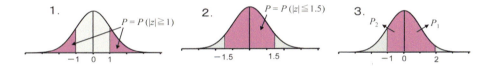

例題 4　高校生 400 人の数学の成績が、平均値 55 点、標準偏差 15 の正規分布に従う。点数が 79 点の学生について次の問に答えよ。
(1) z スコアを求めよ。
(2) 偏差値 (D) になおせ。
(3) 79 点以上は何人いると推測されるか。

1. 標準化値 z は下記の式で求まる。
$$z = \frac{\text{点数} - \text{標本平均}}{\text{標本標準偏差}} = \frac{79 - 55}{15} = 1.6$$

2. この成績を偏差値で表すと、 $z \times 10 + 50 = 1.6 \times 10 + 50 = 66.0$ となる。

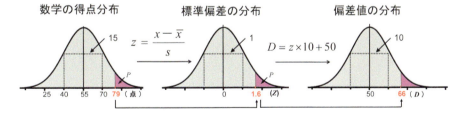

3. 標準正規分布表から、z 値が 1.6 以上 (79 点以上) の生徒の割合 (確率) は、
$$P = \frac{0.1096}{2} = 0.0548$$ と予測される。

よって、400 人中 79 点以上は、$400 \times 0.0548 = 21.98$ で、約 22 人である。
（標準正規分布表の値は、両側の確率であることに注意!）

演習:2 例題 4 の数学の成績分布において、数学の得点が 60〜80 点の間に何人の生徒がいるかを予測せよ。(解答 243 頁)

1. 60 点の標準化値 $z_1 =$

2. 80 点の標準化値 $z_2 =$

3. $z_1 \leqq z$ となる片側確率 $P_1 =$

4. $z_2 \leqq z$ となる片側確率 $P_2 =$

5. 求める確率は $P = P_1 - P_2 =$

6. 60〜80 点に含まれる生徒数は、P に生徒数をかけて ☐ 人として求まる。

7. 得点 60〜80 点を、偏差値の形で表すと ☐〜☐ となる

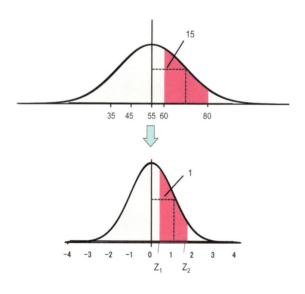

参考 パーセンタイル(百分位数)による相対位置の表し方

データを大きさの順に並べ、個々の点が下から何番目の位置にあるかを調べ、その相対位置を百分率で表した数値を**パーセンタイル (percentile)** または百分位数と呼び、本書では%点とも記す。パーセンタイルは、前項のように分布上の特定の点の極端さを片側確率で表したものと全く同じで、それを 100 倍した値である。

パーセンタイルの算出法には主に **4 つの方法**がある。いま n 個（5 個）よりなる標本のデータを大きさの順に並べたとき、第 i 番目の点のパーセンタイルは次のように求める。

パーセンタイルには複数の計算方法がある。
パーセンタイルの表記として対称補正法 2 による割り付けのバランスが最も良い。

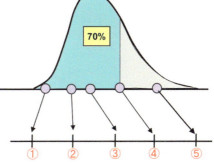

- 単純なパーセンタイル　　$P = \dfrac{i}{n} \times 100$
- 対称補正法　1　　　　　$P = \dfrac{i-1}{n-1} \times 100$
- **対称補正法　2**　　　　$P = \dfrac{i-0.5}{n} \times 100$
- 対称補正法　3　　　　　$P = \dfrac{i}{n+1} \times 100$

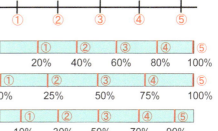

単純なパーセンタイルの問題点は、例えば、$n=5$ で 1 番目の値は 20 パーセンタイルであるが、5 番目は 100 パーセンタイルとなり、全体が右側にシフトし、左右非対称となっている点である。それを補正するため、パーセンタイルの対称補正が行われる。

対称補正法 1 では両端にそれ以上のデータが存在しないことを仮定したことになる。逆に対称補正法 3 では、まだ両端にデータがあることを仮定した形になっており、全体としてデータが中央に集まった形となっている。これに対して対称補正法 2 では、データが他の 2 法の中間的な位置に配置され、最も相応しいと考えられる。

なお、Microsoft Excel では対称補正法 1 を採用しているが、**StatFlex ではバランスのとれた対称補正法 2 を採用**している。

別の例として、次の例題で示した図で考えると、$n = 40$ の場合、①単純なパーセンタイル式で計算すると、1 番は 2.5 %、40 番は 100 %になり、中心が 100 %の方向へずれ、対称ではない。しかし③対象補正法 2 式で計算すると、1 番は 1.25 %、40 番は 98.8 %になり、対称性のある百分位が求まる。

> **例題 5** n=40 の次のデータの分布について、$x = 45(13$ 番目$)$ の値が何パーセンタイルに相当するかを、4 つの計算法で求め比較せよ。

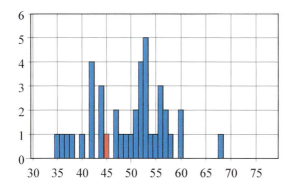

① 単純なパーセンタイル:

$$p = \frac{i}{n} \times 100 = \frac{13}{40} \times 100 = \mathbf{32.5}$$

② 対称補正法 1 によるパーセンタイル:

$$p = \frac{i - 1.0}{n - 1} \times 100 = \frac{12.0}{39} \times 100 = \mathbf{30.8}$$

③ 対称補正法 2 によるパーセンタイル:

$$p = \frac{i - 0.5}{n} \times 100 = \frac{12.5}{40} \times 100 = \mathbf{31.3}$$

④ 対称補正法 3 によるパーセンタイル:

$$p = \frac{i}{n + 1} \times 100 = \frac{13}{41} \times 100 = \mathbf{31.7}$$

n 数が大きいと各パーセンタイルに大きな違いは認められないが、n 数が小さい場合には大きな違いを生じるので注意が必要である。

🔍 探究 p パーセンタイルの値 x の求め方

パーセンタイルの数値 p を指定して、それに対応する測定値 x を換算する場合、通常完全に一致した数値は無いことが多く、次の補間法を利用して x を推定する。

ここで対照補正法として、p パーセンタイルの値 x は、まずそれに最も近い順位

$$k = p \times \frac{n}{100} + 0.5 \quad \text{を求める。}$$

いま、k が整数で求まっていれば、k 番目の値が求める p パーセンタイルになる。k が整数でないときは、k より小さく、それに最も近い整数を k_1 とし、k_1 番目の測定値 x_1 を p_1 パーセンタイルとする。また、$k_1 + 1(k_2)$ 番目の測定値 x_2 を p_2 パーセンタイルとして、次式から補間法で p パーセンタイルの値 x を求める。

最も近い下の整数 k_1 番目 → $x_1 = 49$
　　　　　　　　↑
p パーセンタイル k 番目 → x
　　　　　　　　↓
最も近い上の整数 k_2 番目 → $x_2 = 50$

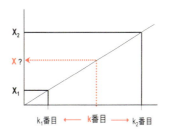

よって求める値 x は、次の式から計算できる。

$$x = x_1 + \frac{k - k_1}{k_2 - k_1} \times (x_2 - x_1)$$

例えば、例題5(42頁) の n=40 のデータの分布について、42 パーセンタイルの値を求める場合は以下のようになる。

$$k = p \times \frac{n}{100} + 0.5 = 42 \times \frac{40}{100} + 0.5 = 17.3$$

$k_1 = 17$ 番目の測定値 x_1 と 18 番目の測定値 x_2 から次の補間法で p パーセンタイルの値 x を求める。

最も近い下の整数 17 番目　　→ $x_1 = 49$
　　　　　　　　↑
p パーセンタイル $k = 17.3$ 番目 → x
　　　　　　　　↓
最も近い上の整数 18 番目　　→ $x_2 = 50$

$$x = x_1 + \frac{k - k_1}{k_2 - k_1} \times (x_2 - x_1) = 49 + \frac{17.3 - 17}{18 - 17} \times (50 - 49) = 49.3$$

参考 計測尺度と統計処理方式

● 計測尺度

統計処理を行う場合、分布の形状に依存する統計量(平均値や標準偏差などのパラメータ)を用いる方法を**パラメトリック法**と呼ぶ。一方、分布の形状に依存しない統計量(順位、中央値、パーセンタイルなど)を用いる統計手法を**ノンパラトリック法**と呼ぶ。パラメトリック法による検定(**パラメトリック検定**)を用いる場合には、標本の分布型が重要となる。通常は、正規分布を仮定して検定法が組み立てられているため、正規分布から大きく偏ったデータを扱う場合には、正しい判断ができない(有意確率が歪む)ことになる。実際には、データは正規分布に従わないケースが多いので、パラメトリック法を用いる場合には、先に、データの正規分布への変換が必要になることがある。これに対し、**ノンパラメトリック検定**は、順序尺度や名義尺度の形でデータを取り扱うため、標本の分布型を考慮する必要がない。また、データが間隔尺度(連続量)で計測されている場合でも、それを順序尺度に変換して用いるので、分布型に依存せず汎用的な検定法と言える(検定法の使い分け 6 頁, 111 頁を参照)。

● 尺度変換

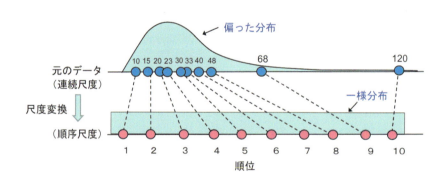

 どんな分布も、順序尺度に変換すると一様分布となり、分布の形状や極端値の影響を受けずに統計処理できる

第3章

検定の原理

第3章
01 統計的仮説検定の目的と理論

「**差がある**」という仮説を検定する場合、差の程度が不明のため、そのままでは検定できない。そこで、その逆の「**差がない**」という仮説を検定し、それに何らかの矛盾が見つかれば、もとの「差がある」という仮説を採用する。逆に、明らかな矛盾がないときは判定を保留する、という論法で検定を行う。

ここで、「差がない」という仮説は本来無に帰すべきものとして、「**帰無仮説**」null hypothesis と呼び、H_0 と略す。また、もとの「差がある」という仮説は、「**対立仮説**」alternative hypothesis とよび、H_1 と略す。

下図に、「2群に差がある」という仮説検定のフローを示す。

(1) **仮説の設定**：まず「2群に差がない」($A = B$) という仮定 (帰無仮説 H_0) をおき、本来の「差がある」($A \neq B$) という仮説 (対立仮説 H_1) は、いったん伏せておく。

(2) **検定統計量の計算**：検定しやすいように、**データを一つの数値に要約**する。この要約値を**検定統計量** test statistic と呼ぶ。例えば、この例では2群の平均値 $\bar{X}_A, \bar{X}_B$ を求め、その差 $\bar{X}_A - \bar{X}_B$ を検定統計量 X とする。

(3) **検定統計量の有意確率を求める**：帰無仮説が正しい場合に検定統計量 X が生じる**有意確率** P を求める。この例では、帰無仮説から、X(平均値の差) の**期待値は 0** であるが、実際にはある大きさをもっている。そこで確率的に、その差が十分起こりうるかを調べる。これには、統計数理に基づいた検定統計量の理論分布を利用する。

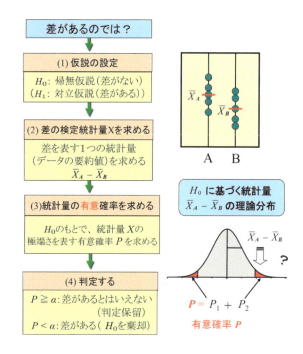

(4) **判定**：検定統計量 X の極端さを示す**有意確率** P が、**有意水準** α よりも大きいとき、その程度の差は確率的に十分起こりうるので、帰無仮説を棄却できない（**判定保留**）。逆に、P が有意水準 α より小さいときは、「差がない」という帰無仮説 H_0 の方がおかしいと判断する。よって H_0 を棄却し、「差がある」とする対立仮説 H_1 を採用する。ここで、**有意水準** α には通常 0.05(5 %) または 0.01(1 %) が使われることが多い。

有意差検定では反証の論理が使われる

上記のフローで示したように有意差検定では、**反証の論理（背理法）** を使用する。すなわち「**差がある**」という仮説は証明が困難なので、その逆の「**差がない**」という仮説（帰無仮説 H_0）を証明する形が取られる。

そして、観察した差が H_0 のもとで、ある程度以上の確率で起こる場合には H_0 を棄却できず「**判定保留**」とする。一方、観察された差が H_0 の下では、確率的に稀な場合には H_0 を棄て、対立仮説 H_1 すなわち「**差がある**」という仮説を採択する。

有意差検定は反証の論理

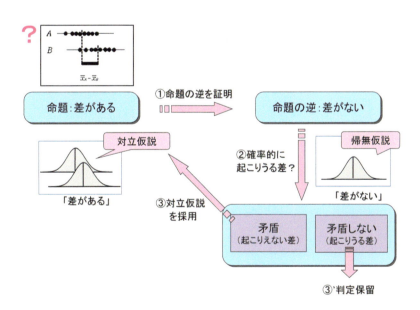

 有意差検定では、「差がない」という仮説 H_0（帰無仮説）を否定することで、本来言いたい「差がある」という仮説 H_1（対立仮説）を立証する

> **有意差検定の利用例1**
>
> 乳癌患者に対して、乳房温存術と根治手術を施行し、退院時に患者のストレス度を13段階で比較し、下図のような結果を得た。治療法で、術後の生活の質（QOL）は異なると言えるか？

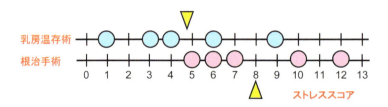

有意差検定では、平均値のずれに対して、差がないと仮定したときに、このずれがどの程度起こりうるのかを、**有意確率 P** という形で求める（キーワード参照）。

そして、その有意確率 P がある**有意水準 α** より大きければ、そのずれは偶然の範囲内のものと考え、逆に有意確率 P が有意水準より小さければ、偶然ではないと判断する。一般に有意水準 α は 0.05（5％）や 0.01（1％）が用いられるので、上の例では、有意確率は統計理論から、$P = 0.109$ と計算され、偶然起こりうる範囲内の差であると判定される。

 有意確率 P と有意水準 α の意味

統計における有意確率とは、ある現象が生じる**個別確率**ではなく、**その現象およびそれ以上の極端な現象の個別確率を累和した確率**をさす。有意確率が小さいほど、確率的に起こりにくい現象であることを表す。

一方、**有意水準 α** とは、**有意確率 P** がどの程度小さければ対立仮説を採択するかを決定する基準となる確率である。通常、有意水準 α には、0.05 や 0.01 が用いられる。有意差検定では、標本から求めた検定統計量 a に対する有意確率 P と有意水準 α を比較し判定を下す（131頁 参照）。

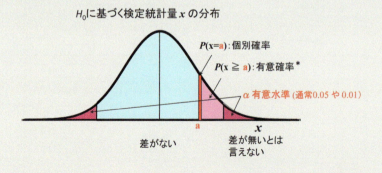

 標本の極端さは、個別確率ではなく**有意確率**（個別確率の累和）で表す

> **有意差検定の利用例 2**
> 膵癌の診断後 1 年目の生存率は $\frac{1}{6}$ であった。
>
> 1) 新しい化学療法剤で 18 名を治療したところ生存例は 6 例であった。この治療は有効と言えるか？
>
> 2) さらに症例を増やし、30 名治療したところ、生存例は 10 例であった。この場合、治療の有効性はどう判定されるか？

1) の場合、理論的な有効率が $\frac{1}{6}$ の条件下で、18 名の少ない例数ではあるが、有効率が $\frac{6}{18}=\frac{1}{3}$ となっており、それが確率的に十分ありうるかが問題となっている。第 6 章で述べる出現度数に関する検定を利用して、このような現象が起こる有意確率を求めてみると、0.065 と計算される。

一方、2) のように、例数を増やすと、同じ有効率 $\frac{10}{30}=\frac{1}{3}$ に対する有意確率は 0.020 となる。

上述のように、一般に有意水準として $\alpha=0.05$ が用いられるので、1) の例は偶然の範囲内の現象（新治療法は有効とは言えない）と考えて、判定を保留し、2) の例では偶然を超えた現象と考えて新治療法は有効と判定する。**観察比率は同じであっても例数が増加することによって研究結果の信頼性が高まり、有意な差があると判定された例である。**

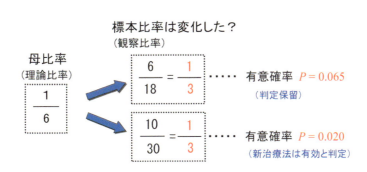

 観察比率は同じでも、例数によって有意確率が異なる

第3章
02 検定の原理を考えよう（平均値の検定）

　この検定は、母集団の平均値と標準偏差がわかっている場合に、観察した標本がそれから得られた標本として矛盾しないかを、平均値の偏りを目安に判定する方法である。

> **例題 6**　全国10歳女子の身長の平均（μ）と標準偏差（σ）は、それぞれ $\mu=140$cm、$\sigma=5$cm の正規分布をする。いま、ある10歳のクラス25人の身長の分布は下図のようになり、その平均値$\bar{x}$は、137cm であった。このクラスの身長は全国水準と違うと言えるか。

　次頁の図から、このクラスの身長の分布は、全国水準（母平均μ）からずれているようにみえる。しかし、客観的にもそう言えるかを検定する。

(1) **仮説の設定**：「全国水準と違う」という仮説は、違いの程度を特定できないので論証できない。そこで、その逆の「全国水準と同じ」という仮説（**帰無仮説** $H_0:\mu=140$）を採用し、もとの仮説（**対立仮説** $H_1:\mu \neq 140$）はいったん伏せておく。ここで、右の解説図中の $N(\mu, \sigma^2)$ 表記法は、**平均値 $\mu=140$、標準偏差 $\sigma=5$ の正規分布**であることを示す。

(2) **検定統計量を求める**：データを要約して、その偏りを表す検定統計量を求める。この場合25人の身長の平均値$\bar{x}$を検定統計量とするのが一般的。H_0 が正しいとすると、$\bar{x}$の期待値は $\mu=140$cm であるが、この標本の$\bar{x}$は **137**cm である。

設　問
H_1: このクラスの身長は全国水準と違うのでは？

（1）仮説の設定
H_0: このクラスの身長は、全国水準 $N(\mu, \sigma^2)$ と同じと仮定する

（2）差を表す検定統計量を求める
このクラス25人の身長の平均値$\bar{x}$を差を表す統計量とする H_0が正しいと平均値の期待値は$\mu=140$cm この標本の平均値$\bar{x}$は137cm。

（3）有意確率Pを求める
H_0のもとで、統計量$\bar{x}$の極端さを表す有意確率Pを求める。これには、標本平均$\bar{x}$が平均値μ 標準誤差$\sigma/\sqrt{n}$ の正規分布に従うことを利用して、$\bar{x}$を標準化してzとする。

（4）　判　定
$z=-3.0$に対する有意確率は0.0027 よって、H_0を棄却し、H_1を採用。

(3) **有意確率Pを求める**：この偏り（平均値が3cmずれること）が、どの程度極端な現象かを有意確率の形で求める。これには、H_0が正しい場合、標本平均$\bar{x}$は平均値μ、標準誤差$\sigma/\sqrt{n}$ の正規分布に従うことを利用して、まず$\bar{x}$をzスコアで表す（52頁　標本平均の理論分布と標準誤差（SE）を参照）。

$$z = \frac{\bar{x}-\mu}{\frac{\sigma}{\sqrt{n}}} = \frac{137-140}{\frac{5}{\sqrt{25}}} = -3.0$$

次に、$z = -3.0$ に対する有意確率（両側確率）を標準正規分布表から調べると、$P = 0.0027$ となる。

(4) **判定**：z の極端さを表す有意確率は、$P = 0.0027$ と小さい。このような稀な現象が実際に起こったと考えるよりは、H_0 が正しくなかったと考える方が妥当である。従って、H_0 を棄却して、対立仮説 H_1 を採用する。

すなわち、クラスの身長は全国平均と比べて、確率 $P = 0.0027$ で、有意水準 $\alpha = 0.05$ より低いと判定する。

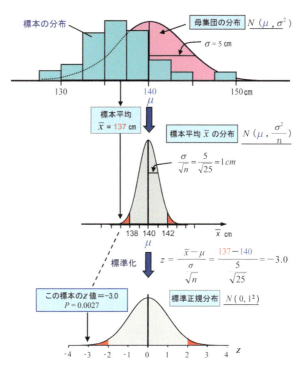

ここがポイント！ 標本平均の理論分布に照らして、観察した $\bar{x}$ の極端さを z スコアで表しその有意確率を求める

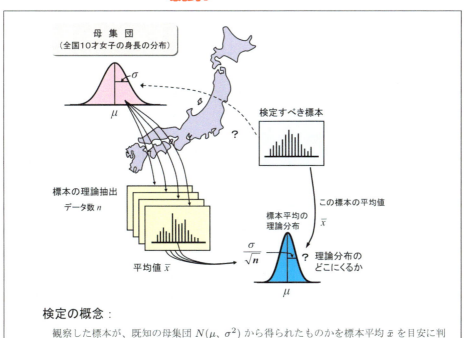

検定の概念：

観察した標本が、既知の母集団 $N(\mu, \sigma^2)$ から得られたものかを標本平均 $\bar{x}$ を目安に判定する。これには標本平均の理論分布に照らして $\bar{x}$ の偏り度を z スコアで表して、有意確率 P を求めて判断する。

標本平均の理論分布と標準誤差 (SE)

正規分布（平均値 $\mu = 0$、分散 $\sigma = 1^2$）から、データ数 n の標本を抽出すると、その標本平均の理論分布は正規分布に従い、平均値の期待値は母集団のそれと同じ μ である。しかし、平均値の標準偏差は下図のように、標本のデータ数 n が大きくなるにつれて小さくなり、一般に $\sigma/\sqrt{n}$ となる (98 頁の正規分布の加法定理による)。

ここで、標本平均 $\bar{x}$ の分布の標準偏差 $\sigma/\sqrt{n}$ を **平均値の標準誤差** (SE: standard error of mean) と呼ぶ。一般に、平均値などの統計量の標準偏差を特に **標準誤差 (SE)** と呼ぶ (54 頁　シミュレーションで考えよう　標本平均の分布を参照)。

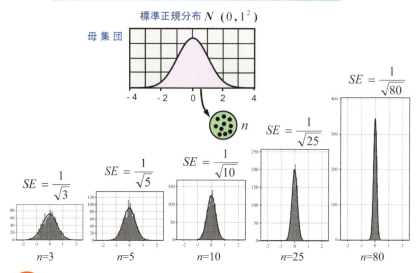

平均値の **標準誤差** (SE) は標本データ数 (n) が増えると小さくなる

標本データ数を $n = 3, 5, 10, 25, 80$ として、母平均 0、母標準偏差 1 の正規分布 $N(0, 1^2)$ から 2000 回の繰り返し標本抽出を行い、その標本平均の分布を調べた。標本平均の分布の中心は、母平均と同じ 0 になるが、平均値の標準偏差（標準誤差 SE）は、n の大きさにより $1/\sqrt{3}, 1/\sqrt{5}, 1/\sqrt{10}, 1/\sqrt{25}, 1/\sqrt{80}$ と小さくなっていく。

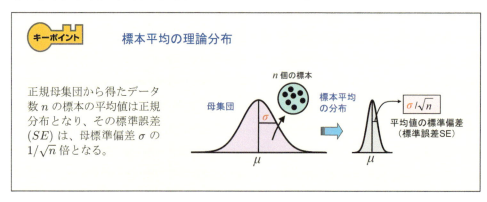

標本平均の理論分布

正規母集団から得たデータ数 n の標本の平均値は正規分布となり、その標準誤差 (SE) は、母標準偏差 σ の $1/\sqrt{n}$ 倍となる。

例題 7 　40代の男性の血中ヘモグロビン (Hb) 濃度は、平均値 $\mu = 14.5$ g/dL、母標準偏差 $\sigma = 1.2$ g/dL の正規分布と仮定する。40代喫煙男性の36名について、Hb 濃度を測定したところ平均値は 15.0 g/dL であった。
(1) 平均値の偏りは、有意に異なると言えるか？
(2) 有意な偏りがある場合、喫煙群の母平均 μ' の 95 %信頼区間を求めよ。ただし、標準偏差は元の母集団のそれと同じとして求めよ。

(1) 36名のヘモグロビン (Hb) 濃度は母平均に一致するという仮説 (H_0) が正しい場合、標本平均 $\bar{x}$ は平均値 μ、標準誤差 $\sigma/\sqrt{n}$ の正規分布に従うことを利用して、まず $\bar{x}$ を標準化して z スコアで表す。

$$z = \frac{\bar{x} - \mu}{\frac{\sigma}{\sqrt{n}}} = \frac{15.0 - 14.5}{\frac{1.2}{\sqrt{36}}} = 2.5$$

次に、$z = 2.5$ に対する有意確率（両側確率）を標準正規分布表から調べると、$P = 0.012$ となる。この z の極端さを表す有意確率は、有意水準 0.05 より小さい。従って、H_0 を棄却し、H_1 採用する。よって、40代喫煙男性の Hb 濃度は全国平均と比べて異なると言える。

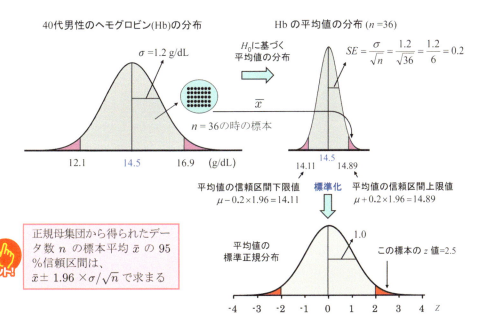

正規母集団から得られたデータ数 n の標本平均 $\bar{x}$ の 95 %信頼区間は、$\bar{x} \pm 1.96 \times \sigma/\sqrt{n}$ で求まる

(2) 40代喫煙群の母平均 μ' の 95 %の信頼区間は、母標準偏差 σ には変化がないと仮定すれば次の範囲に推定される。

$\alpha = 0.05$ に対する z スコア z_α は 1.96 であり、

$$\bar{x} - z_\alpha \frac{\sigma}{\sqrt{n}} \leq \mu' \leq \bar{x} + z_\alpha \frac{\sigma}{\sqrt{n}}$$

$$15.0 - 1.96 \times \frac{1.2}{\sqrt{36}} \leq \mu' \leq 15.0 + 1.96 \times \frac{1.2}{\sqrt{36}}$$

$$14.61 \leq \mu' \leq 15.39$$

よって、母平均の 95 %信頼区間は 14.61 g/dL から 15.39 g/dL と推定される。

シミュレーションで考えよう　標本平均の分布

StatFlex のシミュレーション機能を用いて、母集団から標本を抽出し、その標本平均の分布を調べてみよう。

実行手順

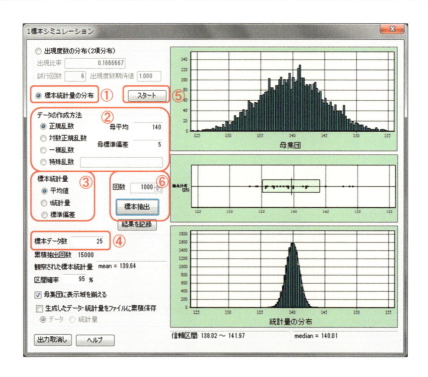

「統計」メニューの「シミュレーション」の「1 標本」を選択する。

1. **シミュレーションモード選択①**
   [標本統計量の分布] を選択する。[*1]

2. **母集団を指定②**
   「データの作成方法」で母集団の分布型、母平均、母標準偏差を指定する。

3. **標本統計量を指定③**
   分布特性を調べるべき標本統計量を選択する。ここでは平均値を選ぶ。

4. **標本データ数を指定④**
   標本データ数（抽出標本のサイズ）を指定する。

5. **母集団を作成⑤**
   スタート ボタンを押すと、それまでの実験内容がリセットされる。指定した条件で母集団が作成され、最上段にそのグラフが表示される。

[*1] [出現度数の分布] モードは、比率に関するシミュレーションで利用

6. 標本抽出を実行⑥

   [標本抽出] ボタンを押す毎に、標本が抽出され標本統計量（平均値）が計算される。標本の分布が中段のグラフに表示され、標本統計量が [観察された標本統計量] に表示される。

   [回数] を変更することで、1 クリック当たりの抽出回数を調整できる。この場合、中段のグラフには最終抽出結果のみが表示される。

7. 標本統計量の分布を確認

   [累積抽出回数] に表示されている回数分の標本統計量の度数分布図が最下段に表示される。その形状は、抽出回数が多くなると標本統計量の理論分布に近似する。

■ 実行例

全国 10 歳女子の身長の例題（50 頁）について、シミュレーション機能を用いて、標本平均の理論分布を作成し、観察された標本平均 137cm の有意性を調べてみよう。

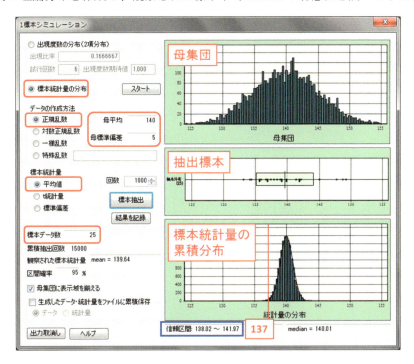

上図は赤枠の部分を設定し、標本抽出を 15,000 回行った結果である。15,000 回分の平均値が最下段の度数分布図に表示されている。これから、観察された標本平均 137cm は、極めて稀な値であることが分かる。標本平均の標準誤差 SE は、95％信頼区間が 138.02〜141.97（青枠）であり、その幅 $141.97 - 138.02 = 3.95$ を $1.96 \times 2 = 3.92$ で割ると 1.0077 と計算され、ほぼ母集団の $SD = 5.0$ の $1/\sqrt{25} = 1/5$ となっている。

次に、標本データ数を変化させて、標本平均の信頼区間がどのように変化するか調べて、標準誤差との関係を確認してみよう。

03-02 | 検定の原理を考えよう（平均値の検定）

第4章 関連2群の差の検定

第4章 01　1標本 t 検定（パラメトリック法）

～ 条件を変えてペア計測したデータからその違いを検定 (1標本 t 検定) ～

n 個体について、ある計測を条件を変えて 2 回行い、条件の違いで計測値が有意に変化したかを検定する方法である。例えば、同一の個体での運動前と運動後の変化の違いについて検定する場合に使用される。**paired t 検定**や**対応のある t 検定**とも呼ばれ、計測値が条件によらず正規分布に従うことを前提に作られた統計理論であり、**パラメトリック法**に属する検定法である。

1標本 t 検定の概念

下図左のペア計測された 5 組のデータを考える。まずデータを 2 条件の差 d の分布に変換する。

変化があるかどうかは、差 d の分布の平均値 $\bar{d}$ が、0 と有意に異なるかどうかで判断する。例えば、図の上段のデータでは、変化の向きが全体に上向きで、差の平均値 $\bar{d}$ も前値を揃えた基点 0 からずれているので、有意な差があると判断されるケースである。

これに対して、下段のデータは、変化の向きが、上下まちまちで、差の平均値 $\bar{d}$ は基点 0 にあるので、差があるとは言えないケースである。

このように、1標本 t 検定では、$\bar{d}$ **を検定統計量**として、その大きさから計測値の差の有意性を判定する。ここで、$\bar{d}$ をその標準誤差で割って標準化すると、それが t 分布に従うことを利用して、$\bar{d}$ の有意確率を求める。

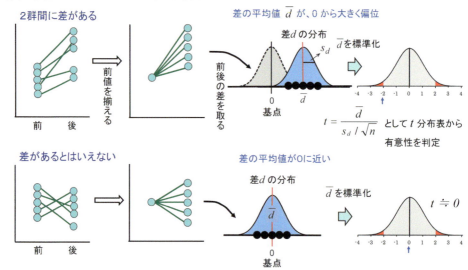

1標本 t 検定では $\bar{d}$ の大きさから差の有意性を検定

$$t = \frac{\bar{d}}{s_d / \sqrt{n}}$$ として t 分布表から有意性を判定

検定の手順

　下図のように、2条件で計測された n 組のデータがあり、条件によって、計測値に差があると言いたい。しかし差の程度は不明なので「差がある」という仮説は設定できない。

(1) **仮説の設定**：
　　そこで一旦、「差がない」($\bar{d}=0$) と仮定する。（帰無仮説 H_0：差がない）
　　「差がある」という仮定は対立仮説 H_1 として保留にしておく。

(2) **検定統計量を求める**：
　　n 組のデータにつき各ペアの差 d を求め、その**平均値 $\bar{d}$** を検定統計量とする（$\bar{d}$ に2群の差が要約されている）。

(3) **有意確率 P を求める**：

$\bar{d}$ が確率的に偏った値であるかを調べる。これには $\bar{d}$ をその標準誤差 ($s_d/\sqrt{n}$) で割って標準化すると、**その値 t が自由度 $n-1$ の t 分布に従う**ことを利用する。(自由度については 73 頁を参照)

$$\bar{d} \Rightarrow t = \frac{\bar{d}}{\frac{s_d}{\sqrt{n}}}$$

ここに s_d は差 d の標準偏差で

$$s_d = \sqrt{\frac{\sum(d_i-\bar{d})^2}{n-1}}$$

である。この t 値（標準化された $\bar{d}$ 値）の有意確率の大きさは、t 分布表で調べる。

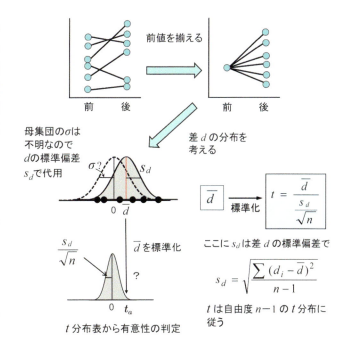

(4) **判定**：
　　有意水準 α、自由度 $n-1$ の t 値 (t_α) を t 分布表から求め、この標本の t 値と比較する。
　　$|t| \leqq t_\alpha$ のとき、差があるとは言えない (H_0 を棄却できず判定保留)
　　$|t| > t_\alpha$ のとき、$|P| < \alpha$ となり帰無仮説 H_0 を棄却し、対立仮説 (H_1) を採用。

例題 8 6人のバセドウ病患者に自律神経遮断薬（A剤）を投与し、前後の脈拍数を計測した。A剤には効果があるといってよいか。

ID	脈拍（前）	脈拍（後）	前後の差 $d^※$	d_i^2
1	98	86	12	144
2	88	73	15	225
3	100	95	5	25
4	96	92	4	16
5	107	99	8	64
6	114	116	-2	4
		合計 $\sum$	42	478

※前値−後値で計算

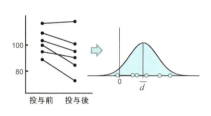

$$\bar{d} = \frac{42}{6} = 7$$

$$s_d = \sqrt{\frac{\sum_{i=1}^{n}(d_i - \bar{d})^2}{n-1}} = 6.07$$

考え方

「差がない」という仮説（帰無仮説；H_0）をおくと、差の平均値 $\bar{d}$ の期待値は0になる。しかしこの標本から実際に求めた $\bar{d}$ 値は7である。$\bar{d}$ 値が7以上（$|\bar{d}| \geq 7$）となる有意確率を求め、仮説 H_0 の妥当性を判定する。

(1) 仮説 H_0 から d の理論分布を想定すると、その中心位置は0となる。しかし、母集団の標準偏差 σ は不明なので、実測値 d の標準偏差 s_d で代用する。

(2) H_0 のもと、差の平均値 $\bar{d}$ の理論分布を考える。その中心位置は0、その標準誤差は不明なので s_d の $1/\sqrt{n}$ で代用する。

(3) $\bar{d}$ を検定統計量として、それが $\bar{d}$ の理論分布に照らして、有意確率を知りたい。これには $\bar{d}$ 値をその標準誤差 $s_d/\sqrt{n}$ で標準化すると、その値 t は自由度 $n-1$ の t 分布に従うことを利用する。

検定のフロー

設問
A剤により脈拍が変化したのでは？

↓

(1)仮説の設定
いったん、脈拍は変化しないと仮定する。
帰無仮説 H_0：脈拍（前）＝脈拍（後）
設問の H_1 は対立仮説として保留。

↓

(2)検定統計量を求める
差 d の平均値 $\bar{d}$ に、2群の差が要約されていると考える。
$$\bar{d} = 7$$

↓

(3)有意確率を求める
帰無仮説 H_0 に基づく $\bar{d}$ の理論分布から、$|\bar{d}| \geq 7$ となる確率 P を求める。これには、$\bar{d}$ を標準化して、t 分布表（自由度 $n-1$）を利用する。

↓

(4)判定
$P \geq \alpha$ H_0 を棄却できない。
$P < \alpha$ H_1 を採用。

(4) この標準化により $\bar{d} = 7$ は、$t = 2.83$ となり、$|\bar{d}| \geq 7$ となる確率は、$|t| \geq 2.83$ の確率を求めることと同じである。

(5) 判定：t 分布表より、自由度 $n - 1$、有意水準 $\alpha = 0.05$ に対する t 値（有意点）は 2.57 である。一方、観察された t 値は 2.83 であり、$|t| \geq 2.83$ となる有意確率は、明らかに α より小さい。

$$\therefore P = P(|\bar{d}| \geq 7) = P(|t| \geq 2.83) < P(|t| \geq 2.57) = 0.05$$

よって $P < 0.05$

このような小さな確率の現象が実際に起こったと考えるよりは、もとの仮説（帰無仮説：H_0）がおかしかったと考える方が妥当である。

従って：H_0 を棄却し、対立仮説 H_1（A剤投与前後で脈拍が変化したとする仮説）を採用する。

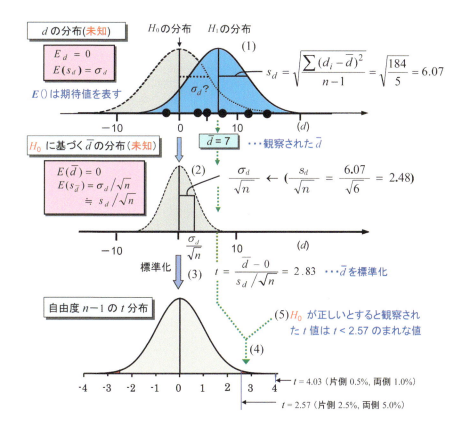

母集団の標準偏差 σ が未知のため、それを標本の標準偏差 s_d で代用して**統計量 $\bar{d}$ を標準化**する。その標準化値 t が t 分布に従うことを利用して $\bar{d}$ の有意確率を求める。

04-01 1標本t検定(パラメトリック法)

StatFlex での計算

手順：

1. サンプルファイル「例題 8_1 標本 t 検定データ①.SFD6」を開く。
2. 「統計」メニューの「関連群間の比較」の「2 群間検定」を選択する。
3. 統計処理パネルが出るので、検定法の「1 標本 t 検定」にチェックを入れ、「OK」ボタンをクリックする。なお、データ間に関連性を持たせたグラフにするために次の操作を行う。「グラフの種類選択」ボタンを押し、折れ線グラフを選択する。

計算結果：

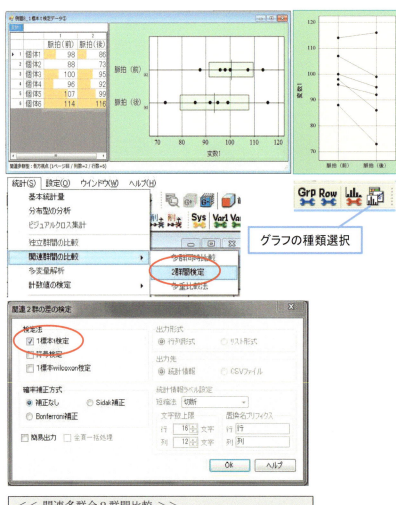

```
<< 関連多群全2群間比較 >>

< 1標本 t 検定 >
頁=［脈拍数］  脈拍（前）vs. 脈拍（後）
差の平均値=−7   差の標準偏差= 6.07
差の平均値の 95 ％信頼区間=−13.37 〜 −0.63
t 値=−2.827
自由度= 5
有意確率 P = 0.0368
```

演習:3 ダイエットに有効とされるお茶を一週間飲用し、その前後の体重を7人について比較した。お茶に有意な体重減少効果があると言えるか？（解答244頁）

前値 (kg)	後値 (kg)	前後の差 d	d_i^2
51.2	48.3	2.9	8.41
62.5	63.4	-0.9	0.81
66.5	64.8	1.7	2.89
49.3	47.7	1.6	2.56
53.3	54.0	-0.7	0.49
53.0	51.7	1.3	1.69
56.3	55.4	0.9	0.81
合計 $\sum$		6.80	17.66

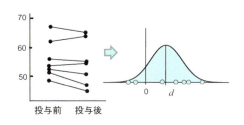

差の平均値 $\bar{d}=0.971$、 差の標準偏差 $s_d = \sqrt{\dfrac{\sum_{i=1}^{n}(d_i-\bar{d})^2}{n-1}} = 1.357$

 演習:4 12人の患者に、A,B 2種の利尿剤を日を変えて投与し、その効果（尿量）を比較したところ下記データを得た。両利尿剤の効果に差はあると言えるか？（解答245頁）

利尿剤 A	利尿剤 B
1.8	1.9
2.5	2.5
2.7	3.0
2.9	2.6
1.2	2.4
4.0	4.0
2.4	1.8
1.6	2.3
1.5	2.4
2.3	2.8
2.2	2.9
3.0	3.7

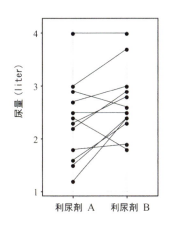

1標本t検定におけるt分布とは

平均値$\bar{x}$を標準化する場合、母集団の標準偏差σが**既知**で、それを利用して標準化すると、その値zは正規分布に従う。一方、母標準偏差σが**未知**で、$\bar{x}$を標本標準偏差sで標準化すると、その値tはt分布に従う。t値は、データ数が少ないとsがばらつくので、それに応じて大きく変動する。このためt分布は正規分布と比べて両裾が広くなる。しかし、データ数が増えるとsは安定して母集団のσに近似するので、t分布の両裾の広がりの程度が弱くなり標準正規分布に近似する(68頁　シミュレーションで考えよう　標本のt値の分布を参照)。

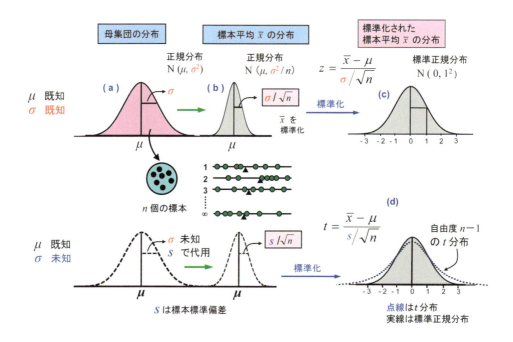

母標準偏差σが未知の場合、平均値$\bar{x}$を標本標準偏差sを使って標準化すると、その値はt分布に従う。t分布はデータ数が少ないと正規分布より両裾広がりの分布となる。

正規分布と t 分布の違い

　t 値は、母集団の標準偏差が未知のときに標本の平均値 $\bar{x}$ を標本標準偏差 s を使って標準化した値である。計測単位に依存しないが、データ数 n によって s の曖昧さが変化し、分布形状が変わる。t 分布の形状は、その計算に用いる標本標準偏差 s の自由度（バラツキの計算に有効なデータ数）に依存し、データ数が増えると s の曖昧さが少なくなり $s \fallingdotseq \sigma$ となるので、t の有意点 t_α は標準正規分布の有意点 z_α に近似する。t_α や z_α を本書では有意水準 α に対する "**信頼区間限界指数**" と呼ぶ。

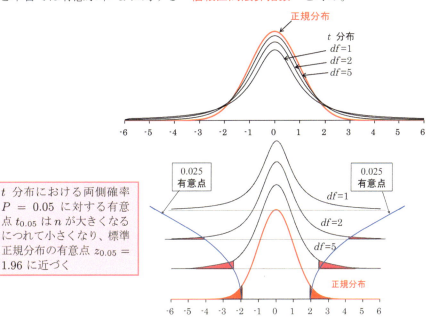

t 分布における両側確率 $P = 0.05$ に対する有意点 $t_{0.05}$ は n が大きくなるにつれて小さくなり、標準正規分布の有意点 $z_{0.05} = 1.96$ に近づく

キーポイント　　t 分布と自由度 df (degree of freedom)

t 値の自由度 df は、その計算過程で平均値がいくつ使われているかによって決まる（73 頁 自由度を参照）。

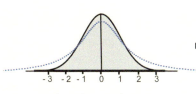

青点線は t 分布
実線は標準正規分布

■ 1標本 t 検定の場合：n = 標本データ数

$$t = \frac{\bar{x} - \mu}{s/\sqrt{n}} \Rightarrow df = n - 1$$

■ 2標本 t 検定の場合：n_1, n_2 = 2標本のデータ数

$$t = \frac{\bar{x}_1 - \bar{x}_2}{s\sqrt{\frac{1}{n_1} + \frac{1}{n_2}}} \Rightarrow df = n_1 + n_2 - 2$$

■ 相関係数 r の検定の場合：n = 標本データ数

$$t = r\sqrt{\frac{n-2}{1-r^2}} \Rightarrow df = n - 2$$

r は、算出式中で 2 つの平均値が使われる

t 分布表の見方

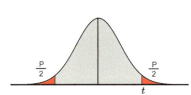
t 分布表（両側確率）

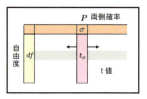
t 分布表の見方

P=	0.10	0.05	0.02	0.01	0.001
df=1	6.314	12.706	31.820	63.657	636.619
2	2.920	4.303	6.965	9.925	31.599
3	2.353	3.182	4.541	5.841	12.924
4	2.132	2.776	3.747	4.604	8.610
5	2.015	2.571	3.365	4.032	6.869
6	1.943	2.447	3.143	3.707	5.959
7	1.895	2.365	2.998	3.500	5.408
8	1.860	2.306	2.896	3.355	5.041
9	1.833	2.262	2.821	3.250	4.781
10	1.813	2.228	2.764	3.169	4.587
11	1.796	2.201	2.718	3.106	4.437
⋮	⋮	⋮	⋮	⋮	⋮
20	1.725	2.086	2.528	2.845	3.850
⋮	⋮	⋮	⋮	⋮	⋮
100	1.660	1.984	2.364	2.626	3.391
⋮	⋮	⋮	⋮	⋮	⋮
200	1.653	1.972	2.345	2.601	3.340
⋮	⋮	⋮	⋮	⋮	⋮

　t 分布は、標本のデータ数で決まる自由度（df、各行の先頭）によって異なる形状となる。このため、表に記されている t 値は、代表的な有意水準の確率 α=0.10, 0.05, 0.02, 0.01, 0.001 に対する t の有意点だけである。特殊な自由度や有意水準に対する t 値を求めるには、大まかに補間を行うか、統計ソフトを用いる。
　（t 分布表は 271 頁を参照）

1 標本から求めた各種統計量の理論分布

シミュレーションを用いて、標準正規母集団から、データ数 $n=3, 5, 10, 25, 60$ の標本を繰り返し発生して、平均値 $\bar{x}$ の分布、標本標準偏差 s の分布、$\bar{x}$ を s で標準化した値 t の分布を調べた。シミュレーションから、平均値 $\bar{x}$ は常に正規分布で、その標準誤差はデータ数が大きくなると小さくなることがわかる。一方、t 値は n が小さいと左右裾広がりの分布になる。s は左右非対称な分布で、n が小さいと大きな変動を示す。

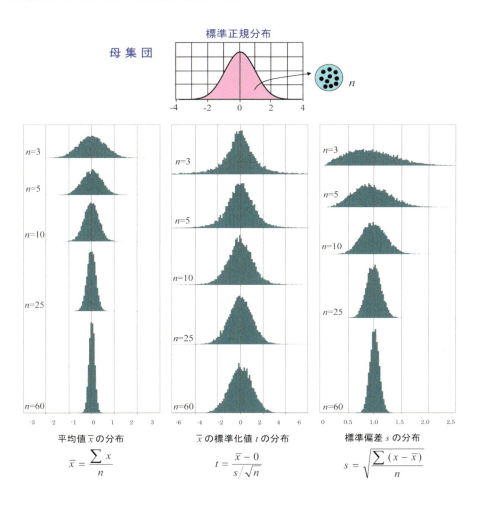

平均値 $\bar{x}$ の分布
$$\bar{x} = \frac{\sum x}{n}$$

$\bar{x}$ の標準化値 t の分布
$$t = \frac{\bar{x} - 0}{s/\sqrt{n}}$$

標準偏差 s の分布
$$s = \sqrt{\frac{\sum (x - \bar{x})}{n}}$$

> **キーポイント** 正規母集団からより抽出した標本から求めた統計量の理論分布
>
> 標本平均 $\bar{x}$ は、正規分布。データ数が増えるに従って標準誤差が小さくなる。
> 標本平均 $\bar{x}$ の標準化値 t は、自由度 $n-1$ の t 分布。
> 　　　　　　　　　　　　　　(n が大きいと、標準正規分布に近似)
> 標本標準偏差 s は、n が小さいとやや右裾広がりの非対称分布。
> 　　　　　　　　　　　　　　(n が大きいと、標準正規分布に近似)

シミュレーションで考えよう　標本の t 値の分布

ここでは、標本平均の標準化値 t 値の分布特性を調べてみよう[*2]。実行例として、一標本 t 検定（60 頁）の例題を目安に、下図のように設定すると次のようになる。

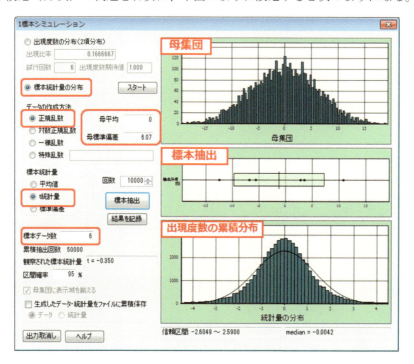

「統計」メニューの「シミュレーション」の「1 標本」を選択する。上図のように

- データの作成法
  - 正規乱数
  - 母平均 $= 0$（投薬前後の差がないと仮定）
  - 母標準偏差 $= 6.07$（標本標準偏差を仮に用いる）
- 標本統計量 $=$ 平均値
- 標本データ数 $= 6$（人）

を設定し、標本抽出を 10,000 回行った様子である。最下段に、計 10,000 回分の t 値が度数分布図で表示されている。グラフより、この例題で得られた t 値 2.83 がかなり稀な値であることが分かる。

この例題では母標準偏差として 6 人の標本標準偏差で便宜上代用しているが、t 分布は標本データ数にのみ依存する分布である。したがって、標本データ数が同じである限り母平均と母標準偏差をどのような値に設定しても、t 分布の形状は変化しない。

続いて、標本データ数をいろいろ変化させて t 分布の形状を調べてみよう。

[*2] 実行手順は 54 頁を参考にし、標本統計量は [t 統計量] を選ぶこと。

1標本t検定の理論では、母集団の標準偏差が未知であるため、標本の差の標準偏差を代用し、差の標本平均を標準化し、t値を算出する。
母集団の標準偏差がどのような値であったとしても、そこから得られる標本をその標準偏差で標準化した値は、標本数nに応じた自由度のt分布となる。下図では、標本データ数を前頁のシミュレーションと同じ6とし、標準偏差は異なる15に設定しているが、統計量の分布は前頁と同様となる。

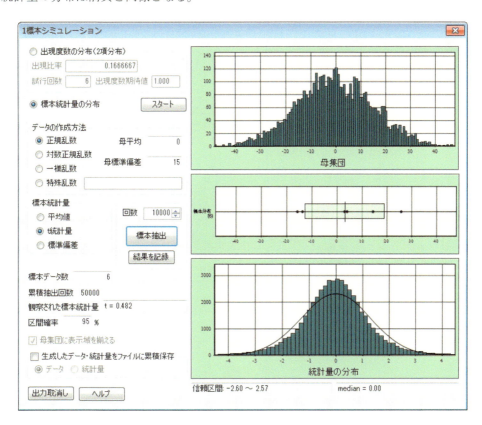

 　　t検定における母集団の標準偏差 σ

平均値が0で、標準偏差 σ が未知の母集団から標本を抽出する場合、σ を標本の標準偏差 s で代用するとして、どのような s を指定しても、標本から求めた統計量 $t\,(=\dfrac{\bar{x}}{s/\sqrt{n}})$ の分布形状は標本のデータ数 n が同じなら変化しない。

第4章 02 統計学的推定（平均値の検定の場合）

　推定とは、標本の揺らぎから、母集団の統計量、信頼区間を予測することである。一般に有意差検定では、有意な差がある（観測標本は異なる母集団から取り出された）と判定された場合、観察された検定統計量にどれだけの揺らぎがあるかを推定する。これには一定の確率（パーセント表示）を指定して、その信頼区間を推定する。**慣例として、95％の信頼区間を求めることが多い。**

有意差検定後の推定

観察された計測値平均 $\bar{x}$ が、母集団と"有意"に異なると判定されたとき、その差にどの程度の揺らぎ（誤差）があるかを推定

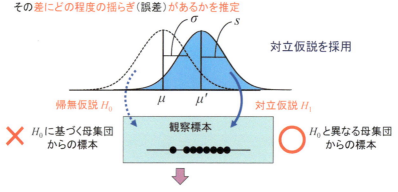

平均値の標準誤差

*1 $SE = \dfrac{\sigma}{\sqrt{n}}$　σ 既知

*2 $SE = \dfrac{s}{\sqrt{n}}$　σ 未知

有意差検定を実施後に有意となった場合には、続いて信頼区間を求める

H_1 を採用し、母平均 μ' の信頼区間を推定

95％信頼区間の公式

σ 既知：$z_{0.05} = 1.96$ を信頼区間限界指数とする

$$\bar{x} - 1.96 \dfrac{\sigma}{\sqrt{n}} < \mu' < \bar{x} + 1.96 \dfrac{\sigma}{\sqrt{n}}$$

σ 未知　（$\sigma \rightarrow$ 標本標準偏差 s で代用）$t_{0.05}$ を信頼区間限界指数とする

$$\bar{x} - t_{0.05} \dfrac{s}{\sqrt{n}} < \mu' < \bar{x} + t_{0.05} \dfrac{s}{\sqrt{n}}$$

t_α は、自由度 $n-1$、$\alpha = 0.05$ の t 分布

 信頼区間は、観察された統計量の精度を表す

53 頁の例題 7 では、40 代喫煙男性 36 名の平均 Hb 濃度は 15.0g/dL であった。いま、その標本の標準偏差 s が 1.1g/dL であったとして、喫煙群の標準偏差未知の母平均 μ' の 95 ％信頼区間を求めよ。

$\alpha = 0.05$ に対する t スコア t_α は $n = 36$ なので、自由度 $df = 36 - 1 = 35$ から $t_\alpha = 2.030$ となる。

$$\bar{x} - t_\alpha \frac{s}{\sqrt{n}} \leq \mu' \leq \bar{x} + t_\alpha \frac{s}{\sqrt{n}}$$
$$15.0 - 2.030 \times \frac{1.1}{\sqrt{36}} \leq \mu' \leq 15.0 + 2.030 \times \frac{1.1}{\sqrt{36}}$$
$$15.0 - 0.372 \leq \mu' \leq 15.0 + 0.372$$
$$14.63 \leq \mu' \leq 15.37$$

🔍 探究 母平均の95%信頼区間の推定

50頁の例題6では、標本平均値が極端な位置にある（有意確率が低い）ことから、想定していた母集団からの標本ではないと判定された。そこで、標本平均値から、新しい母集団の平均 μ' の 95 % の信頼区間を求めることになる。これには、標本平均の標準誤差が $\sigma/\sqrt{n}$ であることを利用する。いま母集団が正規分布の場合、平均値の分布も正規分布となり、母平均の 95 % 信頼区間として、標本平均の両側に標準誤差の 1.96 倍の幅を求めることになる。

■ 母集団の標準偏差 σ が既知の場合（母集団の標準偏差 $\sigma = 5$ を基に推定する）

$$\bar{x} - 1.96 \times \frac{\sigma}{\sqrt{n}} \leqq \mu' \leqq \bar{x} + 1.96 \times \frac{\sigma}{\sqrt{n}}$$

なお、**1.96** は、標準正規分布において両裾の確率 α が 0.05（中央の確率が 0.95）となる位置の z 値（z_α）に相当する。例題 6 について、母平均の 95 % 信頼区間は次のように求まる。

$$137 - 1.96 \times \frac{5}{\sqrt{25}} \leqq \mu' \leqq 137 + 1.96 \times \frac{5}{\sqrt{25}}$$

$$135.04 \leqq \mu' \leqq 138.96$$

■ 母集団の標準偏差が未知の場合（標本の標準偏差 s から母集団を推定する）

ここで、対立仮説 H_1 に対する母集団の標準偏差 σ' が通常分かっていない。そこで、σ' を標本標準偏差 s で代用することになる。この例題では s は与えられていないが、それを計算すると 4.8 であったと仮定する。この場合、標本平均の標準誤差は $s/\sqrt{n}$ とするが、s の不確かさのため <u>信頼区間限界指数</u> は 1.96（z_α）ではなく、t_α を用いて次式から 95 % 信頼区間を求める。

$$\bar{x} - t_\alpha \times \frac{s}{\sqrt{n}} \leqq \mu' \leqq \bar{x} + t_\alpha \times \frac{s}{\sqrt{n}}$$

この t 値（t_α）は、データ数 n に依存しており、例題 6 では、$n = 25$ なので、自由度 $df = 25 - 1$、両側確率 $\alpha = 0.05$ を指定して t 分布表から求めると、$t_\alpha = 2.064$ となる。また、$s = 4.8$ を使って μ' の 95 % 信頼区間を求めると、次のようになる。

$$\bar{x} - 2.064 \times \frac{s}{\sqrt{n}} \leqq \mu' \leqq \bar{x} + 2.064 \times \frac{s}{\sqrt{n}}$$

$$137 - 2.064 \times \frac{4.8}{\sqrt{25}} \leqq \mu' \leqq 137 + 2.064 \times \frac{4.8}{\sqrt{25}}$$

$$137 - 1.98 \leqq \mu' \leqq 137 + 1.98$$

$$135.02 \leqq \mu' \leqq 138.98 \quad \text{（実際上は、上の計算結果とほぼ同じ！）}$$

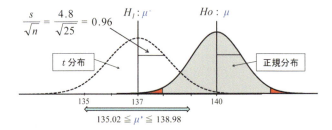

母集団の標準偏差が未知の場合、標本標準偏差 s を用いて、標本平均の 95 % 信頼区間を決める場合、<u>信頼区間限界指数</u> には z_α ではなく t_α を用いる

探究 自由度(df: degree of freedom)

バラツキの計算に有効なデータ数を、自由度 (df) と呼ぶ。

標本から標準偏差を求める場合

標準偏差は、各データ x_i の標本平均値 $\bar{x}$ からの偏差に基づいて計算するが、n 個のデータの偏差のうち、$n-1$ 個目の偏差を計算すると、n 番目の偏差は、標本平均値が分かっているので自動的に決まってしまう。従って、偏差の予測に実際に役立った（独立して貢献した）データ数は n 個ではなく、$n-1$ 個である。
この場合、「標準偏差の計算におけるデータの自由度は $n-1$」であるという。

例えば $n=3$ のとき標本標準偏差 s は、次式で求められる。ここで、標本平均がわかっているため、●$=x_3$ を含む3つ目の偏差は自動的に決まる。よって、計算に独立して貢献しているデータ数（自由度）は $n-1=2$ となる。実際上、$x_3 = 3\bar{x} - x_1 - x_2$ として求まる。

$$s = \sqrt{\frac{\sum(x_i-\bar{x})^2}{n-1}} = \sqrt{\frac{\sum(x_1-\bar{x})^2 + (x_2-\bar{x})^2 + (●-\bar{x})^2}{3-1}}$$

平均値の検定の場合

一般に、統計処理では、いろいろな形で偏差を利用した統計量が計算される。その計算の中で用いた平均値の個数だけ、統計量の予測に貢献したデータ数（自由度）が減少する。例えば、n 組のデータによる関連2群の差の検定では、検定統計量 t を計算するのに、平均値が一度使われるので、検定統計量 t の自由度は $n-1$ となる。また、n_1, n_2 個よりなる独立2標本から平均値の差を検定する場合には、検定統計量 t を計算するのに、2つの平均値が使われるので、検定統計量 t の自由度は $n_1 + n_2 - 2$ となる。

適合度検定の場合

140頁のサイコロの例では χ^2 値の計算で観測度数 O_i と期待度数 E_i のずれを6回足し合わせているが、6つ目は自動的に決まるので、その自由度は $k-1$ (6−1=5) となる。

	⚀	⚁	⚂	⚃	⚄	⚅	
観察度数 O_i	15	9	5	8	10	●	60
期待度数 E_i	10	10	10	10	10	10	60

$$\chi^2 = \sum_{i=1}^{6} \frac{(O_i-E_i)^2}{E_i}$$

2×2分割表の場合

4回足しているが、周辺度数が固定なので1つが決まると、他の3つが決まり χ^2 値の自由度は $(2-1) \times (2-1) = 1$ となる。

	B_1	B_2	
A_1	a	●b	$a+b$
A_2	●c	●d	$c+d$
	$a+c$	$b+d$	N

$$\chi^2 = \frac{(a-E_i)^2}{E_i} + \frac{(b-E_i)^2}{E_i} + \frac{(c-E_i)^2}{E_i} + \frac{(d-E_i)^2}{E_i}$$

第4章 03 一標本Wilcoxon検定（ノンパラメトリック法）

　関連のある2群の標本、すなわち2つの条件により、ペアで測定されたn組のデータが、計測の条件によって変化するかを分布型に依存しない形で検定する方法である。条件による計測値の差が正規分布とみなせる場合、一標本t検定を利用できるが、**非対称分布や、差に極端な値が存在する場合には、一標本Wilcoxon検定を利用する**。

検定の概念

(1) n組のデータにつき、その差dを求める。
(2) 差の絶対値$|d|$に順位をつけ、それをdの符号別に累和した値(順位和) T_+ と T_- を求める。
(3) T_+ と T_- のうち、小さい方をWilcoxon検定の統計量Tとする。

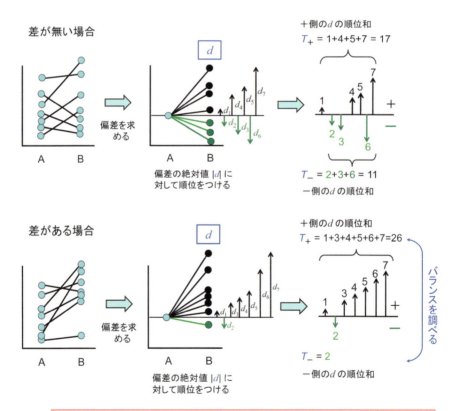

nペアの差dに着目して、差の絶対値$|d|$に順位を付け、それをdの符号別に累和した値をT_+、T_-とする。差がある場合は、T_+とT_-にアンバランスが生じる。

検定の手順

(1) **仮説の設定**：
　　一旦、「差がない」と仮定する (帰無仮説 H_0)
　　「差がある」という仮定は (対立仮説 H_1) として保留にしておく。

(2) **検定統計量を求める**：
　　① n 組のデータにつき、その差 d を求める。
　　② $|d|$ を小さい方から順に並べる。ここで $|d|=0$ のデータは除外する。
　　　これに伴いデータ数 n も減少する。
　　③ d の符号により、その順位を＋と－に分け、少ない方の符号に属する
　　　順位を足し合わせたものを**符号別順位和** T とする。この T は、2群の
　　　差を表す検定統計量で、差が大きいほど小さな値になる。

(3) **有意確率を求める**：
　　$n \leqq 25$ のとき、**Wilcoxon 検定表**から T の有意確率を求める。
　　$n > 25$ のとき、T は近似的に次の正規分布に従う。

　　　平均値　　$\mu_T = \dfrac{n(n+1)}{4}$

　　　標準誤差　$\sigma_T = \sqrt{\dfrac{n(n+1)(2n+1)}{24}}$

　　したがって、T を標準化し、

　　　$z = \dfrac{T - \mu_T}{\sigma_T}$

から、z 値を標準正規分布表で調べれば、その有意確率が求まる。なお、厳密には連続補正のため、$T < \mu_T$ のとき、T に 0.5 を加算、$T > \mu_T$ のとき、T に 0.5 を減算して z を計算する（連続補正については 137 頁を参照）。

(4) **判定**：
　　有意水準を α とすると
　　　P $\geqq \alpha$ のとき、差があるとは言えず判定保留。
　　　P $< \alpha$ のとき、2群の間の差は有意と判定。対立仮説 H_1 を採用。

04-03 一標本Wilcoxon検定（ノンパラメトリック法）

⚠️ 注意　統計量 T の 求め方： チェックポイント

① **差が 0 となるペアは除外**する。これに応じデータ数 n を減じる。
② 差 $|d|$ に**同順位**があるときは、平均の順位を均等に割り当てる[*3]。
　例えば、$u \sim v$ 番までが同順位の場合、平均順位 $\dfrac{u+v}{2}$ を
　均等に割り振る。

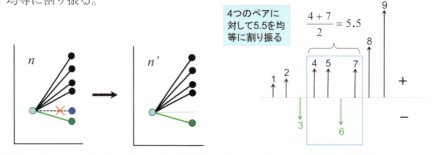

例題 10
健常者 8 人を 30 分間ジョギングさせ、その前後で血中のホルモン値 A を測定した。運動により A 値は変動するといってよいか？

A（前）	A（後）	前後の差 d	$\|d\|$ の順位にもとの符号をつける
182	163	19	7
169	142	27	8
173	174	−1	−1
143	137	6	4
158	151	7	5
156	143	13	6
176	180	−4	−3
165	162	3	2

＋側の順位和 $T_+ = 7+8+4+5+6+2 = 32$、−側の順位和 $T_- = 1+3 = 4$、よって、Wilcoxon の統計量 T として $T_- = 4$ を採用する。$n \leqq 25$ のため、Wilcoxon 検定表から T の有意性を示す確率を求める。

統計表より、T の $P < 0.05$ となる有意点は $3(n=8)$ であり、この標本の T 値は 4 であるため、差があるとは言えず判定保留となる。

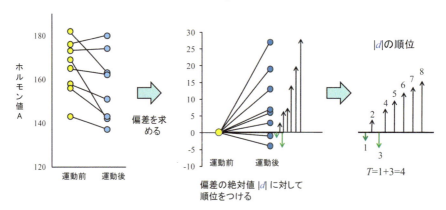

[*3] 同順位が多いとき、厳密には T 値の補正計算が必要である。詳しくは市原清志著「バイオサイエンスの統計学」p59. 南江堂 1990. を参照。なお、StatFlex の計算は同順位補正に対応している。

StatFlex での計算

手順：

1. サンプルファイル「例題 10_ホルモン値− Wilcoxon 検定.SFD6」を開く。
2. 「統計」メニューの「関連群間の比較」の「2 群間検定」を選択する。
3. 統計処理パネルが出るので、検定法の「1 標本 Wilcoxon 検定」にチェックを入れ、「OK」ボタンをクリックする。

計算結果：

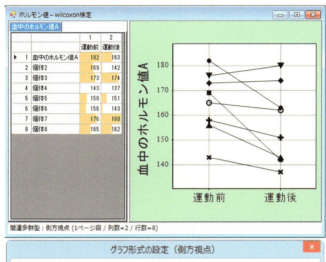

上示の様なグラフにならない時には、「グラフ形式の設定」で
折れ線グラフを選択する。

```
<< 関連多群全2群間比較 >>
< Wilcoxon 検定 >
頁 = [血中のホルモン値 A] 運動前 vs. 運動後
T 値 = 4.0  (NS：1 標本 Wilcoxon 検定表より)
有効データ数 = 8
有意確率に対する T 値（1 標本 Wilcoxon 検定表）
    P < 0.05:T=3    (T 値が 3 以下のとき有意と判断する)
    P < 0.01:T=0    (T 値が 0 のとき有意と判断する)
```

Wilcoxon 検定における統計量 T の理論分布

データが 3 組の場合

差が小さい方から d_1, d_2, d_3 とする。各 d の符号は＋、－の 2 通りあり、符号の組み合わせは $2^3 = 8$ 通りとなる。全てについて、－側の T 値を求めると次のような T の理論分布が得られる。

最小の両側確率 (図の青色部) は、$2/8 = 0.25$ である。したがって有意確率 $P < 0.05$ となる T 値はない。

データが 4 組の場合

差が小さい方から d_1, d_2, d_3, d_4 とする。各 d の符号の組み合わせは $2^4 = 16$ 通りとなる。全ての－側の T 値を求めると次のような T の理論分布となる。

最小の両側確率は、$2/16 = 0.125$ で有意確率 $P < 0.05$ となる T 値はやはり存在しない。

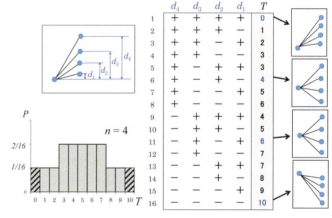

Wilcoxon T 検定表の見方

N	P		
	0.05	0.01	0.001
6	0		
7	2		
8	3	0	
9	5	1	
10	8	3	
11	10	5	0
⋮	⋮	⋮	⋮

T の分布は、標本のデータ数によって異なる形状となる。このため、表に記されている T 値は、代表的な有意水準の確率 $\alpha=0.05, 0.01, 0.001$ に対する T の有意点だけである (Wilcoxon T 分布表は 274 頁を参照)。

データが 5 組の場合

各 d の符号の組み合わせは $2^5 = 32$ 通りとなり、T の理論分布は次のようになる。

やはり、最小の両側確率は $2/32 = 0.063$ であるが、有意確率（両側）< 0.05 となる T 値は存在しない。

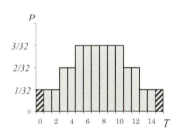

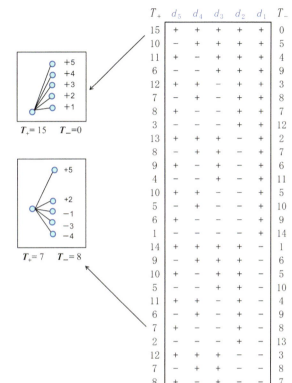

T_+	d_5	d_4	d_3	d_2	d_1	T_-
15	+	+	+	+	+	0
10	−	+	+	+	+	5
11	+	−	+	+	+	4
6	−	−	+	+	+	9
12	+	+	−	+	+	3
7	−	+	−	+	+	8
8	+	−	−	+	+	7
3	−	−	−	+	+	12
13	+	+	+	−	+	2
8	−	+	+	−	+	7
9	+	−	+	−	+	6
4	−	−	+	−	+	11
10	+	+	−	−	+	5
5	−	+	−	−	+	10
6	+	−	−	−	+	9
1	−	−	−	−	+	14
14	+	+	+	+	−	1
9	−	+	+	+	−	6
10	+	−	+	+	−	5
5	−	−	+	+	−	10
11	+	+	−	+	−	4
6	−	+	−	+	−	9
7	+	−	−	+	−	8
2	−	−	−	+	−	13
12	+	+	+	−	−	3
7	−	+	+	−	−	8
8	+	−	+	−	−	7
3	−	−	+	−	−	12
9	+	+	−	−	−	6
4	−	+	−	−	−	11
5	+	−	−	−	−	10
0	−	−	−	−	−	15

データが 6 組以上の場合

データが 6 組以上になると、$2^6 = 64$ 通りとなり、有意確率（両側）< 0.05 の領域が認められる。

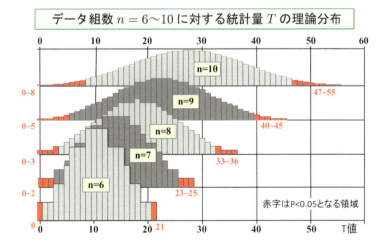

データ組数 $n = 6\sim10$ に対する統計量 T の理論分布

赤字はP<0.05となる領域

- 統計量 T の取り得る値の範囲は $0\sim\dfrac{n(n+1)}{2}$ で、期待値は $\dfrac{n(n+1)}{4}$
- データ数が大きくなると、T の理論分布は正規分布に近似する。

04-03 一標本Wilcoxon検定(ノンパラメトリック法)

例題 11
30人の患者に、時期を変えて2種類の利尿剤 A と B を投与し、その利尿効果を比較した。両剤の効果に差があると言えるか。Wilcoxon検定と一標本 t 検定で比較せよ。
($n > 25$ の大標本の場合の処理)

解

(1) **仮説の設定**:
帰無仮説 H_0：尿量 A ＝尿量 B
対立仮説 H_1：尿量 A ≠尿量 B

(2) **検定統計量 U を求める**:
① 差が 0 のデータを除く。3 件あるのでデータ組数は 27 となる。
② 同順位に対して、平均順位を割り振る。

(3) **検定統計量 T を求める**:
少ない方の順位和を計算し統計量 T を求める。
$T = 72$

(4) **確率を求める**:
① データ組数が $n > 25$ より正規分布に近似するとして計算する。

平均値　$\mu_T = \dfrac{27 \times 28}{4} = 189$
標準誤差　$\sigma_T = \sqrt{\dfrac{27 \times 28 \times 55}{24}} = 41.6$

② T を標準化する。このとき連続補正 (137 頁参照) により、T に 0.5 を加算する。

$z = \dfrac{(T + 0.5) - \mu_T}{\sigma_T}$

$z = \dfrac{(72 + 0.5) - 189}{41.6} = -2.80$

③ H_0 のもとで、T がそれ以上に極端となる有意確率 P は、
$P = P(|z| \geq 2.80)$
　$= 0.005$ より $P < 0.01$

(5) **判定**:
H_0 を棄却し H_1 を採用。利尿剤 A と B には有意な差がある。
t 検定結果
$t = 2.742$　$P = 0.0104$ で Wilcoxon 検定結果に比べ極端値の影響を受けて有意確率が少し大きく計算される。

患者	A剤による尿量(L)	B剤による尿量(L)	尿量の差 d(L)	|d|の順位とdの符号	少ない方の符号の順位
1	1.5	1.5	0.0	×	
2	1.8	1.8	0.0	×	
3	1.3	1.3	0.0	×	
4	2.8	2.9	0.1	3	
5	1.4	1.3	-0.1	-3	3
6	2.5	2.4	-0.1	-3	3
7	1.2	1.3	0.1	3	
8	2.2	2.3	0.1	3	
9	1.0	1.2	0.2	7	
10	2.0	2.2	0.2	7	
11	1.6	1.4	-0.2	-7	7
12	2.5	2.8	0.3	9.5	
13	1.5	1.8	0.3	9.5	
14	1.6	1.2	-0.4	-11	11
15	1.8	2.3	0.5	14	
16	1.4	1.9	0.5	14	
17	3.2	2.7	-0.5	-14	14
18	1.6	1.1	-0.5	-14	14
19	0.9	1.4	0.5	14	
20	2.1	2.9	0.8	17	
21	1.6	2.5	0.9	18.5	
22	1.7	2.6	0.9	18.5	
23	3.7	2.7	-1.0	-20	20
24	0.5	1.6	1.1	22	
25	1.9	3.0	1.1	22	
26	0.6	1.7	1.1	22	
27	0.7	1.9	1.2	24	
28	1.8	3.3	1.5	25	
29	1.9	4.0	2.1	26	
30	0.9	5.5	4.6	27	
					$T = 72$

差の分布

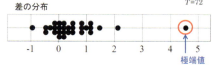
極端値

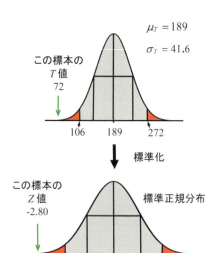
$\mu_T = 189$
$\sigma_T = 41.6$
この標本の T 値 72
106　189　272
標準化
この標本の Z 値 -2.80
標準正規分布

第5章

独立2群の差の検定

第 5 章
01 2標本 t 検定（パラメトリック法）

データ数 n_1, n_2 からなる2つの独立した標本の計測値に差があるか、**標本平均値の差を目安に検定する方法**である。考案者のウィリアム・ゴセットが Student というペンネームで論文を発表したことから、**Student's t test** とも呼ばれる。計測値が正規分布に従うことを前提に作られた検定法であり、平均値や標準偏差など分布の形に依存する検定統計量が使われる。

2標本 t 検定の概念

2つの独立した標本（独立2群）の計測値（データ数：n_1、n_2）が同じとみなせるかを、各々の**平均値** $\bar{x}_1$、$\bar{x}_2$ の差 $\bar{x}_1 - \bar{x}_2$ を検定統計量として、それが0と有意に異なるかどうかで判断する。この検定法の意味を理解するには、観察された**2標本を合成して共通の母集団を想定する**と分かり易い。

いま、**共通の母集団**から n_1, n_2 の2つの標本を抽出したと仮定（帰無仮説）して、その平均値の差 $\bar{x}_1 - \bar{x}_2$ を求める。この標本抽出操作を無限に繰り返すと、平均値の差の理論分布が得られる。観察した標本の $\bar{x}_1 - \bar{x}_2$ がどの程度極端な値であるかは、その理論分布上の位置から判定すればよい。

実際の判定には、検定統計量 $\bar{x}_1 - \bar{x}_2$ をその標準誤差 SE で割って標準化すると、その値 t が t 分布に従うことを利用し、t 値の有意確率から判定する。ここで、真の母集団の標準偏差は分からないので、2つの標本の標準偏差 s_1, s_2 を合成した値 s で代用する。

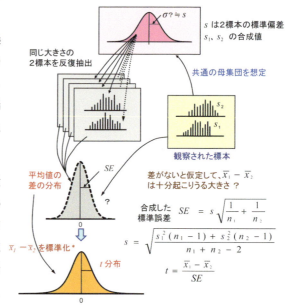

検定の手順

　図のように、異なる条件で求めた2群の計測値があり、2群間に差があると言いたい。しかし真の差が不明なため、差があるという仮定は、そのままでは検定できない。

(1) **仮説の設定**：
　　そこで、いったん「差がない」(**帰無仮説** H_0：2標本は同一の正規母集団から得られた) と仮定し、「差がある」とする仮定 (**対立仮説** H_1：2標本は異なる母集団から得られた) は保留にしておく。

(2) **検定統計量を求める**：
　　両群の平均値を $\bar{x}_1$、$\bar{x}_2$ とすると、2群の差が平均値の差 $\bar{x}_1 - \bar{x}_2$ に要約されていると考え、$\bar{x}_1 - \bar{x}_2$ を検定統計量とする。H_0 より、その期待値は 0。

(3) **有意確率 P を求める**：
　　H_0 のもとで、$\bar{x}_1 - \bar{x}_2$ の有意確率を求める。
　　これには、$\bar{x}_1 - \bar{x}_2$ をその標準誤差 SE で割って標準化すると、その値 t が自由度 $df = n_1 + n_2 - 2$ の t 分布に従うことを利用して、t 分布表から有意確率を調べる。ここに、

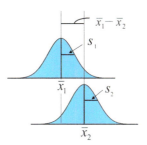

観察した2標本の分布

$\bar{x}_1 - \bar{x}_2$ の理論分布

SE：$\bar{x}_1 - \bar{x}_2$ の標準誤差

母集団の標準偏差 σ 未知なので、標本の標準偏差合成値 s で代用する

$\bar{x}_1 - \bar{x}_2$ を標準誤差 SE で割って標準化して t 値から判定する

$$t = \frac{\bar{x}_1 - \bar{x}_2}{SE}$$

$$SE = s\sqrt{\frac{1}{n_1} + \frac{1}{n_2}} \quad \text{(98 頁を参照)}$$

ここで標準偏差の合成値 s は2群の分散 $s_1{}^2$、$s_2{}^2$ から、

$$s = \sqrt{\frac{s_1{}^2(n_1 - 1) + s_2{}^2(n_2 - 1)}{n_1 + n_2 - 2}} \quad \text{で求まる。}$$

(4) **判定**：
　　t 分布表より自由度 $n_1 + n_2 - 2$、有意水準 α の t 値 (t_α) を調べ、標本の t 値と比較する。
　　$|t| \leqq t_\alpha$ のとき、$P \geqq \alpha$ となり差はない
　　　(H_0 を棄却できず、判定保留)。
　　$|t| > t_\alpha$ のとき、$P < \alpha$ となり帰無仮説 H_0 を棄却し対立仮説 H_1 を採用。

05-01 | 2標本t検定（パラメトリック法）

例題 12
ウサギにある抗原 A を注射して免疫し、その抗体価を調べた。この際、抗原にある添加物 X を加えることで、抗体価が高まるかを調べ、次の結果を得た。A+X 群と A 群の抗体価に有意差があると言えるか？

考え方

差がないという仮説（帰無仮説：H_0）より、2 群の平均値の差 $\bar{x}_1 - \bar{x}_2$ の期待値は 0 になる。この例では、2 標本から観察された $\bar{x}_1 - \bar{x}_2$ は 16.0 − 9.0 = 7.0 である。$\bar{x}_1 - \bar{x}_2$ が 7.0 以上となる有意確率を求め、仮説 H_0 の妥当性を判定する。

ここで、通常は A+X 群と A 群の**分散（標準偏差の 2 乗）に差があるか否かをまず F 検定で調べ**（94 頁を参照）、2 群間の分散が等しいと見なせる場合に次のように検定する。

① A+X 群と A 群は、**同じ正規母集団からの標本と仮定**する。母集団は未知であるが、考え方として、観察した 2 標本、A+X 群と A 群のデータを合成した共通の母集団を想定する。

② 共通母集団の平均値は 2 群の総平均 12.8 で代用するが、その標準偏差は不明なので、A+X 群と A 群の標準偏差 $s_1 = 5.83$, $s_2 = 4.52$ を合成し、その平方根 $s = 5.27$（合成標準偏差）を母標準偏差の推定値とする。

③ この母集団から、データ数 $n_1 = 7$, $n_2 = 6$ の標本を抽出し、$\bar{x}_1 - \bar{x}_2$ を求める。

④ 理論的に、標準誤差は母集団の標準偏差より

$$\sqrt{\frac{1}{n_1} + \frac{1}{n_2}} = \sqrt{\frac{1}{7} + \frac{1}{6}} = 0.56$$

倍分だけ小さくなる。(98 頁を参照)

ここでは、合成標準偏差 $s = 5.27$ より標準誤差の推定値は 2.95 となる。

⑤ この理論分布に照らして、観察された平均値の差 7.0 は、分布のかなり偏った位置にある。しかし、真の母集団は未知であり、観察した平均値の差に対する真の有意確率は求まらない。

⑥ しかし、$\bar{x}_1 - \bar{x}_2$ をその標準誤差の推定値で標準化した値、

$$t = \frac{\bar{x}_1 - \bar{x}_2}{s\sqrt{\frac{1}{n_1} + \frac{1}{n_2}}} = \frac{16.0 - 9.0}{5.27\sqrt{\frac{1}{7} + \frac{1}{6}}}$$

は、理論的に自由度 $n_1 + n_2 - 2$ の t 分布に従うことが分かっているので、t 値から $\bar{x}_1 - \bar{x}_2$ の有意確率 P を求めることができる。

	A+X群	A群
	8	3
	11	6
	14	7
	15	10
	18	13
	21	15
	25	
データ数	7	6
平均値	16.0	9.0
標準偏差	5.83	4.52

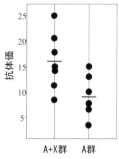

設 問
2群の抗体価に差があるか？

↓

（1）仮説の設定
H_0：2 群の抗体価は同じ
H_1：2 群の抗体価に差がある

↓

（2）検定統計量を求める
平均値の差 $\bar{x}_1 - \bar{x}_2$ に 2 群の差が要約されていると考える

↓

（3）有意確率を求める
$\bar{x}_1 - \bar{x}_2$ の標準化値 t が t 分布に従うことを利用して有意確率を求める

↓

（4）判 定

⑦ $\bar{x}_1 - \bar{x}_2$ の標準化値 $t = 2.39$ は、有意水準 0.05（両側確率）に対応する自由度 $n_1 + n_2 - 2 = 11$ の t の有意点 $t(11, 0.05) = 2.20$ よりも大きな値である。よって $\bar{x}_1 - \bar{x}_2$ の有意確率は $P < 0.05$ と判定、帰無仮説 H_0 を棄却して対立仮説 H_1 を採用する。すなわち 2 群の標本平均は有意に異なると判定し、「添加物 X は抗体価を高めた」と解釈する（両側検定では変化の方向を考えないが、差が有意な場合は、変化の方向を述べてよい。この例では、抗体価上昇と解釈。）(88 頁 シミュレーションで考えよう 平均値の差の標準化値 t の分布を参照)。

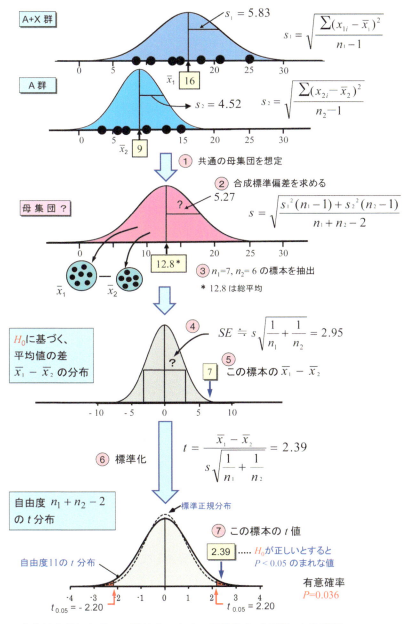

t 分布は分母にある s の曖昧さのため、正規分布（点線）より両裾広がりの分布となる。

観察した 2 標本から共通の母集団を想定し、平均値の差 $\bar{x}_1 - \bar{x}_2$ の分布を考える。$\bar{x}_1 - \bar{x}_2$ を標準化した値 t が t 分布に従うことを利用し有意確率を求める。

StatFlex での計算

手順：

1. サンプルファイル「例題 12_二標本 t 検定①.SFD6」を開く。
2. 「統計」メニューの「独立群間の比較」の「2 群間検定」を選択する。
3. 統計処理パネルが出るので、検定法の「2 標本 t 検定」にチェックを入れ、「実行」ボタンをクリックする。

計算結果：

```
<< 独立多群2群間比較 >>
< 2標本 t 検定 >
頁＝［変数1］ A+X 群 vs. A 群
平均値 1 = 16.000    SD1 = 5.8310    n1 = 7
平均値 2 = 9.0000    SD2 = 4.5166    n2 = 6
平均値の差＝ 7.0000 合成標準偏差＝ 5.2743
平均値の差の 95 %信頼区間＝ 0.5415 〜 13.4585
t 値＝ 2.386
自由度＝ 11
有意確率 P ＝ 0.03615
```

 例題 13 40 代女性 11 名と 50 代女性 12 名の血圧を測定したところ次の結果を得た。40 代女性と 50 代女性の血圧の平均値に差があるか検定せよ。

	40 代女性	50 代女性
	130	122
	116	135
	128	132
	110	134
	138	152
	143	145
	118	120
	134	146
	132	130
	112	132
	120	124
		130
データ数	11	12
平均値	125.5	133.5
標準偏差	10.97	9.85

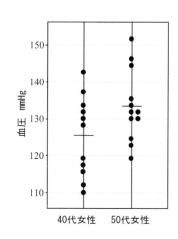

解
(1) 仮説を設定する。
(2) 統計量を求める：2 群の合成標準偏差 s と検定統計量 t を下記の式にて求める。

$$\text{合成標準偏差 } s = \sqrt{\frac{s_1^2(n_1-1)+s_2^2(n_2-1)}{n_1+n_2-2}} = \sqrt{\frac{10.97^2(11-1)+9.85^2(12-1)}{11+12-2}}$$
$$= 10.398$$

$$\text{検定統計量 } t = \frac{\bar{x}_1 - \bar{x}_2}{s\sqrt{\dfrac{1}{n_1}+\dfrac{1}{n_2}}} = \frac{125.5 - 133.5}{10.398\sqrt{\dfrac{1}{11}+\dfrac{1}{12}}} = -1.833$$

(3) 判定：$\bar{x}_1 - \bar{x}_2$ の標準化値 $t = 1.833$ は、有意水準 0.05(両側確率)に対応する自由度 $n_1 + n_2 - 2 = 21$ の t の有意点 $t(21, 0.05) = 2.080$ よりも小さい値である。

よって $\bar{x}_1 - \bar{x}_2$ の有意確率は $P > 0.05$ となり、差があるとは言えない（H_0 を棄却できず、判定保留）。

StatFlex での計算

手順：

1. サンプルファイル「例題 13_二標本 t 検定②.SFD6」を開く。
2. 「統計」メニューの「独立群間の比較」の「2 群間検定」を選択する。
3. 統計処理パネルが出るので、検定法の「2 標本 t 検定」にチェックを入れ、「出力」ボタンをクリックする。

計算結果：

```
<< 独立多群2群間比較 >>
< 2標本 t 検定 >
頁＝[変数 1]　40 代女性 vs. 50 代女性

平均値 1 = 125.5455    SD1 = 10.9669    n1 = 11
平均値 2 = 133.5000    SD2 = 9.8489     n2 = 12
平均値の差=-7.9545　合成標準偏差 = 10.3963
平均値の差の 95 ％信頼区間=-16.9793 ～ 1.0702

 t 値=-1.833
自由度= 21
有意確率 P = 0.08102
```

演習:5　25～30 歳の女性を対象に調査し、ホルモン値 H を非妊娠群 12 例、妊娠群 6 例につき測定し、次のデータを得た。妊娠群と非妊娠群の間に差があると判断してよいか？（解答 246 頁）

非妊娠群	妊娠群
4.0	4.7
2.7	3.8
2.2	3.6
1.9	2.9
1.8	2.2
1.7	1.7
1.7	
1.7	
1.6	
1.3	
1.1	
0.8	

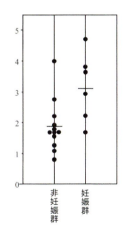

シミュレーションで考えよう　平均値の差の標準化値 t の分布

ここでは、**2標本シミュレーション**機能を使って、同一の母集団から2つの標本を取り出し、それから計算される平均値の差の標準化値 t の理論分布を調べてみよう。

■ 実行手順

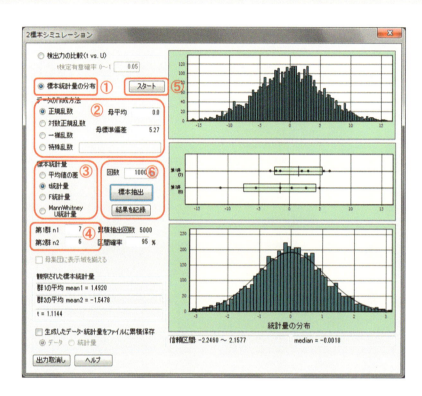

1. **シミュレーションモード選択①**
   [標本統計量の分布] を選択する[*4]。

2. **母集団を指定②**
   母集団の分布型、母平均、母標準偏差を指定する。
   ※ここで指定した値は、観察する標本統計量が [平均値の差] の場合にのみ、その分布に影響する。

3. **標本統計量を指定③**
   分布特性を調べるべき標本統計量を選択する。ここでは t 統計量を選ぶ。

4. **標本データ数を指定④**
   二つの標本の標本データ数（抽出標本のサイズ）を指定する。

5. **母集団を作成⑤**
   スタート ボタンを押すと、指定した条件で母集団が作成され、最上段にそのグラフが表示される。

[*4] [出現度数の分布] モードは、比率に関するシミュレーションで利用

6. **標本抽出を実行⑥**

    標本抽出 ボタンを押す毎に、抽出された標本の t 値が計算される。標本の分布が中段のグラフに表示され、t 値が [観察された標本統計量] に表示される。

    [回数] を変更することで、1クリック当たりの抽出回数を調整できる。この場合、中段のグラフには最終抽出結果のみが表示される。

7. **標本統計量の分布を確認**

    [累積抽出回数] に表示されている回数分の標本統計量が最下段の度数分布図に表示される。

実行例

84頁の例題に対して、2標本シミュレーション機能を用いてみよう。

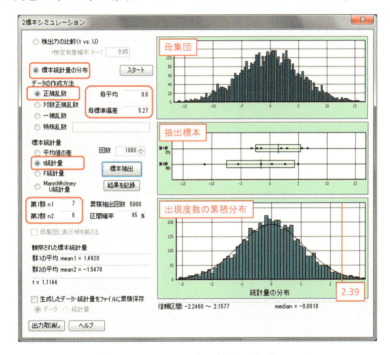

上図は以下のように設定し、5,000回標本を抽出した様子である。

- データの作成法
  - 正規乱数
  - 母平均 $= 0$ （2群の抗体価に差がないと仮定）
  - 母標準偏差 $= 5.27$ （2標本の合成標準偏差を仮に用いる）
- 標本統計量
  $= t$ 統計量
- 標本データ数
  - 第1群 $n_1 = 7$
  - 第2群 $n_2 = 6$

例題で求められた平均値の差は $\bar{x}_1 - \bar{x}_2 = 7.0$ であり、それを標準化した t 値は 2.39 となる。最下段の度数分布図より、比較的稀な値であることが分かる。

ここでは母標準偏差として2標本の合成標準偏差で便宜上代用したが、t 分布は標本データ数にのみ依存する。従って、<u>標本データ数が同じである限り母平均と母標準偏差をどのような値に設定しても、t 分布の形状は変化しない</u>。

続いて、標本データ数をいろいろ変化させて t 分布の形状を調べてみよう。

2標本から求めた各種統計量の理論分布

シミュレーションで、標準正規分布の母集団（平均値=0、標準偏差=1）から、同じデータ数（$n_1 = n_2 = 3, 5, 10, 25, 60$）の標本を2組取り出す操作を2000回繰り返した。各2標本について、平均値の差（$\bar{x}_1 - \bar{x}_2$）、平均値の差の標準化値（t 値）、分散比 $F = \dfrac{s_1^2}{s_2^2}$ を求め、その分布を調べると下図の結果を得た。

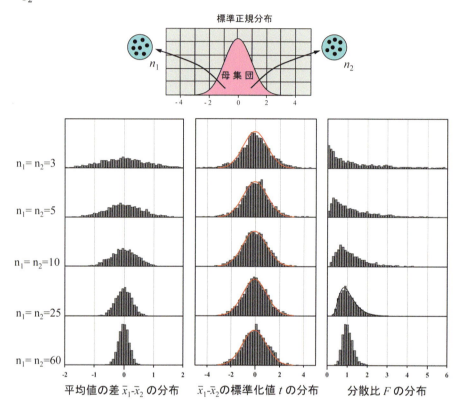

この実験から、以下のことがわかる。

- 標本平均の差 $\bar{x}_1 - \bar{x}_2$ は、常に正規分布で、その標準誤差は標本のデータ数が増えると小さくなる。
- 標本平均の差の標準化値（t 値）は、データ数が小さいと、両裾広がりの分布（t 分布）になるが、データ数が増えると、標準正規分布に近似する。
- データ数が等しい場合、分散比 F の期待値は 1.0 となる。データ数が小さいと単調な減衰曲線であるが、n が増加すると、期待値付近にピークを持つやや右裾広がりの分布となる。

キーポイント　正規分布からの2標本について求めた統計量の理論分布

標本平均の差 $\bar{x}_1 - \bar{x}_2$ は、**正規分布**
標本平均の差 $\bar{x}_1 - \bar{x}_2$ の標準化値（t 値）は、自由度 $n_1 + n_2 - 2$ の **t 分布**
　　　　　　　　　　　　　　　　　　　（n が大きいと、標準正規分布に近似）
分散比 s_1^2/s_2^2 の分布は、自由度 $df_1 = n_1 - 1$, $df_2 = n_2 - 1$ の **F 分布**

2標本t検定におけるt分布とは

2標本t検定では母集団から2つの標本を抽出し、その平均値の差が、その理論分布に照らして、どの程度極端であるかを調べる。

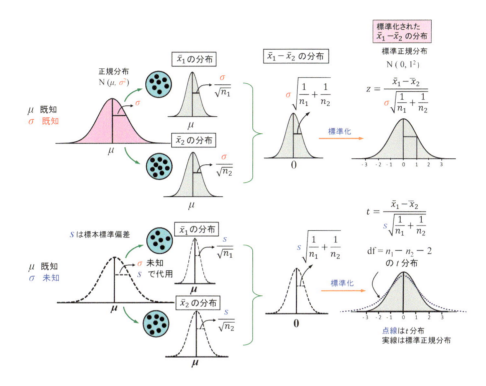

上段の図は、母集団の平均値μと標準偏差σが**既知**で、そこから2つの標本（データ数n_1、n_2）を抽出した場合を示す。標本平均の分布は、平均値μ、標準誤差はそれぞれσの$1/\sqrt{n_1}$倍、$1/\sqrt{n_2}$倍となる。また、2標本の平均値の差$\bar{x}_1 - \bar{x}_2$の分布は、平均値0、標準誤差SEは**加法定理**（98頁を参照）により、もとの標準偏差σの$\sqrt{1/n_1 + 1/n_2}$倍になる。この平均値とSEを用いて平均値の差$\bar{x}_1 - \bar{x}_2$を標準化（z変換）し、z値からどの程度極端な値であるかを判定する。

下段の図は、母集団の標準偏差σが**未知**で、そこから2つの標本（データ数n_1、n_2）を抽出した場合を示す。標本平均の分布の平均値は母集団のそれと同じであるが、標準誤差はσが未知なので、2つの標本の標準偏差の合成値sで代用すると、それぞれ$s/\sqrt{n_1}$、$s/\sqrt{n_2}$となる。また、2標本の平均値の差$\bar{x}_1 - \bar{x}_2$の分布は、平均値$=0$、標準誤差$SE = s\sqrt{1/n_1 + 1/n_2}$になる。この平均値と$SE$を用いて平均値の差$\bar{x}_1 - \bar{x}_2$を標準化し$t$と置く。この$t$値は、未知の$\sigma$を変動を伴う$s$で代用するため、正規分布よりも両裾の広がった$t$分布に従う。$t$値から、平均値の差がどの程度極端な値であるかを判定する。

第 5 章
02 統計学的推定（平均値の差の検定の場合）

検定結果が有意な場合、用いた検定統計量 $\bar{x}_1 - \bar{x}_2$ の標準誤差をもとに、その信頼区間を推定する。同じ差でもデータ数によってその信頼性（再現性）が異なるため、学術発表ではこの信頼区間の提示が重要となる。

母平均の差の区間推定：観察された 2 標本の平均値の差 $\bar{x}_1 - \bar{x}_2$ が 0 ではないと判定した場合（通常は標本平均の差が有意の場合）、母平均の差がどの範囲にあるかを推定する。有意水準を α として、中央の $100 \times (1-\alpha)$ ％の信頼区間は次式で求まる。

$$(\bar{x}_1 - \bar{x}_2) - t_\alpha\, s\sqrt{\frac{1}{n_1} + \frac{1}{n_2}} \leqq \mu_1 - \mu_2 \leqq (\bar{x}_1 - \bar{x}_2) + t_\alpha\, s\sqrt{\frac{1}{n_1} + \frac{1}{n_2}}$$

ここに、n_1, n_2 は 2 群のデータ数を、s は 2 群の合成標準偏差を表す。また、t_α は、有意水準 α、自由度 $(n_1 + n_2 - 2)$ の t 値を表し、データ数に依存する。ただデータ数が十分大きいとき、t 値は標準正規分布に近似し、通常用いられる 95 ％信頼区間の計算では、$t_\alpha \fallingdotseq 1.96$ となる。

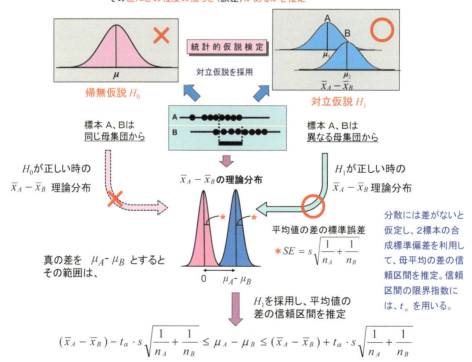

例題 14 84頁のウサギと抗体価の例題について、A+X群とA群の抗体価の平均値の差の信頼区間を求めよ。

例題12より、$n_1 = 7$、$\bar{x}_1 = 16.0$、$n_2 = 6$、$\bar{x}_2 = 9.0$、
2群の合成標準偏差は $s = 5.28$ である

このとき、自由度11、有意水準0.05の t 値は2.201であり、信頼率95％の信頼区間は下記の式で求まる。

$$(16.0 - 9.0) - t \times 5.28 \sqrt{\frac{1}{7} + \frac{1}{6}} \leqq \mu_1 - \mu_2 \leqq (16.0 - 9.0) + t \times 5.28 \sqrt{\frac{1}{7} + \frac{1}{6}}$$

$$7.0 - 2.201 \times 5.28 \times 0.556 \leqq \mu_1 - \mu_2 \leqq 7.0 + 2.201 \times 5.28 \times 0.556$$

$$4.24 \leqq \mu_1 - \mu_2 \leqq 11.76$$

A+X群とA群の抗体価の平均値の差の95％信頼区間は、4.24〜11.76である。

第5章 03 等分散性の検定（F検定）

2標本 t 検定では、2標本の分散を均等とみなせることが必要条件となっている。いま母集団が正規分布の時、分散比の分布は、2群のデータ数 (n_1, n_2) に依存する F 分布に従う。このことを利用した2群の等分散性の検定を F 検定と呼ぶ。なお検定では、常に分散の大きい方を分子に、分散の小さい方を分母にとって、その比が常に 1.0 以上になるように調整して検定する。判定は有意水準 α に相当する F 値 ($F\alpha$) の有意点と比較して行う。

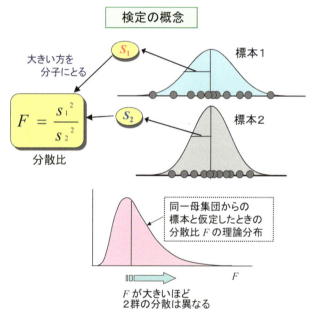

検定の手順

上図のように、2群の計測されたデータがあり、2群の計測値の分散に差があると言いたい。しかし差の程度は不明である。

(1) **仮説の設定**：
2標本は同一の正規母集団から得られたと仮定（帰無仮説 H_0:2群の分散は同等）し、2群標本は異なる母集団から得られたとする逆の仮説（対立仮説 H_1：2群の分散は異なる）は保留にしておく。

(2) **検定統計量を求める**：
それぞれの分散 $s_1{}^2$、$s_2{}^2$ を求め、その分散比 F 値を統計量とする。

$$F = \frac{s_1{}^2}{s_2{}^2} \quad \text{（大きい方の値を分子において統計量を求める）}$$

(3) **有意確率 P を求める**：
観察された F 値が、自由度 $df_1 = n_1 - 1$、自由度 $df_2 = n_2 - 1$ の F 分布に従うことを利用して有意確率を求めるが、実際には F 分布表から有意水準 α に対する F 値 (F_α) を調べて F 値と比較する。H_0 が正しいとすると、F 値の期待値は 1.0 に近い値となる。F 値の期待値は $df_1 = df_2$ のとき 1.0 となるが、$df_1 > df_2$ のときは 1.0 よりやや大きな値、$df_1 < df_2$ のとき 1.0 よりやや小さな値となる（F 分布の形状と期待値 97 頁参照）。

(4) **判定**：
F_α と観察した F 値と比較する（F は常に 1.0 以上となるように計算するので、F 値の有意確率を<u>上側の片側確率として判定</u>する）。

$F \leqq F_\alpha$ のとき、分散に差はなく、H_0 を棄却できない（判定保留）

$F > F_\alpha$ のとき、分散に差があるとして、H_0 を棄却し対立仮説 H_1 を採用

例題 15 　2 標本 t 検定の例題 12（84 頁）について、2 標本の分散が異なるかを調べよ。

	標準偏差	データ数
A+X 群	$s_1 = 5.83$	$n_1 = 7$
A 群	$s_2 = 4.52$	$n_2 = 6$

分散比 $F = \dfrac{s_1^2}{s_2^2} = \dfrac{5.83^2}{4.52^2} = 1.67$

この F 値は、有意水準 $\alpha = 0.05$、自由度 $df_1 = 6$, $df_2 = 5$ の F 値 4.95 よりも小さく、「2 群の分散が異なるとは言えない」と判定する。従って等分散と考えて矛盾しないので、2 標本 t 検定を利用してよいことになる。

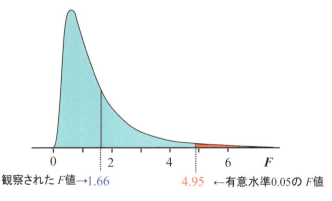

自由度 $df_1 = 6, df_2 = 5$ の F 分布

観察された F 値 → 1.66 　　　4.95 ← 有意水準 0.05 の F 値

有意水準 0.05 の F 値よりも観測された F 値が小さい値であるため「分散に差があるとはいえない」と判断。

05-03 等分散性の検定（F検定）

StatFlex での計算

手順：
1. サンプルファイル「例題 12_二標本 t 検定①.SFD6」を開く。
2. 「統計」メニューの「独立群間の比較」の「2 群間検定」を選択する。
3. 統計処理パネルが出るので、検定法の「F 検定」にチェックを入れ、「実行」ボタンをクリックする。

計算結果：

```
<< 独立多群 2 群間比較 >>
< F 検定 >
頁＝［変数 1］  A+X 群 vs. A 群
F 値＝ 1.66667
自由度 df1, df2 ＝ 6, 5
有意確率 P ＝ 0.29580
```

F 分布表の見方

F 分布には、分子側と分母側の 2 つの自由度がある。このため、分布表では代表的な有意水準である $P = 0.05$ と $P = 0.01$ など、有意水準ごとに 1 つの表として構成される。表では、列（横）方向に分子の自由度をとり、行（縦）方向に分母の自由度をとり、計算された F 値が、表中の値を超える場合に有意水準以下となる。

表3-1：F分布表　α = 0.05　　　列：分子の自由度 df_1

	0	1	2	3	4	5	6	7
行：分母の自由度 df_2	1	161.4	199.5	215.7	224.6	230.2	234.0	236.8	238
	2	18.51	19.00	19.16	19.25	19.30	19.33	19.35	19.
	3	10.13	9.55	9.28	9.12	9.01	8.94	8.89	8.
	4	7.71	6.94	6.59	6.39	6.26	6.16	6.09	6.
	5	6.61	5.79	5.41	5.19	5.05	4.95	4.88	4.
	6	5.99	5.14	4.76	4.53	4.39	4.28	4.21	4.
	7	5.59	4.74	4.35	4.12	3.97	3.87	3.79	3.
	8	5.32	4.46	4.07	3.84	3.69	3.58	3.50	3.
	9	5.12	4.26	3.86	3.63	3.48	3.37	3.29	3.
	10	4.96	4.10	3.71	3.48	3.33	3.22	3.14	3.
	11	4.84	3.98	3.59	3.36	3.20	3.09	3.01	2.

参考 F 分布の形状とその期待値 $E(F)$

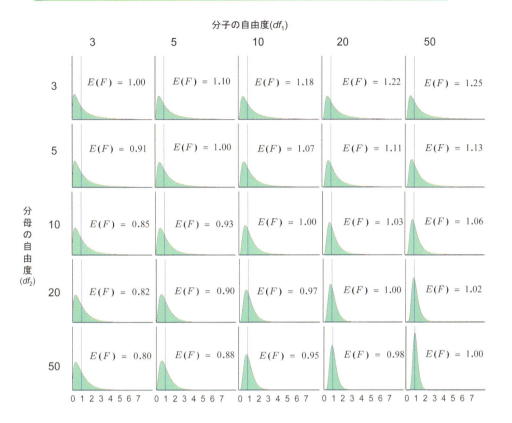

分散比較 F の分布形状は、分子、分母の分散の自由度 (df_1, df_2) で変化する。
　$df_1 = df_2$ のとき　　F 分布の期待値は 1.0
　$df_1 > df_2$ のとき　　F 分布の期待値は < 1.0
　$df_1 < df_2$ のとき　　F 分布の期待値は > 1.0

参考 正規分布の加法定理

正規分布 $N(\mu, \sigma^2)$ に従う値を正規変数 x としたとき、x を様々な形で合成すると、どのような分布形状になるかは、加法定理により簡単に導ける。

1. 正規変数 x を a 倍した値 ax の分布

期待値　$E(x) = \mu$ 　⇒　$E(ax) = aE(x) = a\mu$

分散　　$Var(x) = \sigma^2$ 　⇒　$Var(ax) = a^2 Var(x) = a^2\sigma^2$

標準偏差 $SD(x) = \sigma$ 　⇒　$SD(ax) = \sqrt{Var(ax)} = a\sigma$

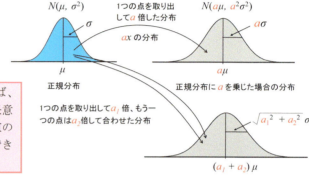

加法定理を使えば、正規分布に従う任意の計測値の合成値の分布形状を予測できる

2. 正規変数 x を a_1、a_2 倍して合成した値 $a_1 x_1 + a_2 x_2$ の分布 (上図)

$E(a_1 x_1 + a_2 x_2) = a_1 E(x_1) + a_2 E(x_2) = a_1 \mu + a_2 \mu = (a_1 + a_2)\mu$

$Var(a_1 x_1 + a_2 x_2) = a_1^2 Var(x_1) + a_2^2 Var(x_2) = a_1^2 \sigma^2 + a_2^2 \sigma^2 = (a_1^2 + a_2^2)\sigma^2$

$SD(a_1 x_1 + a_2 x_2) = \sqrt{a_1^2 + a_2^2}\,\sigma$

3. 正規変数の平均値の分布 (n 個の正規変数を累和して n で割った値の分布)

$$\begin{aligned}
E(\bar{x}) &= E\left(\frac{x_1}{n} + \frac{x_2}{n} + \cdots + \frac{x_n}{n}\right) \\
&= \frac{1}{n} E(x_1 + x_2 + \cdots + x_n) = \frac{n}{n} E(x) = \mu
\end{aligned}$$

$$\begin{aligned}
Var(\bar{x}) &= Var\left(\frac{x_1}{n} + \frac{x_2}{n} + \cdots + \frac{x_n}{n}\right) \\
&= \frac{1}{n^2}[Var(x_1) + Var(x_2) + \cdots + Var(x_n)] \\
&= \frac{1}{n^2}(\sigma_1^2 + \sigma_2^2 + \cdots + \sigma_n^2) \\
&= \frac{\sigma^2}{n}
\end{aligned}$$

$SD(\bar{x}) = \sqrt{Var(\bar{x})} = \dfrac{\sigma}{\sqrt{n}}$

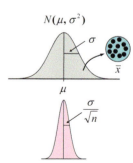

正規分布の平均値の期待値は μ であるが、平均値の分散は σ^2/n となる。

4. 正規母集団から得た二標本の平均値の差 $\bar{x}_1 - \bar{x}_2$ の分布

$$E(\bar{x}_1 - \bar{x}_2) = E(\bar{x}_1) - E(\bar{x}_2) = \mu_1 - \mu_2 = 0$$

$$Var(\bar{x}_1 - \bar{x}_2) = 1^2 Var(\bar{x}_1) + (-1)^2 Var(\bar{x}_2)$$

$$= \frac{\sigma^2}{n_1} + \frac{\sigma^2}{n_2} = \sigma^2\left(\frac{1}{n_1} + \frac{1}{n_2}\right)$$

$$SD(\bar{x}_1 - \bar{x}_2) = \sigma\sqrt{\frac{1}{n_1} + \frac{1}{n_2}}$$

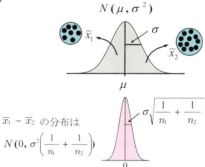

$\bar{x}_1 - \bar{x}_2$ の分布は
$N\left(0, \sigma^2\left(\frac{1}{n_1} + \frac{1}{n_2}\right)\right)$

同一の正規母集団から抽出された2群の平均値の期待値は0で、その分散は $\sigma^2(1/n_1 + 1/n_2)$

 例題 16　お中元商品として、500gのマスカット1房と、250gの白桃5個の詰め合わせを作る。それぞれの実際の重量は正規分布とみなせ、下表の平均値と標準偏差をもつ。商品の内容量の平均値および標準偏差の期待値を求めよ。また、実際の商品の内容量の95％信頼区間を求めよ。

	商品	平均値	標準偏差
x_1	マスカット	500 g	44
x_2	白桃	250 g	12

期待値：$E(x_1 + 5x_2) = E(x_1) + 5E(x_2) = 500 + 5 \times 250 = 1750g$

分散の期待値：$Var(x_1 + 5x_2) = Var(x_1) + 5^2 Var(x_2) = 44^2 + 25 \times 12^2 = 5536$

標準偏差の期待値：$\sqrt{5536} = 74.4g$

重量の95％信頼区間：$1750 \pm 1.96 \times 74.4g = 1600 \sim 1900g$

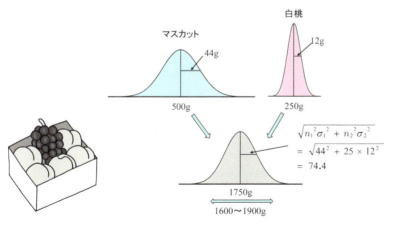

 正規分布の加法定理から、異なる正規変量の合成値の分布を推定できる

05-03 等分散性の検定（F検定）

演習:6　和菓子と饅頭を詰め合わせた「おみやげ」を作る。それぞれ下表のような正規分布に従うとしたとき、以下の問いに答えよ。（解答 247 頁）

	商品	平均値	標準偏差
x_1	和菓子	85g	2g
x_2	饅頭	40g	1g

(1) 和菓子 9 個と饅頭 25 個を詰め合わせる場合、総重量の分布はどうなるか。

　　平均値 ＝ _____ g 　　標準偏差 ＝ _____ g

　　95 ％信頼区間 ＝ _____ g 〜 _____ g

(2) 総重量が 1720g 以下を不良品とみなす場合、全体の何％が不良品となるか。

(3) 不良品を 3 ％以下にしたい場合は、何 g 以下を不良品とすれば良いか。ただし、不良品かどうかは片側で判断するものとする。

演習:7　ある大学の学生の男女別の体重の分布は下表のとおりである。以下の問いに答えよ。（解答 247 頁）

	性別	平均	標準偏差
x_1	男性	70kg	10kg
x_2	女性	55kg	9kg

(1) エレベータに男子 4 名、女子 3 名が同時に乗る場合、7 人の合計体重の分布は、
　　平均値 _____、標準偏差 _____ の _____ 分布をなす。

(2) 上の問題で、500kg を超えると、ブザーが鳴るとすると、7 名が同時に乗って、ブザーが鳴る確率は、_____ と計算される。

memo

第5章 独立2群の差の検定

第5章 04 Mann-Whitney検定（ノンパラメトリック法）

　基本的に、2標本 t 検定では (1) 計測値が連続量で、(2) 正規分布に従い、(3) 2群は等分散とみなせることを前提としている。しかし、現実のデータでは、それらの仮定が成立することはむしろ少ない。実際上、分布の非対称度が強かったり、極端値が存在すると、t 検定は平均値や標準偏差をベースに2群の差を比較しているので、その影響を受けて差の検出力が低下することがある。

　一方 Mann-Whitney 検定では、2群の計測値の順序関係を調べ、その食い違いに着目して群間差の有意性を判定するので、**計測値の分布型に依存せず、極端値の影響を受けにくいだけでなく、2群の分散が異なる場合や計測値の尺度が数段階の簡単な場合にも適用できる汎用的な方法**である。

検定の手順

(1) 仮説の設定：
　2群の点の配置（順序関係）に偏りがないという帰無仮説 H_0 をおく。対立仮説 H_1（2群の配置に偏りがある）は保留にしておく。

(2) 検定統計量を求める：
　どちらか一方の群に注目し、各点より大きい他方の群のデータ数を調べていく。その合計 U は、群間の差を表す。この例では、$U = 0+0+1+3$ となる。U 値が小さいほど、群間の差が大きいことになる。

(3) 有意確率 P を求める：
　データ数により U 値の有意確率の求め方が異なる。

・**$n_1 \leq 20$ かつ $n_2 \leq 20$ の場合** Mann-Whitney 検定表をみる。（実際には、n_1、$n_2 \geq 5$ で $n_1 \times n_2 \geq 100$ の場合には正規分布とみなせる）

・**n_1、n_2 の一方が 20 以上の場合**、U は近似的に正規分布に従う。

$$\text{平均値 } \mu_U = \frac{n_1 n_2}{2}$$
$$\text{標準誤差 } \sigma_U = \sqrt{\frac{n_1 n_2 (n_1 + n_2 + 1)}{12}}$$

このことを利用して、観察した U 値を次式により標準化し、その値 z を標準正規分布に照らし、有意確率 P を求める。

$$z = \frac{U - \mu_U}{\sigma_U}$$

(4) 判定：
　有意水準を α とすると、
　$P \geq \alpha$ のとき、H_0 を棄却できず判定保留。差はない。
　$P < \alpha$ のとき、H_0 を棄却し、対立仮説 H_1 を採用。有意水準 α で差があると判定する。

検定統計量 U の求め方

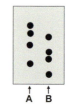

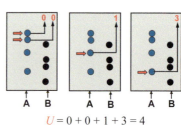

$U = 0 + 0 + 1 + 3 = 4$

一方の群（この例ではA群）に注目して個々の値よりも大きい他群のデータの個数を求め、それを累和して U 統計量とする

検定の概念

Mann-Whitney 検定と統計量 U について

U をどちらの群に注目して求めるかで、U、U' の 2 通りに求まる。検定では、通常小さい方の値から判定 するので、逆に求めたときは、$U + U' = n_1 \times n_2$ の公式で、小さい方に直してから判定する。

一般に、2 群に差がない場合、U は大きい値となり、差があると言える場合には U は小さい値となる。**期待値は** $(n_1 \times n_2)/2$ である。

U 値の取りうる値の範囲は、$0 \sim n_1 \times n_2$ であり、2 群が完全に分離しているとき U 値は、0 または $n_1 \times n_2$ となる。

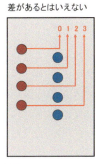
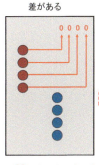

統計量 U は 2 通り計算できるが、検定では小さい方の U を用いる。U が小さいほど群間差が大きい。

● について ➡ $U = 0 + 1 + 2 + 3 = 6$ $U = 0 + 0 + 0 + 0 = 0$
● について ➡ $U' = 1 + 2 + 3 + 4 = 10$ $U' = 4 + 4 + 4 + 4 = 16$

$U + U' = n_1 \times n_2$

同順位があるとき

同順位があるとき[*5]、次の 2 つの場合を想定しその平均をとる。

すなわち自分が相手より少しだけ大きい場合(左図)と、相手より少しだけ小さい場合(右図)を想定し、その平均個数を用いて U 値を計算する。

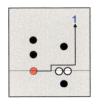
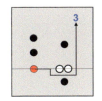

同順位があるとき、2 つの場合を想定しその平均をとる。

本例では、赤白の点について、相手と同順位のものが 2 つあり、$\dfrac{1+3}{2} = 2$ を自分より大きな相手の個数とする。

[*5] 同順位が多いとき、厳密には U 値の補正計算が必要である。詳しくは市原清志著「バイオサイエンスの統計学」p95. 南江堂 1990. を参照。なお、StatFlex の計算は同順位補正に対応している。

05-04 Mann-Whitney検定（ノンパラメトリック法）

小標本の場合（$n_1, n_2 \leqq 20$ の場合）：
動物実験で騒音のストレス実験を試みた。ランダムにラットを2群に分け、音に曝露しない群（C群）、曝露した群（E群）の血漿中コルチゾールを測定した。両群間に差があると考えてよいか。

C群	13	10	8	6		n=4
E群	40	26	23	17	13	n=5

（単位：μg/dL）

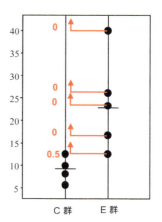

考え方

(1) **仮説の設定**：
帰無仮説 H_0 をおく。すなわちC群とE群には差はない（2群の点の順序関係には差がない）という仮説をたてる。
この場合の対立仮説 H_1 はC群とE群の測定値に差があるとなる。

(2) **検定統計量 U を求める**：
E群に注目すると、$U = 0 + 0 + 0 + 0 + 0.5 = 0.5$
逆にC群に注目すると、$U' = 4.5 + 5 + 5 + 5 = 19.5$
ここで、$U + U' = n_1 n_2$ が成立し、$0.5 + 19.5 = 4 \times 5 = 20$ となっている。

(3) **有意確率を求める**：
U 値の有意性をみるため、U 値がそれ以上に極端となる確率 P、すなわち、$P(U \leq 0.5 \text{ or } 19.5 \leq U)$ を調べる。付表より両側確率 $P < 0.05$ となる U 値の下側有意点は1（上側点は $U' = 20 - 1 = 19$）で、この標本の U 値はそれより小さい。

(4) **判定**：
従って、帰無仮説 H_0 を棄却し、対立仮説 H_1 を採用する。

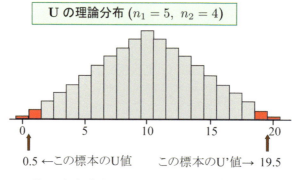

両側の有意確率 $P < 0.05$ の部分を赤色で示す。

StatFlex での計算

手順：

1. サンプルファイル「例題 17_Mann Whitney 検定①.SFD6」を開く。
2. 「統計」メニューの「独立群間の比較」の「2 群間検定」を選択する。
3. 統計処理パネルが出るので、検定法の「Mann-Whitney 検定」にチェックを入れ、「実行」ボタンをクリックする。

計算結果：

```
＜＜ 独立多群2群間比較 ＞＞

＜ Mann-Whitney U 検定 ＞
頁＝［変数1］ C群 vs. E群
U値＝0.5（P＜0.05：統計表より）
n1, n2 ＝ 4, 5
有意確率に対するU値
P＜0.05：U≦1
```

例題 18　n が大きい場合：（U を正規近似可）

A, B 2つの会社で、40〜50歳の管理職それぞれ 22 人、20 人を対象に、血圧、食習慣、運動習慣、喫煙習慣、ウエスト径の5項目を調べ、各項目を0〜3の4段階で評価し、個人ごとに生活習慣病スコアを求めると表のようになった。両社のスコアに差があると言えるか。

A群	10	7	7	5	5	5	4	4	4	4	2	2	2	2	1	1	1	1	0	0	0	0	n=22
B群	12	11	9	8	8	6	6	6	6	4	4	4	4	2	2	2	1	1	0	0			n=20
Bより大きいAの数→		1	1	1	3	3	3	3	3	8	8	8	8	12	12	12	16	16	20	20			$U=155$

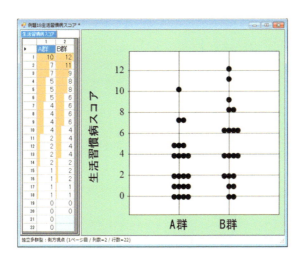

解

(1) **仮説の設定**：
帰無仮説 H_0 をおく。すなわち A 群と B 群には差はない。
2 群の点の配置（順序関係）には差がないという仮説をたてる。
（この場合の対立仮説 H_1 は A 群と B 群の測定値に差がある。）

(2) **検定統計量 U を求める**：
B 群の各データに注目して、それより大きい A 群のデータの数を順に調べると、表の下欄に示す値となる。その合計が 2 群の差を表す $U = 155$ である。

(3) **有意確率を求める**：
データ数がともに 20 以上なので、H_0 が正しいとすると、

$$\text{平均値 } \mu_U = \frac{n_1 \times n_2}{2} = \frac{22 \times 20}{2} = 220$$

$$\text{標準誤差 } \sigma_U = \sqrt{\frac{n_1 \times n_2 \times (n_1 + n_2 + 1)}{12}} = \sqrt{\frac{22 \times 20 \times (22 + 20 + 1)}{12}}$$

$$= \sqrt{1576.7} = 39.7 \text{ の正規分布に従う。}$$

これによって、標本の U 値を標準化すると、$z = \dfrac{155 - 220}{39.7} = -1.65$
標準正規分布表より、$P(|z| \geq 1.64) = 0.099$
すなわち、$P(U \leq 155) = P(|z| \geq 1.65) > 0.05$

(4) **判定**：
H_0 を棄却できない、すなわち 2 つの会社職員間に生活習慣病スコアの分布に差があるとは言えない（判定保留）。

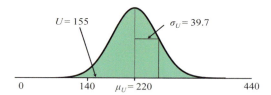

StatFlex での計算

手順：

1. サンプルファイル「例題 18_生活習慣病スコア.SFD6」を開く。
2. 「統計」メニューの「独立群間の比較」の「2 群間検定」を選択する。
3. 統計処理パネルが出るので、検定法の「Mann-Whitney 検定」にチェックを入れ、「実行」ボタンをクリックする。

計算結果：

```
≪ 独立多群2群間比較 ≫

< Mann-Whitney U 検定 ≫
頁＝[生活習慣病スコア] A 群 vs. B 群
U値＝ 155.0 (NS：正規近似より)
n1, n2 ＝ 22, 20
U値の正規近似 z ＝ 1.65
有意確率 P ＝ 0.09850
```

演習:8 ある実験で、12匹の純系動物を無作為に6匹ずつ2群に分け、一方を治療群としてある薬物Aを、他方を対照群としてプラシボ（偽薬）を投与した。一定期間後、肝障害検査であるALT(GPT)の値を測定した。両群に差があると言えるか。（解答248頁）

治療群	38	27	20	18	15	13
対照群	19	15	12	10	8	5

（単位；U/L）

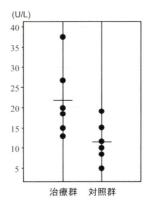

演習:9 腫瘍マーカーの一つである癌胎児性抗原(CEA)値について、老人の喫煙者と非喫煙者で比較したところ、次のデータを得た。両者に差があると言えるか。（解答249頁）

（単位；ng/mL）

	1	2	3	4	5	6	7	8	9	10	11	12	13	14	15	16	17	18
A:非喫煙群	5.0	3.5	2.9	2.5	2.3	2.0	1.8	1.8	1.6	1.5	1.5	1.4	1.3	1.1	<1	<1	<1	<1
B:喫煙群	8.0	6.4	5.5	5.2	4.0	3.4	3.0	2.8	2.6	2.1	1.9	1.7	1.3	1.2				
Bの前にあるAの数															−	−	−	−

＜1は測定感度以下であることを示す。

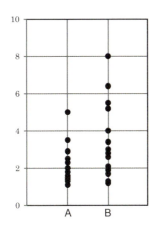

Mann-Whitney検定の統計量 U の理論分布

帰無仮説 H_0 が正しく、2つの標本が同じ母集団から得られたと仮定し、2群の位置関係（配置）が、偶然どの程度ずれるかを調べ、それぞれの配置について U 値を求めると、U 値の理論分布が得られる。ここでは、2標本のデータ数が小さな3つの場合について、H_0 が正しい場合の U 値の理論分布を調べてみると次のようになる。

$n_1=2$、$n_2=2$ の場合

2群に差がないと仮定すると、両群のデータの相互関係（順序関係）の組み合わせは6通り（$_4C_2 = 6$）である。

それぞれにつき、U 値を求めると、0 から 4 の範囲に分布する。

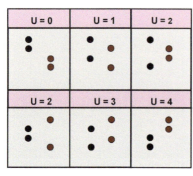
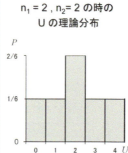

$n_1=3$、$n_2=2$ の場合

2群に差がないと仮定すると、両群のデータの相互関係（順序関係の）組み合わせは10通り（$_5C_2 = 10$）である。

それぞれにつき、U 値を求めると、0 から 6 の範囲に分布し、群間のずれが大きいほど、U 値は分布の両端に来る。

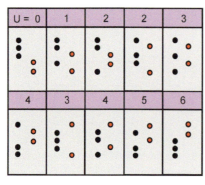
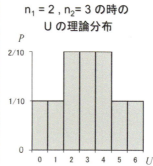

$n_1=3$、$n_2=3$ の場合

2群に差がないと仮定すると、両群のデータの相互関係（順序関係）の組み合わせは計20通り（$_6C_3 = 20$）である。それぞれにつき、U値を求めると、0から9の範囲に分布する。これから、両群の位置関係に差がないときU値は分布の中央に、群間のずれが大きいと、U値は分布の両端に来る。しかし、両端でもその有意確率は片側で、0.05(1/20)であり、両側確率で$P < 0.05$となるU値は存在せず、このデータサイズでは、検定は成立しないことになる。

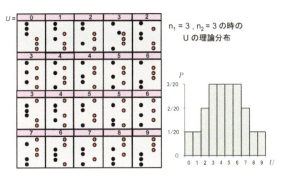

$n_1 = n_2 \geqq 4$ の場合

2群のデータ数が増えると、H_0のもとでの U 値の理論分布は、次第に左右対称の滑らかな分布となる。一般に、n_1, n_2が大きいとき（$n_1, n_2 \geqq 5$ かつ $n_1 \times n_2 \geqq 100$ のとき）、U は下記の正規分布に近似する。各理論分布両裾の赤い部分は、U値に対する有意確率（両側確率）が0.05以下となる領域である。すなわち、本来2群の配置に差がなくても、U値が統計的には有意と判定される領域を表す。

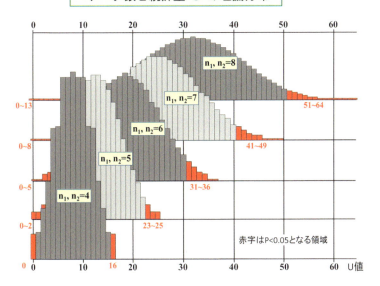

データ数と統計量 U の理論分布

🔑 キーポイント　Mann-Whitney の統計量 U の理論分布

データ数 n_1, n_2 が共に大きい場合、U は近似的に次の正規分布に従う

$$\text{平均値 } \mu_U = \frac{n_1 n_2}{2} \qquad \text{標準誤差 } \sigma_U = \sqrt{\frac{n_1 n_2 (n_1 + n_2 + 1)}{12}}$$

05-04 Mann-Whitney検定（ノンパラメトリック法）

例題 19

2標本 t 検定と Mann-Whitney 検定との比較：
30代の成人男女各13人の GGT の性差について調査をしたところ次のような結果であった。性差があると言えるか。2標本 t 検定と Mann-Whitney 検定結果を比較せよ。
（サンプルファイル「例題19_GGT 偏りのあるデータ.SFD6」）

| 女性 | 10 | 11 | 12 | 13 | 13 | 14 | 15 | 17 | 19 | 22 | 27 | 40 | 62 | n=13 |
| 男性 | 15 | 16 | 18 | 18 | 19 | 24 | 25 | 27 | 28 | 30 | 35 | 40 | 55 | n=13 |

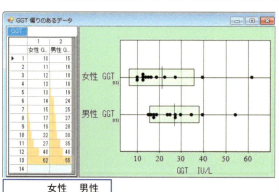

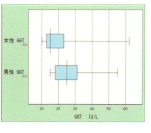

散布図を箱ひげ図に変えると分布の歪みがより明確になる。

	女性	男性
平均	21.2	26.9
中央値	15.0	25.0

考え方：

2標本 t 検定では、データの分布が正規分布に従うことを前提としている。このデータの分布は全体に低値側に集中する一方で、高値側に極端値の出やすい形となっている。このような場合には、t 検定の差の検出力は低下する。一方、Mann-Whitney 検定は、分布の形状や極端値の影響を受けず、このような例では検出力が高くなるので、独立2群の差の検定として有効である。

平均値 $\mu_U = \dfrac{n_1 n_2}{2} = \dfrac{13 \times 13}{2} = 84.5$

標準誤差 $\sigma_U = \sqrt{\dfrac{n_1 n_2 (n_1 + n_2 + 1)}{12}}$

$= \sqrt{\dfrac{13 \times 13 (13 + 13 + 1)}{12}} = 19.5$

$U = 44 \quad z = \dfrac{U - \mu_U}{\sigma_U} = \dfrac{44 - 84.5}{19.5} = -2.079$

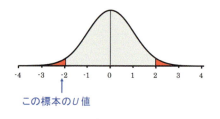

この標本の U 値

```
<< 独立多群2群間比較 >>
< 2標本 t 検定 >
頁＝［GGT］ 女性 GGT vs. 男性 GGT
平均値1 = 21.1538    SD1 = 14.7583    n1 = 13
平均値2 = 26.9231    SD2 = 11.2950    n2 = 13
平均値の差=-5.7692 合成標準偏差= 13.1412
平均値の差の 95 %信頼区間=-16.4074 ～ 4.8690
t 値=-1.119 自由度= 24
有意確率 P = 0.27410
< Mann-Whitney U 検定 >
頁＝［GGT］ 女性 GGT vs. 男性 GGT
U 値＝ 44.0（P < 0.05：統計表より）
n1, n2 = 13, 13
U 値の正規近似 z = 2.079
有意確率 P = 0.03761
有意確率に対する U 値
P < 0.05：U ≤ 45
P < 0.01：U ≤ 34
P < 0.001：U ≤ 23
```

2標本 t 検定の制約と Mann-Whitney 検定との使い分け

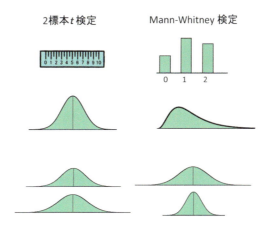

＜2標本 t 検定の制約＞

1) **連続尺度**

　名義尺度や順序尺度で計測されたデータは分布の正規性という観点から相応しくない[注1]。

2) **分布の正規性**

　検定統計量 t に対する有意確率 P は計測値の分布が正規分布であることを前提としている[注2]。

3) **等分散性**（F 検定）

　2群の標本分散が有意に異なれば、同じく統計量 t の有意確率 P の妥当性が失われる。通常 F 検定統計量を用いて等分散性を検定する。

> Mann-Whitney 検定の場合、データを順序尺度で分析するので、**分布型に依存しない**。しかも、**正規分布でない場合には、一般に2標本 t 検定よりも検出力が高い**[注3]。また、等分散性を考慮せずに利用できる[注4]。これらの特性から、**分布形状が不明な場合には、Mann-Whitney 検定が第一選択となる**。

注1　同じ順序尺度でも、**多段階**で計測されておれば、検定統計量 t の有意確率に偏りを生じにくく、2標本 t 検定を利用しうる。

注2　正規性の仮定は名目上のことで、通常厳密に検定（歪度検定、尖度検定、χ^2 適合度検定など）することはない。なぜなら、**データ数が少ないと正規分布から偏っているように見えても、正規分布でないと判定できることは少ない。逆にデータ数が多いと正規分布でなくても、中心極限定理により、平均値の差は正規分布に従うので、t 検定による有意確率は妥当となるからである**（204頁を参照）。ただし、正規分布でない場合に、2標本 t 検定を利用すると、一般に差の検出力が悪くなるので使うべきでない。

注3　**検出力**とは、有意差検定において、同じ大きさの差を有意と判定するのに必要なデータ数をさす。より少ないデータ数で差を検出できる検定法のほうが、検出力が高い。

注4　通常 F 検定を行って、等分散性が否定されず、分布の正規性を仮定できる場合には 2標本 t 検定を利用する。逆に、等分散性が否定された場合、Mann-Whitney 検定を利用する。この場合、2群の位置関係に有意差はないと判定されたとしても、2群は少なくとも分布の広がり（形状）という観点で異なる母集団から取られたと判定する必要がある。

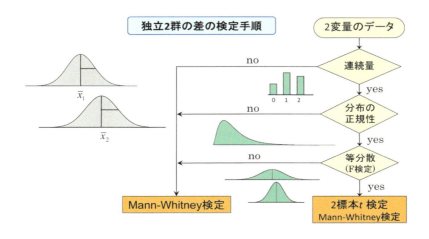

シミュレーションで考えよう　検出力の比較

2 標本シミュレーション機能のうち**検出力の比較機能**を使うと、指定した差（2 標本 t 検定による有意確率で指定）を持つ 2 つの母集団を発生させ、それぞれから標本を抽出し、2 標本 t 検定と Mann-Whitney 検定の**差の検出力**を比較できる。

■実行手順

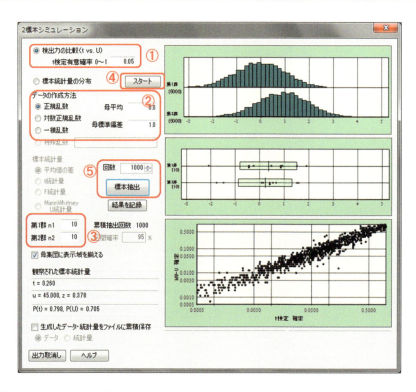

「統計」メニューの「シミュレーション」の「2 標本」を選択する。

1. **母集団の差を指定①**
   [t 検定有意確率] に、2 つの母集団のずれを P 値（2 つの母集団でから抽出した標本の差に対して、2 標本 t 検定で求まる有意確率）で指定する。

2. **母集団を作成②**
   一方の母集団（第 1 群）の分布型、母平均、母標準偏差を指定する。他方の母集団（第 2 群）の位置は、[t 検定有意確率] で指定した有意差の程度に基づき自動的に設定される。

3. **標本データ数を指定③**
   2 つの標本の標本データ数（抽出標本のサイズ）を指定する。

4. **母集団を作成④**
   スタート ボタンを押すと、指定した条件で二つの母集団が作成され、母集団のグラフが表示される。

5. **標本抽出を実行⑤**

   標本抽出 ボタンをクリックする毎に、各母集団から標本が抽出されその分布が中段に表示される。そして2標本t検定による有意確率P_t、およびMann-Whitney検定による有意確率P_Uが計算され、[観察された標本統計量]に表示される。

   [回数]を変更することで、1クリック当たりの抽出回数を調整できる。この場合、中段のグラフには最終抽出結果のみが表示される。

6. **標本統計量の分布を確認**

   [累積抽出回数]に表示されている回数分のP_tとP_Uの相関図が最下段に表示される。

■ **実行例**　母集団が正規分布の場合と対数正規分布の場合の比較

下図は、2標本t検定を行った時に有意確率5%となるように2つの母集団をセットし、各々から指定された標本サイズの標本を抽出し、2標本t検定およびMann-Whitney検定を行った結果である。前者の有意確率P_tをx軸に、後者の有意確率P_Uをy軸に取った相関図から2つの検定法の検出力を比較できる。左図は母集団が正規分布の場合、右図は対数正規分布の場合である。

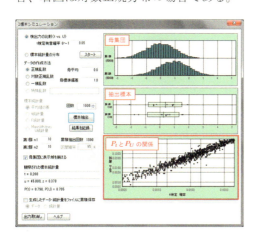
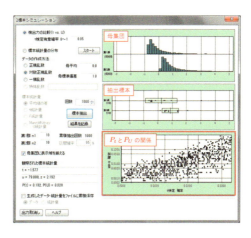

母集団が正規分布の場合には、P_tとP_Uの相関図上の点が対角線($y = x$)に対してほぼ対称に分布している。これは、P_tとP_Uが平均的には等しいことを表し、t検定とMann-Whitney検定の検出力は同程度ということになる(厳密には、P_tはP_Uよりやや小さく、前者の方が検出力が少しだけ高い)。

一方、母集団が対数正規分布の場合には、相関図上の点は対角線の下側に偏っている。これは、ほとんどの場合$P_t \gg P_U$であることを示し、Mann-Whitney検定の差の検出力がはるかに高いことを表している。

この結果は、対数正規分布では中央値から大きく偏位した値が出やすく、t検定はその影響を受ける(P_tが大きくなる)が、Mann-Whitney検定は計測値を順位に変換して検定を行うため極端値の影響を受けないことを示している。

05-04 | Mann-Whitney検定（ノンパラメトリック法）

第6章

判断分析

第6章 01 感度・特異度・ROC解析

検査法の診断的有用性を評価する方法として感度と特異度、尤度比などの指標算出と ROC 分析 などがある。それぞれの特徴について紹介する。

感度と特異度

感度とは、疾患群における検査の陽性率（**真陽性率**）で、感度が高い検査では疾患の見逃し（偽陰性）は少なくなり、逆に感度が低いと偽陰性率が増え、検査の有用性が低下する。

特異度とは、非疾患における検査の陰性率（**真陰性率**）で、特異度が高い検査では偽陽性は起こりにくくなる。

ただし、感度と特異度は相反関係にあり、**カットオフ値**（陽性と判断する境界値）により変化し、感度を上げる（カットオフ値の境界線を下に移動する）と偽陰性は減少するが、偽陽性は増加する。逆に感度を下げる（カットオフ値の境界線を上側へ移動する）と、偽陽性は減るが偽陰性が増えることになる。そこで感度と特異度を組み合わせた検査法の評価指標が必要となる。これには**尤度比、オッズ比、ROC 曲線下面積**が用いられる。

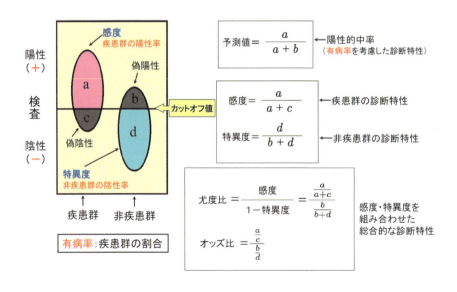

検査の診断的有用性に関する基本特性

感度と特異度は 2 × 2 の分割表の形にまとめると求めやすい。これは基本的に χ^2 の独立性の検定で用いる 2 × 2 の分割表と同じものである。

		疾患・症状		合 計	
		あり	なし		
検査結果	陽性	a (真陽性)	b (偽陽性)	a+b	陽性的中率 = a/(a+b)
	陰性	c (偽陰性)	d (真陰性)	c+d	陰性的中率 = d/(c+d)
合 計		a+c	b+d	a+b+c+d	
		感度 =a/(a+c)	特異度 =d/(b+d)		

■ 判別特性値の計算法

(1) **感度** (sensitivity) $= \dfrac{a}{a+c}$

疾患群における真陽性の割合。感度が高い検査で陰性であれば疾患である可能性が低いと解釈される。

(2) **特異度** (specificity) $= \dfrac{d}{b+d}$

非疾患群における真陰性の割合。特異度が高い検査で陽性であれば疾患である可能性が高いと解釈される。

(3) **尤度比** (ゆうどひ) (likelihood ratio: LR) $= \dfrac{真陽性率}{偽陽性率} = \dfrac{感度}{(1-特異度)}$

疾患群が非疾患群の何倍陽性になりやすいかを表し、感度と特異度をまとめた指標である。尤度比=1.0 は検査に診断力がないことを表し、1.0 から離れるほど有用な検査と判断される。

(4) **オッズ比** (oddz ratio) $= \dfrac{a/c}{b/d}$

オッズは、検査が陽性となる場合と陰性となる場合の比で、オッズが高いほど陽性率（感度）が高い。オッズ比は疾患群が陽性となるオッズと非疾患群が偽陽性となるオッズの比である。
オッズ比が 1.0 の場合、検査に診断力がないことを表し、1.0 から離れるほど検査の有用性が高いと判断される。

(5) **有病率** prevalence（**検査前確率**）$= \dfrac{(a+c)}{(a+b+c+d)}$

疾患群の数と非疾患群の数の比。

(6) **陽性的中率** (positive predictive value: PPV) $= \dfrac{a}{(a+b)}$

真の陽性の割合（**検査後確率**とも言われる）。有病率が大きくなると陽性的中率が上がる。

(7) **陰性的中率** (negative predictive value: NPV) $= \dfrac{d}{(c+d)}$

真の陰性の割合

06-01 感度・特異度・ROC解析

例題 20 ある病院の消化器外来で、初診患者全員に、消化器癌Aで陽性度が高いとされる腫瘍マーカーTを、その疑いのある患者500例に対し測定した。確定診断のついた時点でデータを分析すると、下の表のようになった。この腫瘍マーカー検査の診断的有用性を定量的に評価せよ。

		消化器癌A		合計
		あり	なし	
腫瘍マーカーT	陽性	40	45	85
	陰性	10	405	415
合計		50	450	500

感　度（％）　　＝ 40/50 × 100 ＝ 80.0
特異性（％）　　＝ 405/450 × 100 ＝ 90.0
陽性的中率（％）＝ 40/85 × 100 ＝ 47.1
陰性的中率（％）＝ 405/415 × 100 ＝ 97.6
オッズ比　　　　＝ (40/10)/(45/405) ＝ 36.0
尤度比　　　　　＝ 0.8/(1 − 0.9) ＝ 8.0

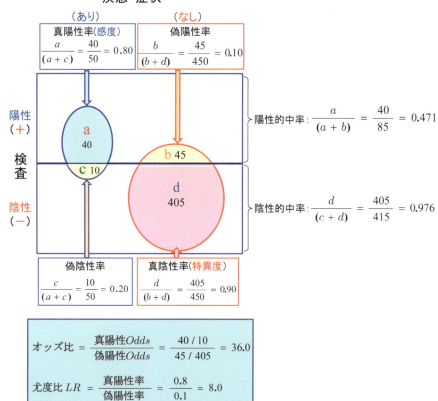

第6章 02 ROC分析による2群の判別度の分析

感度と特異度は、カットオフ値をどこに設定するかで変化することから、検査法の有用性を総合的に判断するには不適切である。**ROC 曲線**（receiver operating characteristic curve）は[*6]、カットオフ値を変えながら、縦軸に感度、横軸に偽陽性率 (1－特異度) をプロットしそれを順に繋いで作成した曲線である。ROC 曲線の形状や右下部の面積から、該当検査の疾患対する診断的有用性が評価される。

下図上段は ROC 分析による検査法の評価の具体例で、判別すべき疾患群と非疾患群の検査値の分布と ROC 曲線を示す。また下段右には、カットオフ値を決定する際に参考となる感度・特異度曲線を示す。

例えばカットオフ値を 3 とすると、感度は $12/17 = 0.71$、特異度は $9/12 = 0.75$ となる。これをカットオフ値の場所を順に変えて右図のようにプロットして線で結ぶと ROC 曲線が得られる。その曲線の右下部分の**曲線下面積** (AUC: Area Under the Curve) の大きさが検査の分別能を表す。この例で StatFlex で計算すると曲線下面積は $AUC = 0.76$ となる。

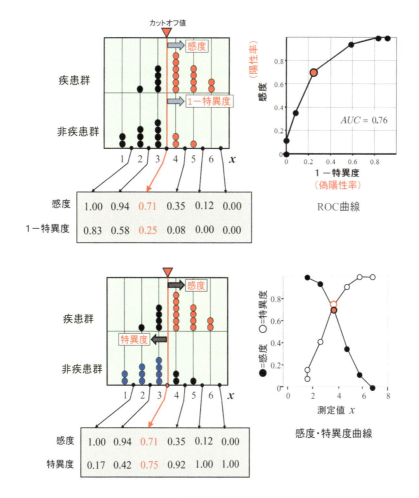

[*6] ROC 曲線は、第二次世界大戦時にレーダー装置の飛行物体検出特性評価するために考察された装置の操作特性曲線である。飛行物体（＋）のときのレーダー反応シグナルの分布と（－）のときの反応シグナルの分布から装置の評価が行われた。R は受信機（receiver）、OC は操作特性 (operating characteristic) を表す。

ROC 分析と曲線下面積

一般に 2 群の重なりが少ないほど検査の性能が良く、重なりが多いと検査の性能が悪い。下図に示すごとく左側の図は、疾患群と非疾患群が完全に重なっており、$AUC = 0.5$ で最も悪い。一方、右の図にいくにしたがって重なりが少なくなり、AUC は順に大きくなり、一番右の図では $AUC = 1.0$ に近く、非常に優れた検査である。

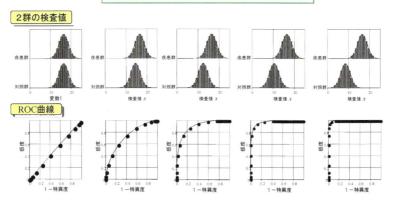

なお、ROC 解析は患者対照研究の中で 2 群（疾患群と非疾患群）の分離度を見る目的で使用されるため、検定を行っているわけではない。疾患群と非疾患群での検査値の群間差を検定し、統計的に有意な差が見られても、曲線下面積（AUC）が大きくないと検査値の臨床的な有用性は乏しい。

 検査 A を疾患群と非疾患群について施行し、次のデータを得た。検査 A の疾患分別度を表す ROC 曲線を描け。

| 疾患群 | 4 | 5 | 5 | 6 | 6 | 6 | 8 | 8 | 9 | 10 |
| 非疾患群 | 1 | 2 | 3 | 3 | 3 | 4 | 5 | 5 | 6 | 7 |

カットオフ値を 11 段階に設定し、それぞれについて感度、偽陽性率（1－特異度）を求め、ROC 曲線を作成する。

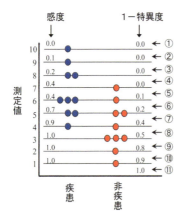
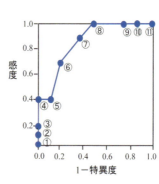

第6章 03 カットオフ値の設定法

　カットオフ値は、臨床検査が施行される状況 (有病率) や偽陰性、偽陽性の臨床的意義により変わる。従ってそれを一義的に決めることはできず、検査を施行する施設のポリシーにより設定値が変化する。

感度・特異度曲線の利用

　有病率に依存する、陽性的中率、陰性的中率を無視して、単に検査の感度と特異度から機械的にカットオフ値を決めるとすると、感度曲線と特異度曲線を下図右のように描き、感度=特異度となる点を採用する事になる。なお、下図左側のROC曲線では、対角線（$y = 1 - x$）と、曲線との交点が感度=特異度に相当するが、それに対するカットオフ値はもとの度数分布図上から選択することになる。

感度・特異度曲線とカットオフ値の決め方

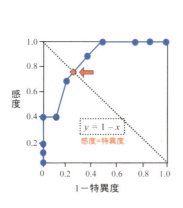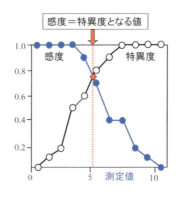

　ただし、実際には次項で記すごとく、有病率 (疾患群の割合) を考慮して、陽性的中率や陰性的中率が高まるように、カットオフ値を調整する必要がある。また、偽陰性を減らすことが重要な場合や偽陽性を抑える必要性がある場合にも、カットオフ値を調整する必要がある。

有病率によるカットオフ値の調整

　感度と特異度が同じでも、有病率によって検査の的中率は大きく変わる。一般に有病率が高いとわかっている状況では、見逃し(偽陰性)を減らすためカットオフ値を下げることになる(図左)。一方、有病率が低いときは、偽陽性の症例が増え的中率が低下するため、カットオフ値を高めることになる(図右)。それをどう調整するかは、検査を施行する側のポリシーで変化し、偽陽性、偽陰性をどの程度重視するかで変化することになる。

有病率とカットオフ値

有病率に応じてカットオフ値の補正が必要

偽陽性や偽陰性の重要性を考慮した調整

　カットオフ値は検査の偽陰性率や偽陽性率をどの程度重視するかで調整する。図は3つのケースを想定したモデルデータであるが、C型肝炎検査（HCV抗体の検査）では、見逃しが許されないとすると、偽陰性率をほぼゼロにできるカットオフ値が求められる。この場合、特異度や有病率によらず、カットオフ値を下方修正することになる。

　一方、血中TSHでクレチン症のマススクリーニングを行う場合、患児のTSHの分布は健常児のそれより明らかに高く、かつ有病率は低い。そこで偽陽性を減らすため、健常児の基準範囲上限よりもかなり高いところにカットオフ値を設定することになる。

　また、抗核抗体（ANA）で40〜70歳の健常女性を対象として膠原病のスクリーニングを試みたとする。一般にANAは偽陽性率が極めて高く、かつ仮に無症候の偽陰性例をある程度見逃したとしても大きな損失にはつながらないと予測される。従ってこの場合もカットオフ値を高めに設定する必要がある。

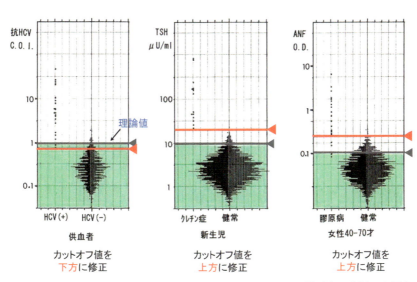

C型肝炎検査（HCV抗体）は、輸血のチェックに重要で偽陰性は許容されず、カットオフ値を下げる。

クレチン児は、健常児よりも明瞭にTSHが高く、有病率も低いので、通常よりカットオフ値を上げる。

膠原病の診断に有用な抗核抗体検査（ANA）は、健常者での偽陽性率が高く、多少の見逃しは許容されるため、通常よりカットオフ値を上げる。

 偽陰性、偽陽性をどの程度重視するかで、カットオフ値を調整

06-03 カットオフ値の設定法

演習:10 胸痛で受診した症例 50 に、心筋マーカーである CK と LD を測定した。最終的に心筋梗塞と診断されたのは 30 例で、次のデータを得た。CK と LD の診断特性を比較せよ。（解答 250 頁）

CK		LD	
心筋梗塞群	非心筋梗塞群	心筋梗塞群	非心筋梗塞群
847	230	1250	640
811	226	950	340
801	194	1320	590
716	177	1140	480
714	174	720	420
669	171	1050	320
654	164	850	220
652	160	700	240
614	152	450	284
614	150	820	290
610	123	550	300
603	122	790	170
583	113	870	290
558	112	740	420
484	84	920	530
463	82	720	230
400	80	480	180
375	70	650	420
368	66	580	210
354	61	470	260
347		750	
330		620	
322		530	
271		360	
233		280	
221		450	
193		270	
158		310	
118		460	
72		320	

第7章 出現度数に関する検定

第7章
01 一要因の場合

比率の検定（二項検定）

ある事象 A が起こるか、起こらないかで、データを分類することがよくある。いま事象 A が生じる**比率 p (理論比率または母比率) が分かっている場合**、n 回調べたときの事象 A の出現度数を r とすると、r の期待度数は np となる。

	A	$\bar{A}$
出現度数	r	$n-r$
期待度数	np	$n(1-p)$

実際には、出現度数 r が期待度数 np と一致するとは限らず、調べるたびに出現度数 r はゆらぐ。そこで、母比率を p と仮定して、観察した r が偶然起こりえる範囲内かどうかを検定するのが**二項検定**である。

二項検定の概念

一般に、ある事象 A が起こる**理論比率 p** が分かっているとき、**n 回の試行**で A の**出現度数 r** を調べると、**r の分布形状は後述の確率計算により一義的に決まる**。この**理論比率 p と試行回数 n に対する出現度数 r の理論分布を二項分布と呼ぶ**。r の取り得る値の範囲は **0〜n** で、その期待値は **np** となる。

■ 6月の雨の日数

例えば、東京で 6 月に 1mm 以上の雨が降った確率を長期のデータから調べてみたところ、**p = 0.3** であったとすると、一ヶ月間（**n =30 日**）に雨が降る日数 **r** の理論分布は、下図のようになり、**r** の期待値は 0.3 × 30 ＝ 9 日となる。

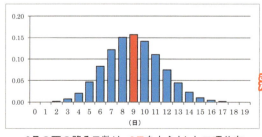

6月の雨の降る日数は、9日を中心とした二項分布

> 理論比率 **p** と試行回数 **n** がわかれば、全ての出現度数 **r** に対する出現確率の分布（二項分布）が決まる

■コインを6回投げて表の出る回数

では、コインを6回投げたときの表の出る出現度数 **r** の理論分布を考えてみる。**p** = 0.5、**n** = 6 であり、各 **r** に対する個別確率は次式で求まる。これを<u>二項確率</u>と呼ぶ。

$$P = {}_nC_r \times p^r \times (1-p)^{n-r}$$

ここで、${}_nC_r$ は、**n** 個から **r** 個取り出す場合の数で、次式により求められる。
$$ {}_nC_r = \frac{n!}{r!(n-r)!} $$
例えば、試行回数 **n** = 6 で、出現度数が **r** = 2 となる場合の数は、

$$ {}_6C_2 = \frac{6!}{2!(6-2)!} = \frac{6 \times 5}{2 \times 1} = 15 \text{ 通りとなる。}$$

表の出る理論比率は $p = 0.5$ で、試行回数が $n = 6$ であることから、

$r = 0$ の確率：
$P_0 = {}_6C_0 \left(\frac{1}{2}\right)^0 \left(\frac{1}{2}\right)^6 = 0.0156$

$r = 1$ の確率：
$P_1 = {}_6C_1 \left(\frac{1}{2}\right)^1 \left(\frac{1}{2}\right)^5 = 0.0938$

$r = 2$ の確率：
$P_2 = {}_6C_2 \left(\frac{1}{2}\right)^2 \left(\frac{1}{2}\right)^4 = 0.2344$

$r = 3$ の確率：
$P_3 = {}_6C_3 \left(\frac{1}{2}\right)^3 \left(\frac{1}{2}\right)^3 = 0.3125$

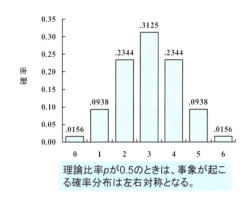

理論比率pが0.5のときは、事象が起こる確率分布は左右対称となる。

$r = 4$ の確率：
$P_4 = {}_6C_4 \left(\frac{1}{2}\right)^4 \left(\frac{1}{2}\right)^2 = 0.2344$

$r = 5$ の確率：
$P_5 = {}_6C_5 \left(\frac{1}{2}\right)^5 \left(\frac{1}{2}\right)^1 = 0.0938$

$r = 6$ の確率：
$P_6 = {}_6C_6 \left(\frac{1}{2}\right)^6 \left(\frac{1}{2}\right)^0 = 0.0156$

ここで、特定の**出現度数** $r_o(r \text{ observed})$ が極端かどうかは r_o の**個別確率**ではなく、次式より r がそれ以上に極端となる累和確率（**有意確率**）により判定を行う（個別確率と有意確率131頁を参照）。

$r_o \geqq np$ のとき $\quad P = \sum_{r=r_o}^{n} {}_nC_r \times p^r \times (1-p)^{n-r}$

$r_o < np$ のとき $\quad P = \sum_{r=0}^{r_o} {}_nC_r \times p^r \times (1-p)^{n-r}$

検定の手順

n 回の試行で事象 A が r 回生じたとき、事象 A の比率を p と仮定できるかを調べる。

(1) **仮説の設定**：
  帰無仮説 H_0：母比率 $= p$
  対立仮説 H_1：母比率 $\neq p$

(2) **検定統計量を求める**：
  n 回中、事象 A の生じた回数 r を "検定統計量" として検定する。母比率 p が正しいとき、r の期待値は np であるが、それから有意に偏っているかを、r の有意確率から判定する。

(3) **有意確率 P を求める**：
  二項分布による検定（二項検定）：n が小さいとき
  r の分布は試行回数 n、母比率 p の二項分布 (binomial distribution) に従う。
  事象 A が r 回またはそれ以上に極端となる 累和確率（有意確率）P 値は、次式により与えられる。

  $r \leqq np$ のとき（下側確率を求める）　　$P = P(x \leqq r) = \sum_{x=0}^{r} {}_nC_x p^x (1-p)^{n-x}$

  $r \geqq np$ のとき（上側確率を求める）　　$P = P(x \geqq r) = \sum_{x=r}^{n} {}_nC_x p^x (1-p)^{n-x}$

(4) **判定**：
  求まった P 値から、有意水準を α として、
  $P \geqq \alpha$ のとき、母比率は p でないとは言えず判定保留、
  $P < \alpha$ のとき、H_0 を棄却し、母比率は p でないと判定する。

 例題 22　心筋梗塞後の症例 20 人を調べると 2 年間の致死的不整脈の発生率 p は 10 %であった。発生人数の分布はどのようになるか。

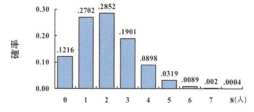

個別確率の式 $P = {}_nC_r \times p^r \times (1-p)^{n-r}$ を使って $r = 0, 1, 2, \cdots, 8$ について P を計算すると、上記のグラフのようになる。コインのときには理論確率が $1/2 = 0.5$ で事象が起こる確率分布は左右対称となったが、発生率 p が 10 %のときには左右非対称なグラフとなる。

サイコロを 5 回投げたところ 1 の目が 3 回出た。このサイコロは偏っていると言えるか？

$r(=3) > np(=5 \times \frac{1}{6} = 0.828)$ なので**上側確率を求める**。

1 の目が 3 回でる確率：
$P_3 = {}_5C_3 \left(\frac{1}{6}\right)^3 \left(\frac{5}{6}\right)^2 = 0.032$

1 の目が 4 回でる確率：
$P_4 = {}_5C_4 \left(\frac{1}{6}\right)^4 \left(\frac{5}{6}\right)^1 = 0.003$

1 の目が 5 回でる確率：
$P_5 = {}_5C_5 \left(\frac{1}{6}\right)^5 \left(\frac{5}{6}\right)^0 = 0.0001$

∴1 の目が 3 回以上でる有意確率は、左右非対称な分布ので片側検定で判定。
有意確率 P は
$P = P_3 + P_4 + P_5 = 0.0351 < 0.05$ よって、サイコロは偏っている可能性がある。

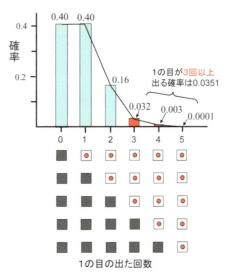

1 の目の出る回数の理論分布（試行回数 5 回）

考え方

1) **仮説の設定**：
   H_0：1 の出る確率は 1/6
   H_1：1 の出る確率は 1/6 でない

2) **検定統計量**：
   $r = 3$ ($n = 5$) とする。

3) **有意確率**：
   H_0 の下で 1 の目の出る回数 r が 3 回またはそれ以上に極端となる累和確率 P 値は、前頁に記した二項分布に対する確率計算公式を使って求める。

4) **判定**：
   片側検定の場合、H_0 を棄却し H_1 を採用する。サイコロを 5 回投げたとき、1 の目が 3 回出る出方は偏っていると判定する。

$P = P(r \geqq 3)$
$ = P(r=3) + P(r=4) + P(r=5)$
$ = P_3 + P_4 + P_5$
$ = 0.032 + 0.003 + 0.0001$
$ = 0.0351 < 0.05$

設 問
サイコロは偏っている？
（1）仮説の設定
一旦、サイコロは正しいと仮定する 帰無仮説 $H_0 : p = 1/6$ 対立仮説 $H_1 : p \neq 1/6$
（2）検定統計量を求める
1 の目のでた回数 r を統計量とする $r = 3$
（3）有意確率 P を求める
仮説 H_0 によって 1 の目が 3 回以上でる 有意確率 P を求める $P = P_3 + P_4 + P_5$
（4）判 定
$P \geqq 0.05$ のとき、仮説 H_0 を棄却できない （判定保留） $P < 0.05$ のとき、仮説 H_0 を棄却し、 仮説 H_1 を採用

StatFlex での計算

手順：

1. 「統計」メニューの「統計量→確率の計算」を選択する。
2. 計算モードの「二項分布」をチェックして「実行」をクリックする。
3. 「比率」に **1/6 = 0.1667**、「試行数」に **5**、「実現数」に **3** を入力して OK をクリックする（下図）。

   ※「送る」ボタンを押すことで、「統計情報ウインドウ」に計算結果を蓄積できる。

計算結果：

```
<< 統計量→確率 >> 二項分布

< 入力情報 > 比率 0.167 5回中 3回
< 計算結果 >
度数 3 を含む上側確率 P=0.03551
度数 3 を含む下側確率 P=0.9966
度数 3 の個別確率 P=0.03217
```

例題 24　コインを 7 回投げたところ表が出た回数は 1 回であった。この結果の有意性を判定せよ。

考え方

(1) **仮説の設定**：
   H_0：表の出る比率は $1/2$
   H_1：表の出る比率は $1/2$ でない。

(2) **検定統計量**：
   $r = 1\ (n = 7)$ とする。

(3) **有意確率**：
   H_0 の下で 1 の目の出る回数 r が 1 回またはそれ以上に極端となる累和確率 $P(r < np$ なので下側確率) は、二項分布に対する確率計算公式を使って求める。なお、$p = 0.5$ に対する二項分布は左右対称の分布となる。

$$P = P(r \geqq 1)$$
$$= P(r = 0) + P(r = 1)$$
$$= P_0 + P_1$$
$$= 0.0078 + 0.0547$$
$$= 0.0625 > 0.05$$

(4) **判定**：
   対称分布なので、両側検定で判定する。$P = 0.0625 \times 2 = 0.125$ なので H_0 を棄却できない。コインを 7 回投げたとき、表が 1 回しか出ないことはありうると判定する。

注意　個別確率と有意確率の区別

先の例で、なぜ1の目が3回出る $r=3$ の確率（個別確率）ではなく、$r=3$〜5の累計確率を計算したかであるが、下図の上段のように、試行回数 n を14回以上に増やすと、出現度数 r の変化範囲が広がり、個々の r に対する個別確率は、小さくなる。

ところが、下段のように、r 回またはそれ以上に極端な場合の累和確率をもって偏り度を判定すれば、試行回数 n に依存しなくなる。従って、これまで述べてきた他の検定法でもそうであったが、**有意差検定では、常に観察した検定統計量の偏り度は、それ以上に極端な場合の個別確率の累和値で判定する**。この累和確率を有意確率と呼び、その値が小さいほど観察された検定統計量は偏った値と見なされる。

個別確率と有意確率の違い

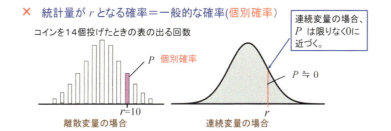

× 統計量が r となる確率＝一般的な確率（個別確率）

○ 統計量が r 以上となる確率＝検定で用いる確率（有意確率 P）

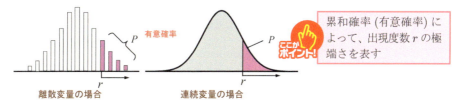

累和確率（有意確率）によって、出現度数 r の極端さを表す

演習:11　次の各観察事象について、理論比率（p）から判断して、それぞれの事象の個別確率と有意確率を求めよ（解答252頁）。

問　題	個別確率	有意確率
(1) コインを8回投げて表の出た回数は1回だけであった。このようなことは十分あり得るか。		
(2) 膵癌の診断後1年目の生存率は1/5であった。新しい化学療法剤で18名を治療したところ、生存者は6例（生存率6/18）であった。この治療は有効か？		
(3) 日本人におけるO型の比率は0.3である。ある疾患Xを有する患者90名の血液型を見たところ、O型は18名であった。疾患XではO型の比率は有意に低いか？		

シミュレーションで考えよう　出現度数の分布

ここでは1標本シミュレーション機能を使って理論比率 p と試行回数 n を指定して、出現度数 r の分布（二項分布）を調べてみよう。

実行手順

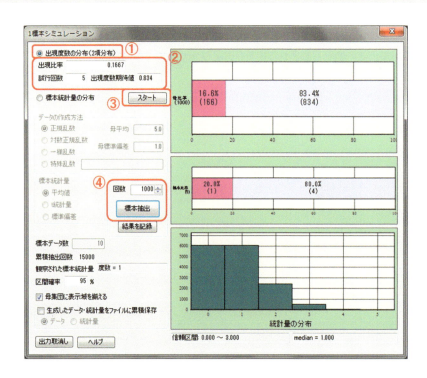

「統計」メニューの「シミュレーション」の「1標本」を選択する。

1. **シミュレーションモードの選択①**

   [出現度数の分布（二項分布）] を選択する。

2. **出現比率、試行回数の指定②**

   事象が起こる理論比率 p を [出現比率] で、試行回数 n を [試行回数] で指定する。

3. **母集団を作成③**

   スタート ボタンを押すと、指定した条件で母集団が作成され、最上段にそのグラフが表示される。

4. **標本抽出の実行④**

   標本抽出 ボタンを押す毎に、出現度数 r が変化し、中段のグラフには n に対する r の割合が表示され、[観察された標本統計量] にその値が表示される。

   [回数] を変更することで、1クリック当たりの抽出回数を調整できる。この場合、中段のグラフには最終抽出結果のみが表示される。

5. 標本統計量の分布を確認

    [累積抽出回数] に表示されている回数分の標本統計量が最下段の度数分布図に表示される。

実行例

ここでは、129 頁の例題の意味を、シミュレーション機能を使って考える。

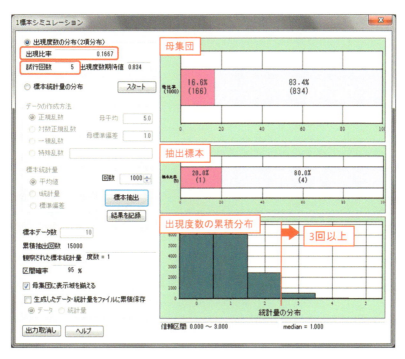

上図のように

- 出現比率 = 0.1667（サイコロを振って 1 の目が出る理論比率）
- 試行回数 = 5（回）

を設定し、標本抽出を 15,000 回行った結果である。これは「サイコロを 5 回振って、1 の目の個数を数える」という実験を、15,000 回行うことに相当する。1 の目の度数の分布が最下段の度数分布図に表示されている。この度数分布図より、5 回サイコロを振って 3 回 1 の目が出るという現象は、比較的稀な現象であることが分かる。

一般的に二項分布は、出現比率 p と試行回数 n より計算される出現度数期待値 $mu = np$ が 10 以上になると正規分布に近似してゆく。この例題では期待度数が np= $5 \times 0.1667 = 0.834$ となり正規分布とは言えないが、n を段階的に大きくし、分布形状の変化を調べてみよう。

母比率 p と試行回数 n によって変わる二項分布の形状

二項分布は母比率 p と試行回数 n によって、その分布の形状が変化する。右の図は、シミュレーションで、母比率が $p = 0.5$, $p = 0.2$, $p = 0.05$ の場合について、試行回数を $n = 5, 10, 20, 60$ として、目的事象が起こる度数を調べた結果である。それぞれの条件で、合計 2000 回シミュレーションを行い、目的事象の度数分布を調べた。

この結果から次のことが分かる。

比率が 0.5 の場合：度数分布は常に左右対称で、n が大きくなるとほぼ正規分布となる。

比率が 0.2 の場合：度数分布は左側に偏るが、n が大きくなるにつれ次第に左右対称となり正規分布に近似する。

比率が 0.05 の場合：度数分布はより強く偏る。n が大きいと分布の偏りは小さくなるが $n = 60$ でも正規分布ではない（出現度数の分布シミュレーション 186 頁参照）。

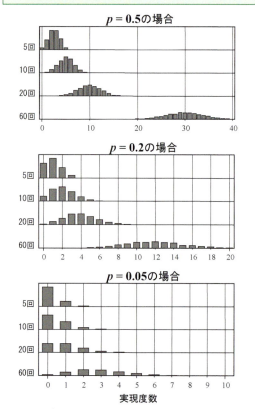

母比率と試行回数による二項分布の変化

 二項分布は母比率 $p = 0.5$ の場合、常に左右対称の分布。p が小さいまたは大きいと非対称の分布となるが、試行回数が増えると対称となり、正規分布に近似する。

キーポイント　二項分布の性質（母比率 p、試行回数 n の場合）

一般に、n, p と二項分布について次のことが言える。

1) 母比率 $p = 0.5$ のとき、二項分布（出現度数の分布）は左右対称の分布となる。

2) 母比率 p が小さくなるにつれ、二項分布は下側に偏る。

3) 試行回数 n が大きくなるにつれ、二項分布は左右対称となり正規分布に近似する。

4) 一般に $np \geqq 10 (p > 0.5$ のときは $n(1-p) \geqq 10)$ のとき、二項分布はほぼ正規分布とみなせ、その形状は平均値 $= np$、標準誤差 $= \sqrt{np(1-p)}$ となる。

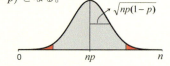

母比率 p 既知：出現度数 r の分布と出現比率 r/n の分布の関係

前述のように、反復試行回数 n がある程度大きく、$np \geqq 10$（$p > 0.5$ のときは $n(1-p) \geqq 10$）のとき、出現度数 r の分布は、平均値 $= np$、標準誤差 $= \sqrt{np(1-p)}$ の正規分布に近似する。

ここで、この正規近似された出現度数 r の分布を n で割って r/n の分布を考えると、出現比率 p_o の分布となる。その期待値は、母比率 p、標準誤差 $\sqrt{p(1-p)/n}$ となる。

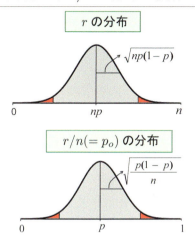

母比率 p 未知：観察した比率 p_o から母比率 p を推定するには

母比率 p が未知で、試行回数 n、出現度数 r_o から算出した比率（出現比率）$p_o = r_o/n$ に基づいて **母比率 p の 95 % 信頼区間** を推定するには、次のように行う。

$p_o \leqq 0.5$ のとき $np_o \geqq 10$（$p_o > 0.5$ の場合は、$n(1-p_o) \geqq 10$）であれば母比率 p の分布は上述の正規分布とみなせ、その 95 % 信頼区間は信頼区間限界指数 $z_{0.05} = 1.96$ を用いる。

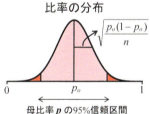

$$p_o - 1.96 \times \sqrt{\frac{p_o(1-p_o)}{n}} < p < p_o + 1.96 \times \sqrt{\frac{p_o(1-p_o)}{n}}$$ と表せる。

同様に、**出現度数 r の信頼区間** は、

$$np_o - 1.96 \times \sqrt{np_o(1-p_o)} < r < np_o + 1.96 \times \sqrt{np_o(1-p_o)}$$ として表せる。

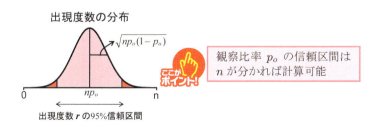

観察比率 p_o の信頼区間は n が分かれば計算可能

> **例題 25**　新薬による再発例は 100 例中 13 人（$p_o = 0.13$）である。次の問に答えよ。
> (1) 新薬の再発率 $p_o = 0.13$ の 95％信頼区間を求めよ。
> (2) 100 人治療した場合の再発症例数（出現度数）の 95％信頼区間を求めよ（$np = 13$ より正規近似で判定可能）。

(1) 母比率の推定は、上述の式に従って、95％の信頼区間は下記の範囲になる。

$$0.13 - 1.96\sqrt{\frac{0.13(1-0.13)}{100}} < p < 0.13 + 1.96\sqrt{\frac{0.13(1-0.13)}{100}}$$
$$0.064 < p < 0.196$$

すなわち、再発率の 95％信頼区間は、約 6％から 20％である。

(2) 再発比率を $p_o = 0.13$ と仮定すると、100 例治療した場合の出現度数の 95％信頼区間は下記の範囲になる。

$$100 \times 0.13 - 1.96\sqrt{100 \times 0.13(1-0.13)} < r < 100 \times 0.13 + 1.96\sqrt{100 \times 0.13(1-0.13)}$$
$$6.41 < r < 19.59$$

すなわち、出現度数の 95％信頼区間は、6 人から 20 人となる。

> **例題 26**　二人の候補者 A, B による選挙において出口調査を行った。200 人調べたところ A 候補に投票した人は 120 名であった。このときの A 候補の得票率の 99％および 99.9％信頼区間を求め、これらの区間に当確ラインの 0.5 が含まれるかどうかで当選の予測をせよ。

出現比率 99％および 99.9％信頼区間計算のための信頼区間限界指数には、$P = 0.01$、$P = 0.001$ に対する z スコア $z_{0.01} = 2.58$、$z_{0.001} = 3.29$ を用いる。

出現比率 $= p_o = \dfrac{120}{200} = 0.6$

標準誤差 $SE = \sqrt{\dfrac{p_o(1-p_o)}{n}} = \sqrt{\dfrac{0.6 \times 0.4}{200}} = 0.035$

$\boxed{z_{0.01} = 2.58}$

$p_0 - z_{0.01} \times SE < p < p_0 + z_{0.01} \times SE$
$0.6 - 2.58 \times 0.035 < p < 0.6 + 2.58 \times 0.035$
$0.51 < p < 0.69$

99.0％の確率では A 候補が当選と判定

$\boxed{z_{0.001} = 3.29}$

$p_0 - z_{0.001} \times SE < p < p_0 + z_{0.001} \times SE$
$0.6 - 3.29 \times 0.035 < p < 0.6 + 3.29 \times 0.035$
$0.48 < p < 0.72$

99.9％の確率では当確ラインに達していない

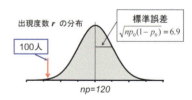

出現度数 r の分布　標準誤差 $\sqrt{np_0(1-p_0)} = 6.9$　100人　$np=120$

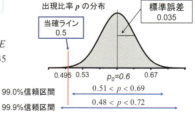

出現比率 p の分布　標準誤差 0.035　当確ライン 0.5　0.495　0.53　$p_0=0.6$　0.67　99.0％信頼区間 $0.51 < p < 0.69$　99.9％信頼区間 $0.48 < p < 0.72$

🔍 探究 二項分布を正規分布に近似するための連続補正

いま、$np \geq 10$ で正規近似できる場合に、特定の出現度数 r の有意確率を z スコアで表すには、

$r < np$ の場合…$z = \dfrac{r + 0.5 - np}{\sqrt{np(1-p)}}$

$r > np$ の場合…$z = \dfrac{r - 0.5 - np}{\sqrt{np(1-p)}}$

を用いる。この 0.5 は、補正項で二項分布のような離散分布を正規分布のような連続分布で近似する場合に必要となる。

これは右図に示すごとく、度数 r とは実際には $r \pm 0.5$ の範囲幅で観察した出現度数であるが、z スコアの計算で補正項を加えないと両側の確率が小さく計算されてしまうためである。なお、補正項は、np が大きく、かつ r が大きくなれば無視できる。

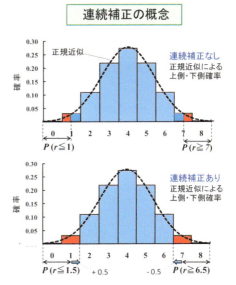

連続補正の概念

例題 27 ある疾患 X に対して従来法で治療すると、1 年以内に 20 % の人が再発する。再発を防ぐ新しい薬剤を開発し、試験的に 100 例の患者に投与したところ、1 年目の再発例は 13 例であった。新薬は再発防止に効果があると言えるか？

1) 仮説の設定：
   H_0：再発率 $p = 0.2$
   H_1：再発率 $p \neq 0.2$

2) 検定統計量 $r \to z$：
   試行回数 $n = 100$ より $np = 20$（> 10…脚注）、よって出現度数 r を正規近似で判定可。$r < np$ のため次の公式を用いて、検定統計量 r の有意確率を、z スコアから求める。

   $$z = \frac{r + 0.5 - np}{\sqrt{np(1-p)}} = \frac{13 + 0.5 - 20}{\sqrt{100 \times 0.2 \times 0.8}} = \frac{-6.5}{4} = -1.625$$

3) 有意確率と判定：
   正規分布表より $P(|z| \geq 1.625) = 0.1041 > 0.05$ であり、再発率が有意に変化したとは言えない。

探究 正規近似できない場合の出現度数(比率)の区間

二項分布を正規近似できない場合 ($np < 10$)、出現度数 r の区間推定を行うには、二項分布を用いた直接推定を行う。

実際に 95 % の信頼区間を求めるには、まず試行回数 n と出現度数 r から、出現比率 $p_o = r/n$ を求める。そして、n と p_o に対する二項分布を想定し、r を $0 \sim n$ の範囲で変化させて、下側確率が 0.025 未満となる下の有意点 r_L と、上側確率が 0.025 未満となる上の有意点 r_U を見つける。

下図は、試行回数 $n = 20$、出現度数 $r = 4$ であったときの、度数の信頼区間を求めた例である。この場合の出現比率は $p_o = 0.2$ であり、4 を中心とした二項分布となる。分布の下側では、$r = 0$ のとき下側確率が 0.012、$r = 1$ のとき下側確率が 0.069 となる。また、分布の上側では $r = 8$ のとき上側確率が 0.032、$r = 9$ のとき 0.01 となる。

従って、$1 \leqq r \leqq 8$ の範囲をとれば、正確には 97.8 % 信頼区間となる。一方、$2 \leqq r \leqq 7$ の範囲をとれば、ほぼ 90 % 信頼区間ということになる。

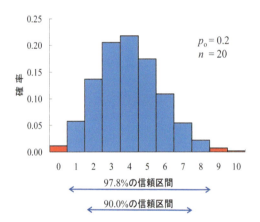

このとき、どちらの区間を用いるかは①目的に応じて使い分ける、②r の上下限値をこの 2 通りの場合で線形補間し、95 % の区間を推定する。

一方、出現比率の形で信頼区間を求める場合には、上で求めた度数 r の範囲を単に試行回数 n で割ればいいことになる。なお、二項分布の偏りが強く、両側確率が 0.05 となる領域として、95 % 信頼区間を計算できない場合には、片側確率が 0.05 に最も近い下側または上側の出現度数（または出現確率）を推定する。

memo

χ^2 適合度検定（多項分布の検定）

二項検定は、ある事象の起こる確率だけに注目して現象を捉えたが、より一般的には、複数の事象が様々な割合で発生し、各々の起こる割合が期待どおりかどうかが問題となる。いま観察事象が k 個に分類され、n 回の観察を行った場合に、**出現度数** O_i と**期待度数** E_i とが適合しているどうかを、χ^2 統計量を使って、次のように検定する。

検定の手順

1) **仮説の設定**：
   帰無仮説 H_0：出現度数は期待度数に適合
   対立仮説 H_1：出現度数に偏り

2) **検定統計量**：
   k 個に分類された各セルに対する出現度数 O_i と期待度数 E_i のずれの程度は、検定統計量 χ^2 で表せる。
   $$\chi^2 = \sum_{i=1}^{k} \frac{(O_i - E_i)^2}{E_i}$$

3) **有意確率と判定**：
   この χ^2 値は、自由度 $k-1$ [*7]の χ^2 分布に従うことを利用して有意確率を調べるが、有意水準 α の χ^2 値 (χ^2_α) との比較から次のように判定できる。

   $\chi^2 \leq \chi^2_\alpha$ のとき、出現度数に偏りはないと判断し、逆に、
   $\chi^2 > \chi^2_\alpha$ のとき、出現度数は偏っていると判断する。

> **例題 28** サイコロ 60 個を投げて、各目の出方を記録したら次のようになった。サイコロに偏りがあると言えるか？

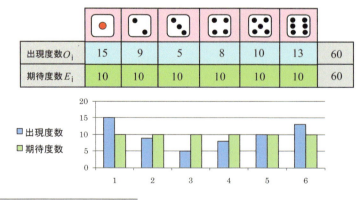

	⚀	⚁	⚂	⚃	⚄	⚅	
出現度数 O_i	15	9	5	8	10	13	60
期待度数 E_i	10	10	10	10	10	10	60

[*7] 期待度数が平均度数であったり、外的に与えられる場合には、自由度は分類数 $k-1$ となる。しかし、理論正規分布からの偏りを調べる場合には、出現データの平均値と標準偏差を使って期待度数を計算することになるので、その分偏りを分析する自由度が低下し、χ^2 の自由度は $k-3$ となるなど、期待度数の決め方によって自由度が異なる。「バイオサイエンスの統計学」p122. 南江堂 1990. 適合度検定の頁を参照。

(1) **仮説の設定**：
   H_0：目のでる割合は一様 (1/6)
   H_1：目のでる割合は一様でない

(2) **検定統計量の算出**：
   どの目のでる確率も同じと仮定すると、期待度数 E_i はいずれも
   $E_i = 60 \times \dfrac{1}{6} = 10$ であり、出現度数 O_i との偏りを次の検定統計量 χ^2 で表す。

$$\chi^2 = \sum_{i=1}^{k} \dfrac{(O_i - E_i)^2}{E_i}$$
$$= \dfrac{(15-10)^2}{10} + \dfrac{(9-10)^2}{10} + \dfrac{(5-10)^2}{10} + \dfrac{(8-10)^2}{10} + \dfrac{(10-10)^2}{10} + \dfrac{(13-10)^2}{10} = 6.4$$

(3) **有意確率と判定**：
   χ^2 値は、自由度 $k-1=5$ の χ^2 分布に従う。χ^2 分布表より、自由度 5、有意水準 0.05 の値 ($\chi^2_{0.05}$) は、11.07 であることから、$\chi^2 = 6.4$ では H_0 を棄却できない。すなわち、この程度の偏りは、十分ありうると判断される。

StatFlex での計算
手順：

1. 「統計」メニューの「計数値の検定」の「χ^2 適合度検定」を選択する。
2. カテゴリ数に **6** を入力して、「セット」ボタンをクリックする。
3. 出現度数のそれぞれのセルに **15**, **9**, **5**, **8**, **10**, **13** を入力する。
4. 「実行」ボタンをクリックする。

※各カテゴリの比率が異なる場合には、「期待度数の設定」で「期待度数を指定する」または「期待比率を指定する」を選択し、「期待度数」または「期待比率」を入力する。

計算結果：

```
《 χ2適合度検定 》
〈 入力データ 〉
                1        2        3        4        5        6       合計
観察度数      15.000    9.000    5.000    8.000   10.000   13.000   60.000
期待度数      10.000   10.000   10.000   10.000   10.000   10.000   60.000
期待比率       0.167    0.167    0.167    0.167    0.167    0.167    1.000

〈 適合度の検定 〉
χ2値＝6.40000 ( 自由度＝5 上側確率 P＝0.26922)
```

χ^2 分布表の見方

χ^2 分布表（上側確率）

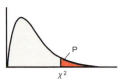

χ^2 分布表の見方

	0.1	0.05	0.01	0.001
1	2.706	3.841	6.635	10.828
2	4.605	5.991	9.210	13.816
3	6.251	7.815	11.345	16.266
4	7.779	9.488	13.277	18.467
5	9.236	11.071	15.086	20.515
...	...	...	...	...

	0.1	0.05	0.01	0.001
51	64.295	68.669	77.386	87.968
52	65.422	69.832	78.616	89.272
53	66.548	70.993	79.843	90.573
54	67.673	72.153	81.069	91.872
55	68.796	73.311	82.292	93.168
...	...	...	...	...

χ^2 分布は、データ数（自由度）よってその形状が異なり、表では特定の有意水準に対応した χ^2 の有意点が示されている。**各行の先頭に自由度**が、**各列の先頭に有意水準**（上側確率）が記され、この2つを指定して、χ^2 値を読み取る。

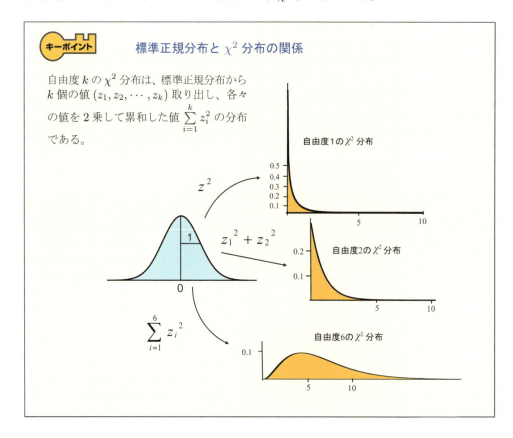

キーポイント　標準正規分布と χ^2 分布の関係

自由度 k の χ^2 分布は、標準正規分布から k 個の値 $(z_1, z_2, \cdots, z_k)$ 取り出し、各々の値を2乗して累和した値 $\sum_{i=1}^{k} z_i^2$ の分布である。

演習:12 日本における血液型の比率は、A型：O型：B型：AB型＝4:3:2:1 である。いま疾患Xの患者120名の血液型の分布を調べると次のようになった。出現度数の偏りの有意性を検定せよ。（解答は253頁）

血液型	A型	O型	B型	AB型	計
出現度数	38	42	34	6	120
期待度数					120

 χ² 検定統計量を χ² 分布で近似できるわけ

k 個のカテゴリーへの度数配置の偏り度：
$$\chi^2 = \sum_{i=1}^{k} \frac{(O_i - E_i)^2}{E_i}$$

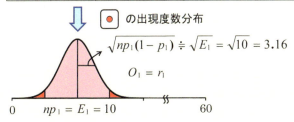

1の目の出現度数 r_1 の分布は $np_1 \geqq 10$ なので正規近似でき、任意の $r_1(O_1)$ を標準化すると

$$z_1 = \frac{r_1 - np_1}{\sqrt{np_1(1-p_1)}} \fallingdotseq \frac{O_1 - E_1}{\sqrt{E_1}} \quad \text{となり} \quad z_1^2 = \frac{(O_1 - E_1)^2}{E_1}$$

p_1 は小さいので、$\sqrt{np_1(1-p_1)} \fallingdotseq \sqrt{np_1} \fallingdotseq \sqrt{E_1}$

同様に2の目の出現度数 r_2 の分布を標準化すると $z_2 = \dfrac{(O_2 - E_2)^2}{E_2}$

他の目の出現度数 r_3, r_4, r_5, r_6 の標準化値 z_3, z_4, z_5, z_6 も同様で

$$\chi^2 = \Sigma \frac{(O_i - E_i)^2}{E_i} = z_1^2 + z_2^2 + \cdots + z_6^2 \quad \text{となり、} \chi^2 \text{分布の定義より、}$$

z スコアを2乗して足し合わせた値は χ^2 分布となる。

第 7 章
02　2要因の場合

χ^2 独立性検定（2×2 分割表検定）

観察した事象の出現度数を、2 つの要因 A、B の有無で集計し、2 要因に関連があるかを検定する。これには、要因 A を行方向に、要因 B を列方向に配置して、2×2 分割表の形で出現度数を分類集計する。そして、4 つのセルの出現度数と期待度数の差の総和を χ^2 という検定統計量で判定する。この検定法を χ^2 **独立性の検定** chi-square test for independence と呼ぶ。

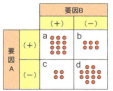

検定の手順

(1) **仮説の設定**：
　　帰無仮説 H_0：行・列の要因は独立である（4 つのセルの出現度数に関連はない）
　　対立仮説 H_1：行・列の要因は独立でない（4 つのセルの出現度数は関連がある）

(2) **検定統計量を求める**：
　　各セルの出現度数が、互いに独立していると仮定すると、各々の期待度数は総度数を $N = a + b + c + d$ とおくと、次のようになる。

a の期待度数 $Ea = \left(\dfrac{C_1}{N}\right) \times \left(\dfrac{R_1}{N}\right) \times N$

b の期待度数 $Eb = \left(\dfrac{C_2}{N}\right) \times \left(\dfrac{R_1}{N}\right) \times N$

c の期待度数 $Ec = \left(\dfrac{C_1}{N}\right) \times \left(\dfrac{R_2}{N}\right) \times N$

d の期待度数 $Ed = \left(\dfrac{C_2}{N}\right) \times \left(\dfrac{R_2}{N}\right) \times N$

	B_1	B_2		
A_1	a	b	a+b	R_1
A_2	c	d	c+d	R_2
	a+c	b+d	N	
	C_1	C_2		

これらから、期待度数と出現度数との偏りの程度を表す検定統計量 χ^2 を次の式で求める。

$$\chi^2 = \frac{(a-Ea)^2}{Ea} + \frac{(b-Eb)^2}{Eb} + \frac{(c-Ec)^2}{Ec} + \frac{(d-Ed)^2}{Ed}$$

この数式を整理すると、次式のような簡単な形（簡略式）となる。

$$\chi^2 = \frac{(ad-bc)^2(a+b+c+d)}{(a+b)(c+d)(a+c)(b+d)} = \frac{(ad-bc)^2 N}{R_1 \cdot R_2 \cdot C_1 \cdot C_2}$$

(3) **有意確率 P を求める**：
　　この χ^2 値は自由度 1 の χ^2 分布に従うことが知られ、これを利用して期待度数からの偏りの程度（有意確率）を求め、有意性を判定する。

(4) 判定：

自由度 1、有意水準 α の χ^2 値 (χ^2_α) と比較して、

$\chi^2 \leq \chi^2_\alpha$ のとき、行・列の 2 つの変数に関連があるとは言えない（判定保留）。

$\chi^2 > \chi^2_\alpha$ のとき、H_0 を棄却し、行・列の 2 つの変数に関連があると判断する。

例えば、肺癌が疑われた 36 名について、生活習慣調査をしたとしよう。この場合、2 つの要因があり、第 1 要因（列）が肺癌の有無、第 2 要因（行）が特定の生活習慣の有無（例えば、喫煙、甘党など）として、2 つの要因の関連性を検定するには、次のような表を作って、出現度数と期待度数の差異の程度を χ^2 という検定統計量を使って判断する。

$$\chi^2 = \sum \frac{(O_i - E_i)^2}{E_i} \quad \begin{array}{l} O_i = \text{出現度数} \\ E_i = \text{期待度数} \end{array}$$

肺癌と喫煙

$$\chi^2 = \frac{(12-8)^2}{8} + \frac{(6-10)^2}{10} + \frac{(4-8)^2}{8} + \frac{(14-10)^2}{10} = 7.2$$

肺癌と甘党

$$\chi^2 = \frac{(8-8)^2}{8} + \frac{(10-10)^2}{10} + \frac{(8-8)^2}{8} + \frac{(10-10)^2}{10} = 0.0$$

肺癌例の期待度数の算出法

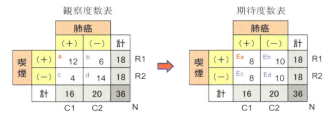

a の期待度数　$Ea = \left(\dfrac{C_1}{N}\right) \times \left(\dfrac{R_1}{N}\right) \times N = \dfrac{16}{36} \times \dfrac{18}{36} \times 36 = 8$

b の期待度数　$Eb = R_1 - Ea = 18 - 8 = 10$

c の期待度数　$Ec = C_1 - Ea = 16 - 8 = 8$

d の期待度数　$Ed = C_2 - Eb = 20 - 10 = 10$

$Ea \cdot Eb \cdot Ec \cdot Ed$ のすべてを計算しなくても、どれか一つがわかると、他は周辺度数から求まる

ある薬剤が、尿糖測定の偽陽性の原因になっていると考え、その薬剤の臨床治験で、薬剤投与群と偽薬群での尿糖陽性率を比較したところ次の結果を得た。2群の尿糖陽性率に差があると言えるか。

■出現度数

	薬剤群	偽薬群	
尿 +	a 18	b 6	R_1 24
糖 −	c 42	d 54	R_2 96
	C_1 60	C_2 60	N 120
陽性率	0.3	0.1	

⟹

■期待度数

	薬剤群	偽薬群	
尿 +	a 12	b 12	R_1 24
糖 −	c 48	d 48	R_2 96
	C_1 60	C_2 60	N 120
陽性率	0.2	0.2	

期待度数の計算方法

$$a = \left(\frac{C_1}{N}\right) \times \left(\frac{R_1}{N}\right) \times N = \left(\frac{60}{120}\right) \times \left(\frac{24}{120}\right) \times 120 = 12$$

$$b = \left(\frac{C_2}{N}\right) \times \left(\frac{R_1}{N}\right) \times N = \left(\frac{60}{120}\right) \times \left(\frac{24}{120}\right) \times 120 = 12$$

$$c = \left(\frac{C_1}{N}\right) \times \left(\frac{R_2}{N}\right) \times N = \left(\frac{60}{120}\right) \times \left(\frac{96}{120}\right) \times 120 = 48$$

$$d = \left(\frac{C_2}{N}\right) \times \left(\frac{R_2}{N}\right) \times N = \left(\frac{60}{120}\right) \times \left(\frac{96}{120}\right) \times 120 = 48$$

考え方

(1) **仮説の設定**：

H_0：薬剤投与群と偽薬群で尿糖の陽性率に差がない。
H_1：薬剤投与群と偽薬群で尿糖の陽性率に差がある。

(2) **検定統計量 χ^2 を求める**:

次のように、基本式と簡略式の結果は同じになる。

基本式 → $\chi^2 = \dfrac{(18-12)^2}{12} + \dfrac{(6-12)^2}{12} + \dfrac{(42-48)^2}{48} + \dfrac{(54-48)^2}{48} = 7.5$

簡略式 → $\chi^2 = \dfrac{(ad-bc)^2 N}{R_1 \times R_2 \times C_1 \times C_2} = \dfrac{(18 \times 54 - 6 \times 42)^2 \cdot 120}{24 \times 96 \times 60 \times 60} = 7.5$

(3) **有意確率と判定**：

自由度1、有意水準0.05のχ^2値は、3.841であるから、求めた $\chi^2 = 7.5 > \chi^2_{0.05} = 3.841$ となり、H_0を棄却、薬剤投与群と偽薬群で尿糖の陽性率に差がある（有意確率$P = 0.0062$）。

StatFlex での計算

手順：

1. 「統計」メニューの「計数値の検定」の「2 × 2 分割表」を選択する。
2. 出現度数のそれぞれのセルに **18**, **6**, **42**, **54** を入力する。
3. 「Fisher 両側確率」にチェックを入れ、「実行」ボタンをクリックする。
4. また、Yates 補正を行う場合には「Yates 補正」にチェックを入れ「実行」ボタンをクリックする。

計算結果：

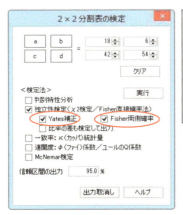
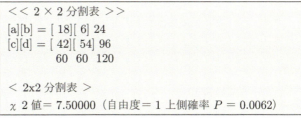

参考　2×2分割表検定は、比率の差の検定と同じ

比較する 2 つのカテゴリーの試行回数、出現度数を、各々 n_1, n_2, r_1, r_2 とすると、観察比率は $p_1 = \dfrac{r_1}{n_1}$, $p_2 = \dfrac{r_2}{n_2}$ となる。ここで、平均比率を $\hat{p} = \dfrac{r_1 + r_2}{n_1 + n_2}$ とすると、H_0 のもとでは $p_1 - p_2 = 0$ となり、その標準誤差は $s_{p_1 - p_2} = \sqrt{\hat{p}(1-\hat{p})\left(\dfrac{1}{n_1} + \dfrac{1}{n_2}\right)}$ の正規分布となる。

よって、次式により標準化して求める。ただし、データ数が大きく、各比率の分布が正規分布に近似していることが必要である。

$$z = \frac{(p_1 - p_2) - 0}{\sqrt{\hat{p}(1-\hat{p})\left(\dfrac{1}{n_1} + \dfrac{1}{n_2}\right)}}$$

左の例題の場合では、$n_1 = 60$、$n_2 = 60$、$r_1 = 18$、$r_2 = 6$ であり、観察比率はそれぞれ、$p_1 = 18/60 = 0.3$, $p_2 = 6/60 = 0.1$ となる。このとき、平均比率 $\hat{p} = \dfrac{18 + 6}{60 + 60} = 0.2$ となり、比率の差の標準誤差 $s_{p_1 - p_2} = \sqrt{0.2 \times (1-0.2) \times \left(\dfrac{1}{60} + \dfrac{1}{60}\right)} = 0.073$、比率の差を示す統計量 $z = \dfrac{(0.3 - 0.1) - 0}{0.073} = 2.74$ より、有意確率 $P = 0.00614$ となり、2 群の比率には有意な差があると判定できる。

■ 2×2 分割表を利用する上での注意点

期待度数が **10 以下**のセルがある場合は、χ^2 値が大きめに（有意確率が小さめに）算出されるとの批判から、下式の **Yates 連続補正**によって求めた χ^2 値が利用されることもある。[*8]

$$\chi^2 = \frac{(|ad-bc|-N/2)^2 N}{R_1 \cdot R_2 \cdot C_1 \cdot C_2}$$

さらに、**期待度数が 5 以下**のセルがある χ^2 検定では、より有意確率が低めに計算されるので、後述する **Fisher の直接確率計算法**を用いる（150 参照）。

Yates 連続補正

Yates 連続補正→

$$\chi^2 = \frac{(|ad-bc|-N/2)^2 N}{R_1 \cdot R_2 \cdot C_1 \cdot C_2} = \frac{(|9 \times 27 - 3 \times 21| - 60/2)^2 \cdot 60}{12 \times 48 \times 30 \times 30} = 2.604$$

$\chi^2 = 2.604$ に対する上側確率は $P = 0.107$

期待度数に 10 以下のセルがあるとして、Yates 連続補正を行う場合には、補正を行わない場合よりも偏りを表す χ^2 値は小さく（有意確率は大きく）なる。

[*8] Yates 連続補正の必要性に関しては、近年欧米の統計書において否定的見解のものが多い。詳しくは市原清志著「バイオサイエンスの統計学」p138. 南江堂 1990. を参照。

演習:13 前立腺癌の患者150名をランダムに2群に分けA、B2種の方法で治療した。一定期間後、両群の生存・死亡数を比較したところ次のようになった。治療法により生存率が異なると言えるか検定せよ。
（解答254頁）

■出現度数　　　　　　　　　　　　■期待度数を求めよ

治療法

	A	B	計
生存	55	35	90
死亡	20	40	60
計	75	75	150

⇒

治療法

	A	B	計
生存			90
死亡			60
計	75	75	150

$$\chi^2 = \frac{(\quad \times \quad - \quad \times \quad)^2 \times \quad}{\quad \times \quad \times \quad \times \quad} = $$

■判定：

Fisher の直接確率計算法

期待度数が 5 以下のセルがあるとき、χ^2 独立性検定では有意確率が低めに計算されてしまうため、その欠点を補う方法として利用される。

(1) **仮説の設定**：
　χ^2 検定と同じ

(2) **検定統計量 P を求める**：
　周辺度数を固定して、a b c d のみを変化させて、対角線上への偏りが**より著明となる場合を全て列挙する**。そして、次式により各々のパターンの生じる個別確率を計算し、それを全て足し合わせる。

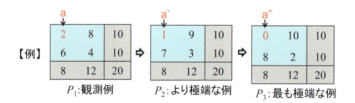

$$P_i = \frac{{}_{C_1}C_a \times {}_{C_2}C_b}{{}_N C_{R_1}} = \frac{C_1!\,C_2!\,R_1!\,R_2!}{N!\,a!\,b!\,c!\,d!}$$

この確率は、総度数 N から第 1 行を選ぶ組み合わせの中で、第 1 列から a 個取り、かつ第 2 列から b 個取り出す確率を意味する。なお、a,b,c,d は周辺度数が一定のとき、どれか一つ決まれば他は決まってしまうので、この確率はどの行列を中心に求めても同じことになる。

次に計算例を示す。観測した度数配置のうち **a** に着目し、より極端な例 **a'**、最も極端な例 **a"** を想定し、それぞれの生じる確率を求め累和する。

【例】 P_1：観測例　→　P_2：より極端な例　→　P_3：最も極端な例

上の例の場合

$$P_1 = \frac{10!\,10!\,8!\,12!}{20!\,2!\,8!\,6!\,4!} \qquad P_2 = \frac{10!\,10!\,8!\,12!}{20!\,1!\,9!\,7!\,3!} \qquad P_3 = \frac{10!\,10!\,8!\,12!}{20!\,0!\,10!\,8!\,2!}$$

$$P = P_1 + P_2 + P_3 \qquad P = 0.075 + 0.0095 + 0.00036 = 0.0849$$

(3) **判定**：有意水準を α としたときに

$P \geq \alpha$ のとき、度数配置に偏りがあるとは言えない（判定保留）
$P < \alpha$ のとき、帰無仮説 H_0 を棄却し、行、列によって度数配置に偏りがあると判定する。上記の例では、有意水準を $\alpha = 0.05$ とすると、$P \geq \alpha$ で H_0 を棄却できない。

Fisher の直接確率計算法の理論分布

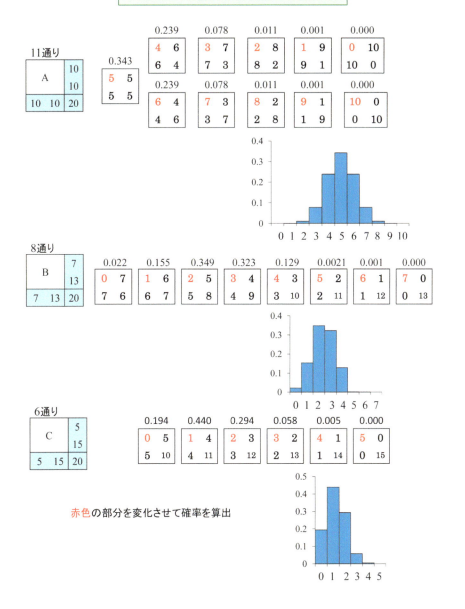

赤色の部分を変化させて確率を算出

> **ここがポイント！** Fisher の直接確率計算法では、周辺度数を固定して度数配置の偏りを判定する。周辺度数のバランスによって、両側確率で判定する場合と片側確率で判定する場合がある。

> **例題 30** 抗がん剤 A と B について再発率を調べたところ、次のような結果であった。抗がん剤 A と B に差があると判定してよいか。

■出現度数

	再発あり	再発なし	
抗がん剤 A	a 3	b 7	R_1 10
抗がん剤 B	c 7	d 3	R_2 10
	C_1 10	C_2 10	N 20

(1) **仮説の設定**：

H_0：抗がん剤 A と B に差がない。
H_1：抗がん剤 A と B に差がある。

(2) **確率の計算**：

データ数が少なく、期待度数に 5 以下のものがあるので、**Fisher の直接確率法**によって度数配置の偏りを調べる。

①周辺度数を変えずに度数配置の偏りがより多きくなるパターンを作成する。

3	7	10		2	8	10		1	9	10		0	10	10
7	3	10		8	2	10		9	1	10		10	0	10
10	10	20		10	10	20		10	10	20		10	10	20

P_1:観測例　　P_2:極端な例　　P_3:より極端な例　　P_4:最も極端な例

$$P_1 = \frac{10!10!10!10!}{20!3!7!7!3!} = 0.078$$

$$P_2 = \frac{10!10!10!10!}{20!2!8!8!2!} = 0.011$$

$$P_3 = \frac{10!10!10!10!}{20!1!9!9!1!} = 0.001$$

$$P_4 = \frac{10!10!10!10!}{20!0!10!10!0!} = 0.000$$

$$P = P_1 + P_2 + P_3 + P_4$$

$$P = 0.078 + 0.011 + 0.001 + 0.000 = 0.090 > 0.05$$

(3) **判定**：

H_0 を採択し、抗がん剤 A と抗がん剤 B の差はない。
(この例では、片側確率ですでに有意と判定されないので、両側確率で判定していない。)

第 8 章
独立多群間の比較

第8章 01 多群間の同時比較が必要な場合

　互いに独立の多群間で数値を比較する場合、2群ずつ比較する場合と、多群を一括して同時に比較する場合がある。どちらを使うかは、群分けにどのような意味合いがあるかに依存する。例えば下図右のような年齢という要因、試薬量という要因、季節という要因のように、**群分けが何らかの要因で系統的に行われている場合には、全群を一括して検定**し、その要因によって値が有意に変化しているかを調べる。ここで各計測値が正規分布とみなせる場合には、**一元配置分散分析**を、そうでない場合は、**Kruskal-Wallis 検定法**を用いる。

　これに対して、**多群（k 群）が互いに独立しており、群間に関連性（順序関係）や系統性がない場合は、2群ずつ総当たりで、k(k-1)/2 通り（${}_kC_2$）検定する**（全2群間多重検定）か、ある基準となる群を中心にそれとの差を k-1 通り検定（対照群との多重検定）する。なお、各群間に直線関係が認められる場合には相関と回帰によって解析することになる。

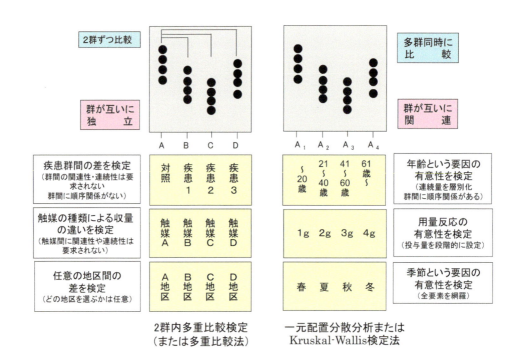

 互いに関連のある条件で群分けされている場合、多群同時比較法を利用

第8章 02 一元配置分散分析 (one-way ANOVA)

一元配置分散分析は、3つ以上の標本があり、いずれも同一の母集団から抽出された標本であるかを検定する。英語では one-way analysis of variance(ANOVA) と呼ばれる。実際上は、独立して得られた多群の計測値があり、各群の平均値がすべて等しいとみなせるかどうかを検定することになる。ただし、**各群がそれぞれ正規分布に従い、各々の分散（母分散）が均一とみなせることが前提**となっている。各群の分散の均一性は Bartlett 検定によって確認する。

検定の概念

一元配置分散分析と検定統計量 F（分散比）

もしも、各群が同じ母集団から抽出されたものとすると、**下図の左側の例のように、**各群の平均値（▲）のゆらぎは各群内のゆらぎと同程度となる。従って、**群間分散と群内分散は、理論的に同じ程度**の値になり、両者の比（**検定統計量 F**）は1前後の値になると期待される (等分散性の検定参照) 。これに対して、**右側の例では、各群内の分散が小さいことから、左側の例と同じ平均値であっても、群間のゆらぎが相対的に大きい**。従って、この場合には、群間分散と群内分散の比（検定統計量 F）は大きな値となる。この F 値が有意水準以上大きくなると、各群の中心位置のゆらぎは、偶然のものと考えにくく、同じ母集団から抽出されたものではないと判断する。

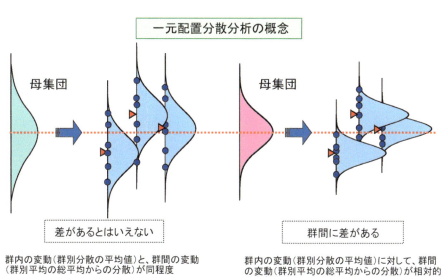

検定の手順

要因 A により分類（水準化）された k 群（A_1、A_2、$\cdots$、A_k）の計測値について、水準間に差があるかを検定する。なお、一元配置分散分析の前に、各群の分散が均一であるかを、後述する **Bartlett 検定**（170 頁参照）によって確認しておく。

(1) 仮説の設定

帰無仮説 H_0：各群は同一の母集団からの標本（要因 A の水準間に差はない）
対立仮説 H_1：各群は異なる母集団からの標本（要因 A の水準間に差がある）

実際には、k 群とも同じ母集団からの標本とみなせるかを検定するため、群間の変動の大きさ（群間分散）と群内の変動の大きさ（群内分散）を比較する。

(2) 検定統計量を求める：分散分析表の作成

計測値の群間分散（要因 A の水準間変動）と群内分散（誤差変動）を計算して、その比 F を検定統計量とする。

① 群間変動（要因 A による変動）を求める。
- 群間の偏差平方和 S_A を求める。

$$S_A = \sum_{i=1}^{k} n_i (\bar{x}_i - \bar{\bar{x}})^2 \quad \longleftarrow \text{群別平均 }(\bar{x}_i)\text{ の総平均 }(\bar{\bar{x}})\text{ からの偏差平方和}$$

- 群間分散 $s_A{}^2$ を求める：S_A を自由度 $df_A =$ 群数 $- 1 = k - 1$ で割る。

$$s_A{}^2 = \frac{S_A}{df_A} = \frac{\sum_{i=1}^{k} n_i (\bar{x}_i - \bar{\bar{x}})^2}{k - 1}$$

② 群内変動（誤差変動）を求める。
- 群内の偏差平方和 S_E を求める。

$$S_E = \sum_{i=1}^{k} \sum_{j=1}^{n_i} (x_{ij} - \bar{x}_i)^2 \quad \longleftarrow \text{群別平均 }(\bar{x}_i)\text{ からの偏差平方和を }k\text{ 群について累和}$$

- 群内分散 $s_E{}^2$ を求める：S_E を自由度 $df_E = \sum_{i=1}^{k} (n_i - 1) = N - k$ で割る。

$$s_E{}^2 = \frac{S_E}{df_E} = \frac{\sum_{i=1}^{k} \sum_{j=1}^{n_i} (x_{ij} - \bar{x}_i)^2}{N - k}$$

③分散分析表にまとめて、分散 $s_A{}^2$、$s_B{}^2$ の比から、検定統計量 F を求める。

分散分析表

	偏差平方和	自由度	分散 (平均平方)	F 値
群間変動	S_A	$df_A = k - 1$	$s_A{}^2 = \dfrac{S_A}{df_A}$	$F = \dfrac{s_A{}^2}{s_E{}^2}$
群内変動	S_E	$df_E = N - k$	$s_E{}^2 = \dfrac{S_E}{df_E}$	
総変動	S_T	$N - 1$		

上の表で総変動の平方和 $S_T = \sum_{i=1}^{k} \sum_{j=1}^{n_i} (x_{ij} - \bar{\bar{x}})^2$ には、$S_T = S_A + S_E$ の関係があり、検算として利用できる。

(3) **有意確率と判定**：

観察された F 値は、自由度 $df_A = k - 1$、$df_E = N - k$ の F 分布に従うことを利用して、有意確率を求める。F 分布表を見る場合は、有意水準 α の F 値 (F_α) を調べ、それと F 値を比較して判定する。

$F \leqq F_\alpha$：要因 A の水準間で、計測値に差はない（判定保留）

$F > F_\alpha$：要因 A の水準間で、計測値に差がある（H_0 を棄却し、H_1 を採用）

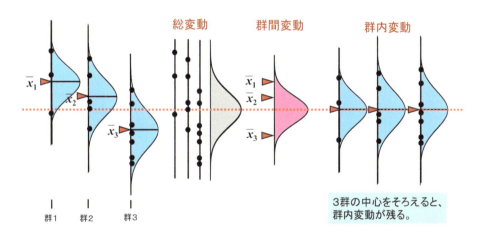

群間変動と群内変動の図解

$$F = \frac{\text{群間分散}}{\text{群内分散}} = \frac{s_A{}^2 / df_A}{s_E{}^2 / df_E}$$

この分散比 F が群間の偏りの程度を表す。

08-02 一元配置分散分析(one-way ANOVA)

> **例題 31**　十二指腸の上部、中部、下部に分けて、上皮細胞の中で発現している遺伝子Xのレベル（mRNA）を比較し次の結果を得た。臓器の部位によって、Xの発現量に差があると言えるか？

	上部	中部	下部
	9	16	14
	12	17	15
	15	20	18
		23	21
		24	
データ数	3	5	4
平均値	12	20	17
分散	9	12.5	10

総平均=17

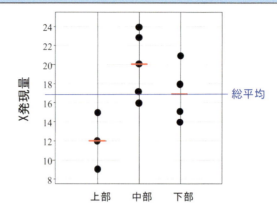

考え方

一元配置分散分析は、各群の分散が均一であることを前提としているため、後述の Bartlett 検定（170頁参照）による各群の分散の均一性について確認が必要である。

(1) **仮説の設定**：

臓器の部位によって、Xの発現量に差はない（帰無仮説 H_0）
→ 3群は同一の母集団から得られた標本であると仮定する。

(2) **検定統計量を求める**：

仮説が正しければ、群間のバラツキと群内のバラツキは同程度になる。
　→ 群間分散と群内分散の比を求め、これを検定統計量 F とする。

群間変動の偏差平方和：
$$S_A = \sum_{i=1}^{k} n_i (\bar{x}_i - \bar{\bar{x}})^2$$
$$= 3 \times (12-17)^2 + 5 \times (20-17)^2 + 4 \times (17-17)^2$$
$$= 3 \times 25 + 5 \times 9 + 4 \times 0 = 120$$

群内変動の偏差平方和：
$$S_E = \sum_{i=1}^{k} \sum_{j=1}^{n_i} (x_{ij} - \bar{x}_i)^2$$
$$= [(9-12)^2 + (12-12)^2 + (15-12)^2] +$$
$$[(16-20)^2 + (17-20)^2 + (20-20)^2 + (23-20)^2 + (24-20)^2] +$$
$$[(14-17)^2 + (15-17)^2 + (18-17)^2 + (21-17)^2]$$
$$= (9 + 0 + 9) + (16 + 9 + 0 + 9 + 16) + (9 + 4 + 1 + 16)$$
$$= 98$$

または各群の分散から求めると、
$$S_E = \sum_{i=1}^{k}(n_i - 1) \cdot s_i^2 = 2 \times 9 + 4 \times 12.5 + 3 \times 10 = 98$$

総変動の偏差平方和：
$$S_T = \sum_{i=1}^{k}\sum_{j=1}^{n}(x_{ij} - \bar{\bar{x}})^2$$
$$= (9-17)^2 + (12-17)^2 + (15-17)^2 +$$
$$(16-17)^2 + (17-17)^2 + (20-17)^2 + (23-17)^2 + (24-17)^2 +$$
$$(14-17)^2 + (15-17)^2 + (18-17)^2 + (21-17)^2$$
$$= 218$$

分散分析表

変動要因	偏差平方和	自由度	分散 (平均平方)	分散比 F
群間変動	120	2	$s_A^2 = 60$	$\dfrac{s_A^2}{s_E^2} = 5.51$
群内変動	98	9	$s_E^2 = 10.9$	
総変動	218	11		

(3) 有意確率と判定

F 分布より自由度 $df_A = 2$、$df_E = 9$、有意水準 $\alpha = 0.05$ の F 値 (F_α) を調べると、$F_\alpha = F(2,\ 9:\ 0.05) = 4.26$

よって $F = 5.51 > F_\alpha(0.05) = 4.26$ から群間分散は群内分散より有意に大きい（臓器の部位によって、X の発現量に差がある）と判定 ($P < 0.05$)。

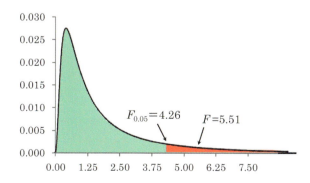

StatFlex での計算

手順：

1. サンプルファイル「例題 31_1 元配置分散分析例題.SFD」を開く。
2. 「統計」メニューの「独立群間の比較」の「多群同時比較」を選択する。
3. 一元配置分散分析にチェックを付けて「OK」ボタンを押す。

計算過程と結果：

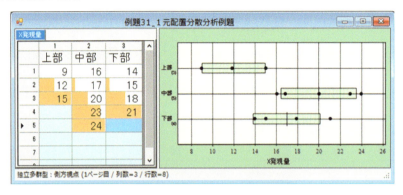

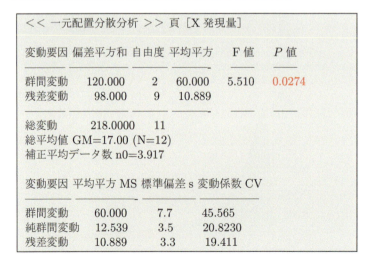

分散分析を利用した日間 CV、日内 CV の求め方

臨床検査では、日々の測定値の安定性を管理するために、同一の管理試料を繰り返し測定し、そのバラツキがモニターされている。**一元配置分散分析**を使えば、そのデータから日間変動や日内変動を計算できる。すなわち、分散分析で日間分散 $s_{日間}{}^2$ と日内分散 $s_{日間}{}^2$ を求め、その平方根をとって標準偏差の形で表すか、CV の形で変動の大きさを求めることができる。

ただ、下図に示すように、**日間変動には日内変動が含まれている**。正しくは、それを除いた**純粋な日間変動**（分散で表すと $s_{純日間}{}^2$）を、次の公式に従って求める。

$$s_{日間}{}^2 = s_{日内}{}^2 + n_0 \cdot s_{純日間}{}^2$$

ここに、n_0 は一日当たりの平均的な反復測定数に相当し、

$$n_0 = \frac{1}{k-1} \cdot \left(N - \frac{\sum_{i=1}^{k} n_i^2}{N} \right)$$

として求める。

k は調べた日数で、日内分散の影響を取り除いた純粋な日間分散の大きさは、

$$s_{純日間}{}^2 = \frac{s_{日間}{}^2 - s_{日内}{}^2}{n_0}$$

として求まる。

なお、$s_{日間}{}^2 < s_{日内}{}^2$ ということがあり得るので、この場合、計算上 $s_{純日間}{}^2$ は負の値を取るため、0.0 とする。ただし、実際上はこのような難解な計算しなくても、n_0 を単純に反復回数の平均値 $\frac{\sum n_i}{k}$ としてもほとんど差がない。なお、各日の反復測定数が n で等しいときは $n_0 = n$ となる。

総変動 ＝ 日間変動 ＋ 日内変動

n は日内の平均反復測定数

日間変動 ＝ n × 純粋な日間変動 ＋ 日内変動

∴ 純粋な日間変動 ＝ $\dfrac{日間変動 - 日内変動}{n}$

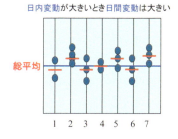

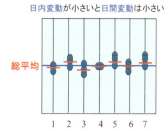

日間変動には、日内変動が含まれているので純粋な日間変動を求める必要がある

08-02 一元配置分散分析(one-way ANOVA)

> **例題 32** 新しい測定法の基礎検討で、4日間管理用試料を反復測定し次のデータを得た。これから、日内 CV、純日間 CV を計算せよ。

	測定日			
	第1日	第2日	第3日	第4日
	32	32	37	35
	33	34	35	35
	34		33	
$n_i =$	3	2	3	2
$\bar{x}_i =$	33	33	35	35
$s =$	1	1.414	2	0

総平均値 $= \bar{\bar{x}} = 34.0$
測定日数 $k = 4$

解き方

日間偏差平方和 $S_{日間} = \sum n_i \cdot (\bar{x}_i - \bar{\bar{x}})^2$
$= \underline{3} \cdot (33-34)^2 + \underline{2} \cdot (33-34)^2 + \underline{3} \cdot (35-34)^2 + \underline{2} \cdot (35-34)^2 = \boxed{10.0}$

日内偏差平方和 $S_{日内} = \sum\sum (x_{ij} - \bar{x}_i)^2$
$= (32-33)^2 + (33-33)^2 + (34-33)^2 +$
$(32-33)^2 + (34-33)^2 +$
$(37-35)^2 + (35-35)^2 + (33-35)^2 +$
$(35-35)^2 + (35-35)^2 = \boxed{12.0}$

この計算結果を次のように分散分析表に整理する。

	偏差平方和 S	自由度 df	平均平方 s^2	F 値	確率
日間変動	10.00	3	3.33	1.667	0.271
日内変動	12.00	6	2.00		
総変動	22.00	9			

日間分散 $s_{日間}^2 = \dfrac{S_{日間}}{k-1} = \dfrac{10.00}{3} = \boxed{3.33}$

日内分散 $s_{日内}^2 = \dfrac{S_{日内}}{\sum(n_i-1)} = \dfrac{12.00}{6} = \boxed{2.00}$

純日間分散 $s_{純日間}^2 = \dfrac{(s_{日間}^2 - s_{日内}^2)}{n_0} = \dfrac{3.33 - 2.00}{2.47} = \boxed{0.54}$

ここに、平均反復測定数を n_0 とすると、

$n_0 = \dfrac{1}{k-1}\left(\sum n_i - \dfrac{\sum n_i^2}{\sum n_i}\right) = \dfrac{1}{3}\left(10 - \dfrac{26}{10}\right) = \boxed{2.47}$

$CV_{日内} = \dfrac{s_{日内}}{\bar{\bar{x}}} \times 100 = \dfrac{\sqrt{2.0}}{34.0} \times 100 = \boxed{4.16}$

$CV_{純日間} = \dfrac{s_{純日間}}{\bar{\bar{x}}} \times 100 = \dfrac{\sqrt{0.54}}{34.0} \times 100 = \boxed{2.16}$

演習:14 ラットに各種騒音レベルを暴露した時の血漿副腎皮質ホルモンの結果である。暴露騒音レベルによってホルモン量に差があると言えるか検定せよ。（解答 255 頁）

	60dB	70dB	80dB	90dB
	14	19	24	23
	19	20	30	25
	17	26	31	29
	19	28	39	33
	20	29	40	34
	21	30	40	35
	25	37	41	38
	27		43	39
	28			
	30			
n	10	7	8	8
平均	22	27	36	32
SD	5.23	6.16	6.76	5.83

総平均 = 28.9

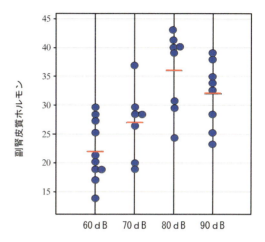

 演習:15 ある免疫化学検査の測定系の基礎検討で、同一の管理用試料を1日当たり4〜6回測定し、次のデータを得た。日内標準偏差 ($s_{日内}$) と純日間標準偏差 ($s_{純日間}$) を求め、それぞれの大きさを CV で表せ。（解答 257 頁）

	測定日通番			
	1	2	3	4
	4.90	5.10	5.30	4.90
	5.10	5.40	5.20	4.80
	5.20	5.40	4.90	5.00
	4.80	5.50	5.10	4.60
	4.70		4.80	5.00
			4.60	4.80
$n=$	5	4	6	6
$\bar{x}=$	4.94	5.35	4.98	4.85
$s=$	0.21	0.17	0.26	0.15

第8章 03 Kruskal-Wallis検定

Kruskal-Wallis検定は、独立して抽出された多群のデータの配置に偏りがないかを調べる方法である。一元配置分散分析の場合には、(1) 各群のデータが正規分布と見なせること[*8]、および (2) 各群の分散を均一とみなせることが要求されたが、この方法は、そのような条件が満たされていない場合にも適用できる。

検定の概念

Kruskal-Wallis検定では、k個の群間でデータの配置に偏りがあるかを、**検定統計量H**で判定する。

Hを求めるには、群の区別をせず、全データを数値の小さい順（または大きい順）に順位を付ける。そして各群に割り振られた順位の合計（順位和R_i）を求める（$i=1, 2, \cdots k$）。

いま、群間に差がない場合には、各群の順位和はほぼ等しくなり、Kruskal-Wallis検定の統計量Hの公式に当てはめると、Hの**最小値は0**となる。

一方、明らかに群間に差がある場合には、順位和に大きな偏りを生じ、検定統計量Hを求めると、Hは7.2と最大の値になる。これは、Hを求める公式の中でR_i^2が計算され、R_iが一様な場合より、偏っている場合の方が、Hが大きく計算されるためである。

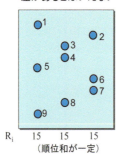

$$\sum \frac{R_i^2}{n_i} = \frac{15^2}{3} + \frac{15^2}{3} + \frac{15^2}{3} = 225$$

$$H = \frac{12}{9 \times 10} \times 225 - 3 \times 10 = 0 \text{（最小）}$$

$$\sum \frac{R_i^2}{n_i} = \frac{6^2}{3} + \frac{15^2}{3} + \frac{24^2}{3} = 279$$

$$H = \frac{12}{9 \times 10} \times 279 - 3 \times 10 = 7.2 \text{（最大）}$$

$$H = \boxed{\frac{12}{N(N+1)}} \boxed{\sum_i^k \frac{R_i^2}{n_i}} - 3(N+1)$$

ただし、□はχ^2分布に近似させるための補正項で、□が、群間の偏りを表す部分である。**群間の偏りが大きいほど、検定統計量Hの値は大きくなる。**

[*8] 計測値が順序尺度で大まかに計測されている場合、データは正規分布とは見なせないので、厳密には一元配置分散分析の適用は不適切となる。

検定の手順

要因 A により分類された k 群のデータ間で、測定値に差があると言えるか？

(1) **仮説の設定**:

帰無仮説 H_0：測定値の配置に群間差がない。
対立仮説 H_1：測定値の配置に群間差がある。

(2) **検定統計量を求める**:

① 全群のデータを一まとめにして 1 番から N 番（$N =$ データ総数）まで順位を付ける。同順位には平均の順位を割り振る。

② 群ごとに順位の合計 R_i を求める。

③ Kruskal-Wallis 検定の統計量 H を計算する。

$$H = \frac{12}{N(N+1)} \sum_i^k \frac{R_i^2}{n_i} - 3(N+1)$$

(3) **有意確率 P を求める**:

H の有意性を示す確率 P の大きさは、

① $k = 3$ かつ $N \leq 17$ の場合、Kruskal-Wallis 検定表の有意水準 α に対する H 値と比較する。

② 他の場合は、H が近似的に自由度 $k - 1$ の χ^2 分布に従うので、χ^2 分布表で、有意水準 α に対する χ^2 値と比較する。

(4) **判定**：各表の有意水準 α に対する値 H と比較し、

$P \geq \alpha$：群間差はない（判定保留）
$P < \alpha$：群間差があると判定し、H_0 を棄却し、H_1 を採用

注 1: 同順位が多いとき、厳密には H 値の補正が必要であるが、通常統計ソフト側で対応している。

Kruskal-Wallis検定

●小標本の場合 ($k = 3$ かつ $N \leq 17$)

> **例題 33**　ある純系動物を3群に分け、10℃, 20℃, 30℃の3つの温度で飼育しカテコラミン代謝物である尿中のメタネフリンを測定した。まずデータの配置を図示し、以下の問いに答えよ。

10℃	20℃	30℃
1.45	0.38	0.52
0.68	0.34	0.43
0.47	0.20	0.33
0.42	0.13	0.19
0.35		

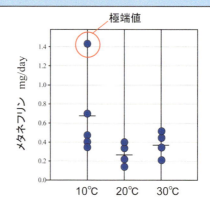

1) この実験では、2群ずつ3通りに検定するよりは、ひとまとめに検定する方がよい。その理由は？
   　群の分け方に順序関係（温度による大小関係）があり、温度と計測値の全体としての関連性を調べるのが目的であるため。

2) このデータでは、一元配置分散分析よりも、ノンパラメトリック法のKruskal-Wallis検定を用いる方がよい。その理由は？
   ・10℃の群に極端値があることと、群によってバラツキが異なっているため。
   ・一元配置分散分析を使うかの判断は、厳密には、**Bartlett検定**により群間分散を均一とみなせるかを調べておく必要がある。

3) Kruskal Wallis検定のため、値の大きなものから小さいものへ順位を付け、各群の順位和 R_i を求めよ。

	10℃	20℃	30℃
	1	7	3
	2	9	5
	4	11	10
	6	13	12
	8		
R_i	21	40	30

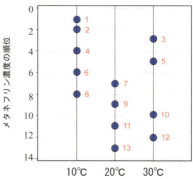

・小さい方から順に番号を付けても、H の値は同じになる。
・順位に変換すると、極端値の影響が無くなり、群間のバラツキの差が解消されている。

4) これから、検定統計量 H を求め、判定せよ。

$$H = \frac{12}{N(N+1)} \sum_{i=1}^{k} \frac{R_i^2}{n_i} - 3(N+1)$$

$$= \frac{12}{13(13+1)} \left(\frac{21^2}{5} + \frac{40^2}{4} + \frac{30^2}{4} \right) - 3(13+1) = 5.024$$

Kruskal Wallis 統計表から、$n_1 = 5$, $n_2 = 4$, $n_3 = 4$ のとき $P < 0.05$ となる検定統計量 H 値の有意点は 5.657 である。

従って、このデータの H 値は 5.024 で、それより小さいので、
$H = 5.024 < H(0.05) = 5.657 \therefore P > 0.05$

仮説 H_0 を棄却できず、3 つの飼育温度間で、尿中メタネフリン濃度には差があるとはいえない(判定保留)。

StatFlex での計算

手順:

1. サンプルファイル「例題 33_Kruskal-Wallis 例題.SFD6」を開く。
2. 「統計」メニューの「独立群間の比較」の「多群同時比較」を選択する。
3. Kruskal-Wallis 分析にチェックを付けて「OK」ボタンを押す。

計算過程と結果:

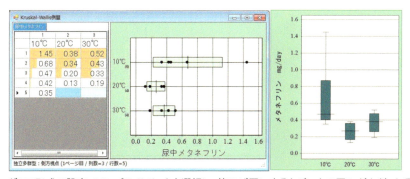

グラフ形式の設定でノンパラメトリックを選択し、箱ひげ図にするとデータの歪みがよくわかる

```
<< Kruskal-Wallis 検定 >> 頁 [尿中メタネフリン]

H値 = 5.024176  (NS:統計表より) (k=3, n= 5, 4, 4)
N=13
有意確率に対する H 値 (Kruskal-Wallis 検定表)
P < 0.05 : H=5.657
P < 0.01 : H=7.76
```

Kruskal-Wallis 検定の統計量 H の理論分布

＜$n_1=2, n_2=2, n_3=1$ の場合＞　${}_5C_2 \times {}_3C_2 = 30$ 通り

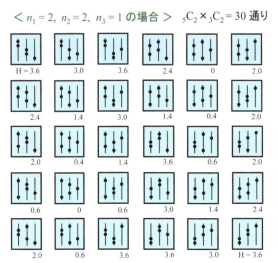

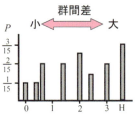

3群の位置関係がランダムとすると、30通りの組み合わせがあり、各々について、統計量Hを求めた。

Hの取りうる値の範囲は0.0～3.6であり、これが、群間に差がない場合のHの理論分布に相当する。

群間差が最大値となる場合が、3通り(1/5=0.2)あり、有意差検定はこのデータ数では成立しない。

＜$n_1=2, n_2=2, n_3=2$ の場合＞

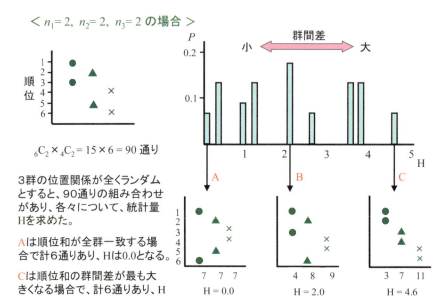

${}_6C_2 \times {}_4C_2 = 15 \times 6 = 90$ 通り

3群の位置関係が全くランダムとすると、90通りの組み合わせがあり、各々について、統計量Hを求めた。

Aは順位和が全群一致する場合で計6通りあり、Hは0.0となる。

Cは順位和の群間差が最も大きくなる場合で、計6通りあり、Hは4.6となる。

最も極端な $H=4.6$ が起こる確率は、6/90 = 0.067 であり、このデータ数でも Kruskal-Wallis 検定は成立しない。一般にデータ数が $n_1=2, n_2=2, n_3=3$ 以上あれば $P<0.05$ となる H が存在し、検定が成立する。

例題 34 袋に赤青黄3色のチップを入れ、順番に取り出す実験を行った。次の問いに答えよ。

順位	1	2	3	4	5	6	7	8	9	10	11	12
赤●チップ	●	●			●				●			
青▲チップ			▲	▲				▲		▲		
黄■チップ						■	■				■	■

1) ある人が上のパターンを得た。偏りを示す統計量 H を計算し、統計表の臨界値と比較せよ。

まず、チップの種類ごとに順位和を計算する。

順位	1	2	3	4	5	6	7	8	9	10	11	12	順位和
赤●チップ	1	2			5				9				17
青▲チップ			3	4				8		10			25
黄■チップ						6	7				11	12	36

次に、計算式に従って検定統計量 H を計算する。

$$\sum \frac{R_i^2}{n_i} = \frac{17^2}{4} + \frac{25^2}{4} + \frac{36^2}{4} = 552.5 \qquad H = \frac{12}{12 \times 13} \times 552.5 - 3 \times 13 = 3.5$$

統計表より、$P = 0.05$ となる H の値は 5.692 であり、計算された H はこれより小さいため、チップの出方に偏りがあるとはいえない(判定保留)。

2) 統計量 H が最小および最大となるパターンはどのようなものか?

H の最小値は 0 で、次のようなパターンが考えられる。

順位	1	2	3	4	5	6	7	8	9	10	11	12	順位和
赤●チップ	●					●	●					●	26
青▲チップ		▲			▲			▲		▲			26
黄■チップ			■	■					■		■		26

また、次のようなパターンで、検定統計量 H 値が 9.846 になり最大となる。

順位	1	2	3	4	5	6	7	8	9	10	11	12	順位和
赤●チップ	●	●	●	●									10
青▲チップ					▲	▲	▲	▲					26
黄■チップ									■	■	■	■	42

分散の均一性の検定（Bartlett 検定）

各群の分散が均一とみなせるかを検定する。関連多群型のデータにも適用でき、その場合、行・列2方向に検定できる。この検定は、分散分析を実施する前に確認しておくべきものである。

検定の手順

(1) **仮説の設定**

帰無仮説 H_0：各群の分散は均一である。

対立仮説 H_1：各群の分散は不均一である。

(2) **統計量を求める**

①分散の偏り度 M を求める（対数は自然対数）。

$$M = (N-k) \cdot log(s_E{}^2) - \sum_{i=1}^{k}(n_i - 1)log(s_i^2)$$

$$s_E{}^2 = \frac{\sum_{i=1}^{k}(n_i - 1) \times s_i^2}{N-k} \quad 群内分散 \Longleftarrow 一元配置分散分析から求まる。$$

②データに対する補正係数 C を求める。

$$C = 1 + \frac{1}{3(k-1)}\left(\sum_{i=1}^{k}\frac{1}{n_i - 1} - \frac{1}{N-k}\right)$$

測定値	データ数	分散
A_1 ○○○	n_1	s_1^2
A_2 ○○○	n_2	s_2^2
・	・	・
・	・	・
A_k ○○○	n_k	s_k^2
	N	

③ M を C で割って偏り度を標準化する。

$$\chi^2 = \frac{M}{C}$$

検定統計量 χ^2 の求め方：

要因 A により分類された k 群について、各群のデータ数を n_i, 分散を s_i^2 とし、データ総数を N とする。

(3) **判定**

この χ^2 値の有意性は自由度を $k-1$ として χ^2 分布表から判定する。有意水準 α に対する有意点を χ_α^2 とすると、

$\chi^2 \leqq \chi_\alpha^2$ のとき、分散が不均一であるとは言えない（判定保留）。

$\chi^2 > \chi_\alpha^2$ のとき、分散が不均一であると判定する。

■**例題 33 のデータ**について、Bartlett 検定を行うと次のようになる。

1) **仮説の設定**： H_0 各群の分散は均一

2) **統計量を求める**：
　データ総数: N=13 群数: k=3

	n	$\bar{x}$	s	s^2
10 ℃	5	0.6740	0.451	0.2033
20 ℃	4	0.2625	0.117	0.0138
30 ℃	4	0.3675	0.142	0.0200

群内分散 $s_E{}^2 = \dfrac{(5-1) \times .2033 + (4-1) \times .0138 + (4-1) \times .0200}{13-3} = .0915$

偏り度 $M = (13-3)\log(.0915) - ((5-1)\log(.2033) + (4-1)\log(.0138) + (4-1)\log(.0200))$
$\quad = 7.049$

補正係数 $C = 1 + \dfrac{1}{3(3-1)} \left(\dfrac{1}{5-1} + \dfrac{1}{4-1} + \dfrac{1}{4-1} - \dfrac{1}{13-3} \right) = 1.136$

$\chi^2 = \dfrac{M}{C} = \dfrac{7.049}{1.136} = 6.204$

3) **判定**：χ^2 分布で自由度 2、有意水準 0.05 の χ^2 値は 5.99。
　∴ 分散が均一とは言えない（$P < 0.05$）

演習:16 　17 名の女性で、ある生化学検査を行い、それを年齢別に整理した。検査値に年齢差があると言えるか？ 小さいものから順に番号を付けて Kruskal-Wallis 検定で判定せよ。（解答 258 頁）

20代	30代	40代
136	142	158
138	150	172
142	155	180
148	170	215
156	188	220
	190	240

$\Rightarrow$ 大きさ順に並べ換え

20代	30代	40代

08-03　Kruskal-Wallis検定

一元配置分散分析法の制約とKruskal-Wallis検定との使い分け

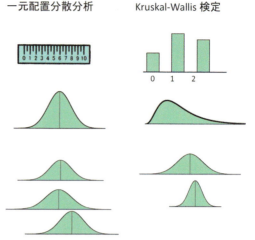

＜一元配置分散分析の制約＞
1) 連続尺度
　名義尺度や順序尺度で計測されたデータは分布の正規性という観点から相応しくない[注1]。

2) 分布の正規性
　検定統計量tに対する有意確率Pは計測値の分布が正規分布であることを前提としている[注2]。

3) 等分散性（F検定）
　各群の標本分散が有意に異なれば、同じく統計量Fの有意確率Pの妥当性が失われる。通常Bartlett検定で分散の均一性を検定する。

> 一方、Kruskal-Wallis検定の場合、データを順序尺度で分析するので、**分布型に依存しない**。しかも、正規分布でない場合には、一般に一元配置分散分析よりも**検出力が高い**[注3]。また、分散の均一性を考慮せずに利用できる[注4]。これらの特性から、**分布型形状が不明な場合には、Kruskal-Wallis検定が第一選択となる**。

注1　同じ順序尺度でも、多段階（5段階以上）で計測されておれば、検定統計量Fの有意確率に偏りを生じにくく、一元配置分散分析法を利用しうる。

注2　正規性の仮定は名目上のことで、通常厳密に検定（歪度検定、尖度検定、χ^2適合度検定など）されることはない（204頁参照）。

注3　検出力とは、有意差検定において、同じ大きさの差を有意と判定するのに必要なデータ数をさす。より少ないデータ数で差を検出できる検定法のほうが、検出力が高い。

注4　通常Bartlett検定を行って、分散の均一性が否定されず、分布の正規性を仮定できる場合には一元配置分散分析法を利用する。逆に、分散の均一性が否定された場合には、Kruskal-Wallis検定を利用する。この場合、多群の位置関係に有意差はないと判定されたとしても、いずれかの群は少なくとも分布の広がり（形状）という観点で異なる母集団から取られたと判定されたことになる。

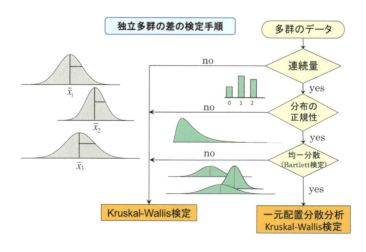

第 9 章

相関と回帰直線

第9章 01 相関係数

相関係数 r(correlation coefficient) は2つの変量 x, y の関連の強さを表す指標で、-1.0 から 1.0 の間の値を取る。医療分野での相関の例をいくつか挙げる。

例 **A** のように $n = 275$ 人について、収縮期圧（最高血圧）と拡張期圧（最低血圧）の関係を調べると、収縮期圧 (y) の高い人は拡張期圧 (x) が高く、逆に収縮期圧の低い人は拡張期圧が低い。これを**正の相関**と呼ぶ（$r = 0.645$）。

同じく例 **B** のように、血液のヘモグロビン（Hb）とヘマトクリット（Ht: 赤血球容積率）の関係を多数の人について調べると、**より強い正の相関**を認める（$r = 0.952$）。

一方、例 **C** のように、善玉のコレステロールとされる HDL-コレステロールの値 (y) は、肥満の程度と逆の関係にあり、肥満度（body mass index: BMI）(x) が強いと、HDL-コレステロールは低下し、**負の相関**（逆相関）を認める（$r = -0.315$）。

なお、2つの間に全く**関連がない**と相関係数は、**0 に近い値**をとる。例えば、例 **D** のように、血清中の総蛋白濃度 (y) は年齢 (x) との関連が乏しく、両者の関係は**無相関**と呼ぶ（$r = -0.016$）。

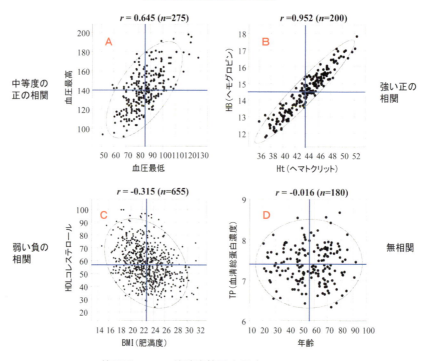

相関係数と散布図

楕円は、95%等確率楕円を示す

相関係数の定義

相関（2つの**変量**の関連の強さ）は、変量 x, y の偏差積和（共変動）、すなわち、$\sum(x_i - \bar{x})(y_i - \bar{y})$ の大きさにより決まる。それを、x の偏差平方和（変動）$\sum(x_i - \bar{x})^2$ と y の偏差平方和（変動）$\sum(y_i - \bar{y})^2$ の値で標準化した値が相関係数 r である。r は、変量 x, y の計測単位に依存せず、常に -1.0 から 1.0 の間の値を取る。ここに $\bar{x}$, $\bar{y}$ は各変量の平均値である。

いま x, y について、n 組のデータがある場合、相関係数は次のように表せる。

$$r = \frac{x, y \text{ の共変動}}{\sqrt{x \text{ の変動} \times y \text{ の変動}}} = \frac{S_{xy}}{\sqrt{S_{xx} \times S_{yy}}} = \frac{\sum_{i=1}^{n}(x_i - \bar{x})(y_i - \bar{y})}{\sqrt{\sum_{i=1}^{n}(x_i - \bar{x})^2 \times \sum_{i=1}^{n}(y_i - \bar{y})^2}}$$

この方式で計算される相関係数は、**単相関係数 (simple correlation coefficient)** または、考案者の名前を取って、**Pearson の相関係数**とも呼ばれる。

基本事項　　　**相関・回帰の基本演算**

相関係数や次項の回帰直線では、次の3つの偏差和に関する統計量 S_{xx}, S_{yy}, S_{xy} を使うと、多くの公式や統計量を簡単に形で表現できる。また、計算も単純化されるので是非覚えよう。

x の偏差平方和　$S_{xx} = \sum_{i=1}^{n}(x_i - \bar{x})^2 = \sum_{i=1}^{n} x_i^2 - (\sum_{i=1}^{n} x_i)^2 / n$

y の偏差平方和　$S_{yy} = \sum_{i=1}^{n}(y_i - \bar{y})^2 = \sum_{i=1}^{n} y_i^2 - (\sum_{i=1}^{n} y_i)^2 / n$

x, y の偏差積和　$S_{xy} = \sum_{i=1}^{n}(x_i - \bar{x})(y_i - \bar{y}) = \sum_{i=1}^{n} x_i y_i - (\sum_{i=1}^{n} x_i)(\sum_{i=1}^{n} y_i) / n$

これを使えば、次の統計量を簡単な式で表現できる。

回帰直線の傾き　$\Longrightarrow$　$b = \dfrac{S_{xy}}{S_{xx}}$

回帰直線の切片　$\Longrightarrow$　$a = \bar{y} - b\bar{x}$

回帰直線の周りの標準偏差　$\Longrightarrow$　$s = \sqrt{\dfrac{S_{yy} - bS_{xy}}{n-2}}$

相関係数　$\Longrightarrow$　$r = \dfrac{S_{xy}}{\sqrt{S_{xx} \times S_{yy}}}$

09-01 | 相関係数

🔍探究 偏差積和 ⇒ 共分散 ⇒ 相関係数

相関係数の意味を理解するため、その基本要素である偏差積和について図式的に解説する。

そもそも、**偏差積**は、各点 (x_i, y_i) の平均値 $(\bar{x}, \bar{y})$ からの偏差を求め、それをかけ合わせた値 $(x_i - \bar{x})(y_i - \bar{y})$ をさす。偏差積の意味を下のグラフで考えると、重心 $(\bar{x}, \bar{y})$ を重心から見て、点がその**右上（Ⅰ象限）, 左下（Ⅲ象限）**の区画にあると、偏差積は**プラス**の値をとる。逆に点が**左上（Ⅱ象限）, 右下（Ⅳ象限）**の区画にあると、偏差積は**マイナス**の値をとることがわかる。

この偏差積を合計した値が偏差積和　$S_{xy} = \sum_{i=1}^{n}(x_i - \bar{x})(y_i - \bar{y})$　である。したがって、重心から見てⅠ, Ⅲ象限に点が多くあると S_{xy} はプラスに、Ⅱ, Ⅳ象限に点が多いと S_{xy} はマイナスになる。

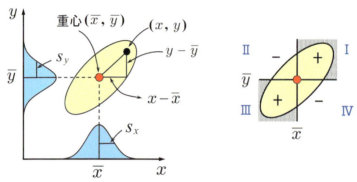

この**偏差積和の平均値が共分散**で次式で求まる。　共分散 $= \dfrac{S_{xy}}{n-1} = \dfrac{1}{n-1}\sum_{i=1}^{n}(x_i - \bar{x})(y_i - \bar{y})$

この共分散は 2 変量の関連が強い（Ⅰ, Ⅲ象限またはⅡ, Ⅳ象限に点が集まる）ほどその絶対値が大きくなる。そしてその共分散を x の標準偏差 S_x と y の標準偏差 S_y で割って単位をなくし、値の変化範囲を $-1.0 \sim 1.0$ に限定したのが相関係数である。その数理的な意味は参考に記す通りである。

📖参考 相関係数の別の定義

別の表現を使うと、相関係数は x, y の共分散 $S_{xy}/(n-1)$ を、それぞれの標準偏差 s_x, s_y で標準化した値である。この定義に基づいて式を整理していくと下記のようになり、相関係数は結局、x, y の値を標準化した値（z スコア：z_x, z_y）の共分散になっていることがわかる。

$$r = \frac{x, y \text{の共分散}}{x \text{の標準偏差} \times y \text{の標準偏差}} = \frac{S_{xy}/(n-1)}{s_x \times s_y}$$

$$= \frac{\dfrac{1}{n-1}\sum_{i=1}^{n}(x_i - \bar{x})(y_i - \bar{y})}{\sqrt{\dfrac{1}{n-1}\sum_{i=1}^{n}(x_i - \bar{x})^2} \times \sqrt{\dfrac{1}{n-1}\sum_{i=1}^{n}(y_i - \bar{y})^2}}$$

$$= \frac{\dfrac{1}{n-1}\sum_{i=1}^{n}(x_i - \bar{x})(y_i - \bar{y})}{s_x \times s_y} = \frac{1}{n-1}\sum_{i=1}^{n}\frac{x_i - \bar{x}}{s_x} \times \frac{y_i - \bar{y}}{s_y} = \frac{1}{n-1}\sum_{i=1}^{n} z_x \times z_y$$

偏差積和（共変動）の意味を $n=4$ の場合で考えてみよう

次に偏差積の合計（偏差積和）の意味を、点が4つしかない単純な数値例で考える。下図では、4点の5通りの配置例について、それぞれ偏差積和を計算し、それから相関係数 r を求めている。c の例のように、点が中心 $(\bar{x}, \bar{y})$ の周りの4つの区画に均一に配列すると、偏差積和 $\sum x_i y_i$ やその平均値である共変動 S_{xy} は、プラス・マイナスが打ち消されて0となり、相関係数 r も0になる。

一方、d, e の場合のように、4点が中心の右上と左下に集まると、$\sum x_i y_i$, S_{xy}, r は全てプラスの値をとる。逆に、a, b の場合のように、4点が中心の左上と右下に集まると、$\sum x_i y_i$, S_{xy}, r はいずれもマイナスの値をとる。

全体として、共分散 S_{xy} や相関係数 r は、分布の中心（重心）からみて、点が斜めの方向に（$y=x$ や $y=-x$ に沿って）どの程度集中しているかを示しており、2変量の関係（相関）の強さを表すことがわかる。

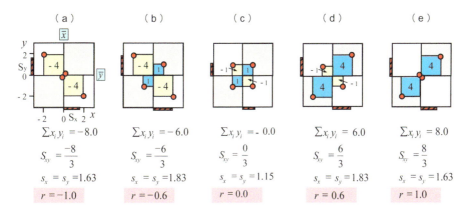

09-01 | 相関係数

偏差積和（共変動）の意味を $n=10$ について考えてみよう

さらに点の数が 10 の場合について、偏差積和と相関係数の関係を 3 つの典型例について示す。2 次元散布図で、x, y の平均値を原点として見たとき、第 1 象限と第 3 象限の点は、偏差積がプラス、第 2, 4 象限の点は偏差積がマイナスになる。

従って、10 点の配置によって、第 I, III 象限の偏差積和（プラス）と第 II, IV 象限の偏差積和（マイナス）のバランスによって、相関係数の値が決まることがわかる。

正の相関の場合の偏差積和

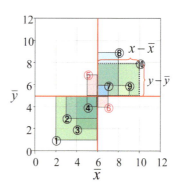

x	y	$x-\bar{x}$ (x偏差)	$y-\bar{y}$ (y偏差)	$(x-\bar{x})(y-\bar{y})$ (偏差積)	
2	1	-4	-4	16	①
3	3	-3	-2	6	②
4	2	-2	-3	6	③
5	4	-1	-1	1	④
5	7	-1	2	-2	⑤
7	4	1	-1	-1	⑥
7	6	1	1	1	⑦
8	9	2	4	8	⑧
9	6	3	1	3	⑨
10	8	4	3	12	⑩
平均値 6	5	Σ 0	0	50 ↑偏差積和（共変動）	

第 I・III 象限の点が多く、偏差積和はプラスで、相関係数を計算すると $r = 0.81$ となる。

負の相関の場合の偏差積和

x	y		x偏差 $x-\bar{x}$	y偏差 $y-\bar{y}$	偏差積 $(x-\bar{x})(y-\bar{y})$	
1	9		-5	4	-20	①
2	7		-4	2	-8	②
3	8		-3	3	-9	③
4	4		-2	-1	2	④
5	6		-1	1	-1	⑤
7	3		1	-2	-2	⑥
8	7		2	2	4	⑦
9	3		3	-2	-6	⑧
10	1		4	-4	-16	⑨
11	2		5	-3	-15	⑩
平均値 6	5	Σ	0	0	-71	

↑偏差積和（共変動）

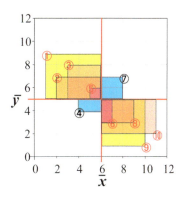

第Ⅱ・Ⅳ象限の点が多く、偏差積和はマイナスで、相関係数を計算すると $r = -0.82$ となる。

無相関の場合の偏差積和

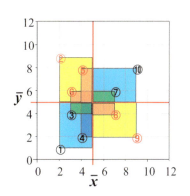

x	y		x偏差 $x-\bar{x}$	y偏差 $y-\bar{y}$	偏差積 $(x-\bar{x})(y-\bar{y})$	
2	1		-4	-4	16	①
2	9		-4	4	-16	②
3	4		-3	-1	3	③
4	2		-2	-3	6	④
4	8		-2	3	-6	⑤
3	6		-3	1	-3	⑥
7	6		1	1	1	⑦
7	4		1	-1	-1	⑧
9	8		3	3	9	⑨
9	2		3	-3	-9	⑩
平均値 5	5	Σ	-10	0	0	

↑偏差積和（共変動）

点は4つの象限に散らばり、偏差積和は0で、相関係数を計算すると $r = 0.00$ となる。

単相関係数の検定

ある標本から求めた標本相関係数 r が、無相関（母相関係数 $p = 0$）をなす母集団（2変量正規分布）から得られたとみなせるかどうか、すなわち、r が 0 と有意に異なるかを検定する。

(1) **仮説の設定**：

　帰無仮説 H_0：「相関係数は 0 である」
　対立仮説 H_1：「相関係数は 0 ではない」（相関がある）

(2) **検定統計量を求める**：標本相関係数 r を計算：

$$r = \frac{S_{xy}}{\sqrt{S_{xx} \cdot S_{yy}}}$$

(3) **有意確率と判定**：

　無相関を仮定したときの、観察された r の有意確率を調べるには、次の 2 つの方法がある。

(i) r 表を利用する場合（$n \leqq 30$）

　相関係数の r 表から、有意水準 α の r 値（r_α）を調べ、標本の r と比較。

　　$|r| \leqq r_\alpha$ のとき、相関があるとは言えない（判定保留）

　　$|r| > r_\alpha$ のとき、r は 0 と有意に異なると判定

(ii) t 分布表を利用する場合（$n > 30$）

　母相関係数 $\rho = 0$ と仮定すると、標本相関係数 r の分布の標準誤差 s_r は

$$s_r = \sqrt{\frac{1 - r^2}{n - 2}} \quad \text{となる。}$$

　そこで、これを用いて r を基準化した値を t とすると、

$$t = \frac{r}{s_r} = r\sqrt{\frac{n - 2}{1 - r^2}} \quad \text{となる。}$$

　標本相関係数 r の有意確率は、この値 t が自由度 $n - 2$ の t 分布に従うことを利用して調べる。

変量 (x, y) よりなる次の 8 組のデータについて、相関係数 r を求めよ。これには、まず $\sum x$, $\sum y$, $\sum x^2$, $\sum y^2$, $\sum xy$ を計算し、上の公式を適用して求めよ。また、無相関の検定を実施せよ。

ID	x	y	x^2	y^2	xy
1	2	8	4	64	16
2	5	9	25	81	45
3	4	6	16	36	24
4	8	10	64	100	80
5	2	4	4	16	8
6	5	7	25	49	35
7	6	10	36	100	60
8	4	8	16	64	32
合計	36	62	190	510	300
	$\sum x$	$\sum y$	$\sum x^2$	$\sum y^2$	$\sum xy$

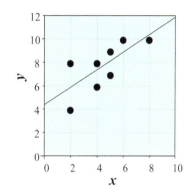

1) r の計算に必要な、$\sum x$, $\sum y$, $\sum x^2$, $\sum y^2$, $\sum xy$ を表から求める。

2) S_{xx}、S_{yy}、S_{xy} を計算する。

(簡略計算法は、175 頁相関・回帰の基本事項を参照)。

$$S_{xx} = \sum x_i^2 - \frac{(\sum x_i)^2}{n} = 190 - \frac{(36)^2}{8} = 28$$

$$S_{yy} = \sum y_i^2 - \frac{(\sum y_i)^2}{n} = 510 - \frac{(62)^2}{8} = 29.5$$

$$S_{xy} = \sum x_i y_i - \frac{(\sum x_i)(\sum y_i)}{n} = 300 - \frac{(36)(62)}{8} = 21$$

$$r = \frac{S_{xy}}{\sqrt{S_{xx} \times S_{yy}}} = \frac{21}{\sqrt{28 \times 29.5}} = 0.731$$

3) 無相関の判定

相関係数の検定表から　$r = 0.731 > r_{0.05} = 0.707$ より、有意に異なる（相関がある）。

09-01 相関係数

StatFlex での計算

手順：

1. サンプルファイル「例題 35_回帰係数.SFD6」を開く。
2. 「統計」メニューの「多変量解析」の「二変量統計 (直線回帰・相関)」を選択する。
3. y 軸と x 軸を▼ボタンを押して、X 軸（独立変数）②と Y 軸（従属変数）①を選択する。
   → 相関グラフが表示される。
4. 「実行」ボタン③を押す。

計算過程と結果：

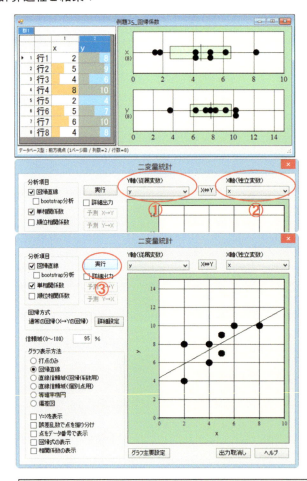

```
<< 相関係数と回帰直線 >>
Y:y X:x
r = 0.7307 ( 0.0536〜 0.9475) () は 95.0 ％信頼区間　（P < 0.05：統計表より）
n =8
有意確率に対する r 値（相関係数検定表）
P < 0.05：r = 0.707
P < 0.01：r = 0.834
P < 0.001：r = 0.925
< X を基準に Y を回帰 >
回帰直線 Y = a + bX = 4.375 + 0.75X
```

例題 36　次の場合について相関係数が有意に 0 と異なるかを検定せよ。
1）データ数 n=12 で、相関係数 $r = 0.49$ の場合
2）本節最初の 4 つの相関例のうち例 D の場合
　　($r = -0.0167$、$n = 180$)

1) の解き方

(i) r 表を利用する（$n \leqq 30$）

データ数 n が 30 以下なので、相関係数の r 表を利用する。$n = 12$ の時の有意水準 $\alpha = 0.05$ に対する r 値、$r_{0.05}$ は 0.576 である。従って、標本の $r = 0.49 < r_{0.05} = 0.576$ となり、相関があるとは言えない（判定保留）。

2) の解き方

(ii) t 分布表を利用する（$n > 30$）

データ数 n が大きいので t 値に換算し、t 分布表から有意確率を調べる。

$r = -0.0167$ を以下のように基準化する。

$$t = \frac{r}{s_r} = r\sqrt{\frac{n-2}{1-r^2}} = -0.0167\sqrt{\frac{178}{1-(-0.0167)^2}} = -0.223$$

t 分布表より、自由度 $(n-2)=178$、有意確率 0.05 の t 値は 1.973 である。従って相関があるとは言えない（判定保留）。

09-01 相関係数

演習:17 小学生15名について、ある身体検査を行った。肺活量と身長について相関係数を求め、その有意性を検定せよ。（解答259頁）

ID	肺活量 (mL)	身長 (cm)
1	1850	136
2	2000	139
3	2100	147
4	1700	147
5	1900	148
6	2200	148
7	2300	150
8	2400	151
9	2750	152
10	2600	153
11	2250	156
12	3150	158
13	2800	160
14	2800	160
15	2700	161

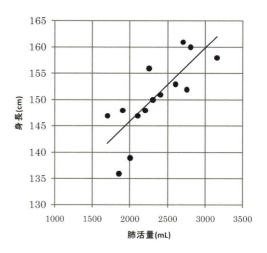

標本相関係数の理論分布

x, y よりなる 2 変量正規乱数（母相関係数 $\rho=0.00, 0.25, 0.50, 0.75$）を発生し、そこから、サイズが $n=10, 20, 40, 80$ の標本を、各々500回ずつ取り出して、その標本相関係数 r を求めたときの分布である。一般に $\rho=0.0$（無相関）に近い場合は、r は正規分布とみなせるが、$|\rho|$ が大きくなり、1 に近づくにつれ、左右非対称な分布となる。

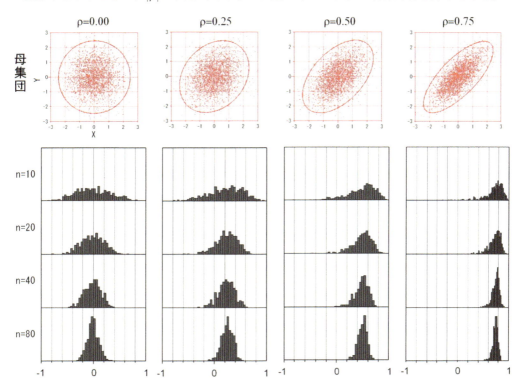

キーポイント　母相関係数 ρ と標本相関係数 r の関係

$\rho=0$ のとき、標本相関係数 r は近似的に正規分布に従う。

標本相関係数 r は $t = r\sqrt{\dfrac{n-2}{1-r^2}}$ により検定する。

$\rho \neq 0$ のとき、n が小さいと非正規分布となる。

シミュレーションで考えよう　相関係数の分布

ここでは、**相関係数シミュレーション機能**を使い、2変量母集団を発生し、標本の相関係数の分布を調べてみよう。

■ 実行手順

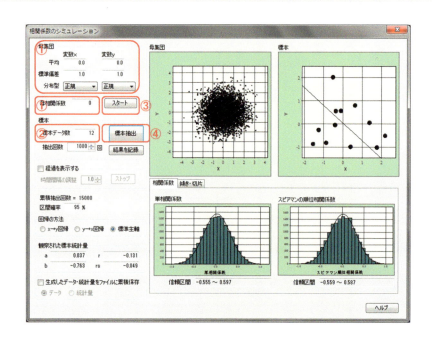

「統計」メニューの「シミュレーション」の「相関係数」を選択する。

1. **母集団を指定 ①**

   2変量 x, y に対する母集団の分布型、母平均、母標準偏差を各々指定し、かつ x, y の関係の強さを示す母相関係数 ρ を $-1 \sim 1$ の範囲で指定する。

2. **標本データ数を指定 ②**

   標本の標本データ数 n（抽出標本のサイズ）を指定する。

3. **母集団を作成 ③**

   スタート ボタンを押すと、指定した条件で母集団が作成され、そのグラフが表示される。

4. **標本抽出を実行 ④**

   標本抽出 ボタンを押す毎に標本が抽出され、x と y の単相関係数 r、スピアマンの順位相関係数 r_S、回帰式の傾き b と切片 a が計算される。またその標本分布が右上のグラフに表示され、r、r_S、b、a が [観察された標本統計量] に表示される。
   [回数] を変更することで、1クリック当たりの抽出回数を調整できる。この場合、右上のグラフには最終抽出結果のみが表示される。

5. **標本統計量の分布を確認**

   [累積抽出回数] に表示されている回数分の r、r_S、b、a の分布が下段の度数分布図に表示される。下段のグラフは 2 頁からなり、その上端の [傾き・切片] をクリックすると、b と a の度数分布図を切り替えて見ることができる。

実行例

181 頁の例題 1) を、シミュレーション機能を使って考える。

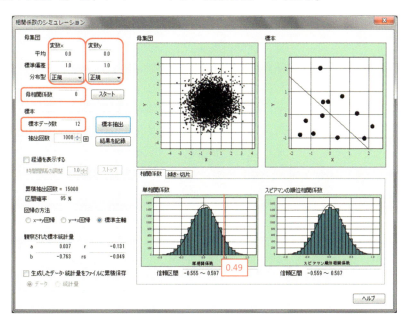

上図のように

- 母集団
  - 平均 = 0.0 (x, y で共通)
  - 標準偏差 = 1.0 (x, y で共通)
  - 分布型 = 正規分布 (x, y で共通)
  - 母相関係数 = 0 (無相関を仮定)
- 標本データ数 = 12

を設定し、標本抽出を行った様子である。相関係数は計測値の単位に依存しないため、平均と標準偏差にどのような値を設定しても、母相関係数が同じであれば相関係数の分布には影響しない。単相関係数の度数分布図（左下）より、$r = 0.49$ の有意確率は、十分に小さいとは言えないことが分かる。

標本データ数 n や母相関係数 ρ を変化させて、標本相関係数の分布の形状や、その信頼区間の変化を調べてみよう。一般に、ρ が 0 に近い時、r の分布は正規分布となるが、ρ が -1 や 1 に近づくと、非対称な分布となる。

第9章 02 スピアマン順位相関係数

単相関係数は、偏差平方和や偏差積和を作って計算するため、分布の非対称性や極端値の影響を受けるのに対して、スピアマン順位相関係数は計測値 (x, y) を順位に直してから、単相関係数を算出しているので、分布の歪みの影響を受けない。

スピアマン順位相関係数 r_S の概念

スピアマン (Spearman) の順位相関係数 r_S は、各変量のデータを (x_i, y_i) を順位 (rx_i, ry_i) に置き換えて相関係数を求めるノンパラメトリック法による手法である。

下の例では、上段がそのままの数値を用いた相関図、下段がそれを順位に置き換えた相関図である。左側の例では順位相関係数 $r_S = 0.893$ で有意な相関となる。これに対して、右側の例では、もともと x, y の大きさに関連がなく、順位に置き換えても相関関係を認めない。

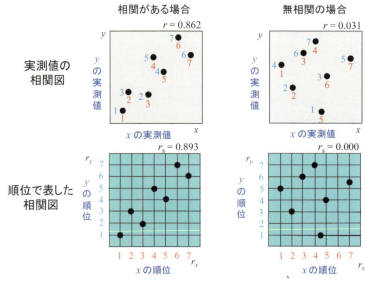

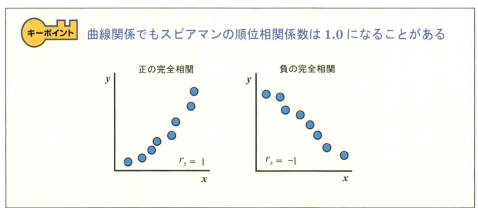

キーポイント：曲線関係でもスピアマンの順位相関係数は 1.0 になることがある

スピアマンの順位相関係数の特性

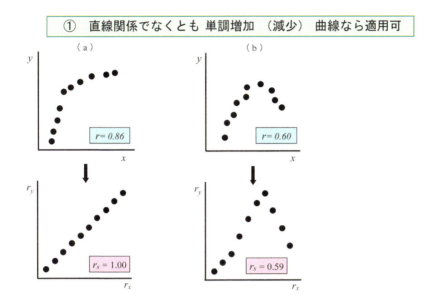

　(a) のように単調増加曲線のとき r_S は有効な相関指標になる。しかし (b) のように単調な曲線でない場合は、単相関係数もスピアマンの順位相関係数も相関指標として適さない。

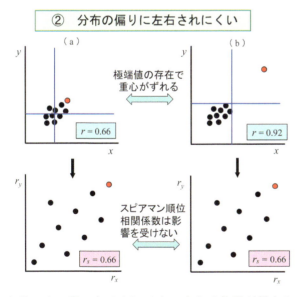

　上段では、●の点は (a)、(b) で大きく位置が異なり、相関係数 r も違ってくる。しかし、下段のように順位相関でみると●の点は (a)、(b) どちらも同じ所に位置するので両者の r_S は変わらない。

検定の手順

(1) **仮説の設定**:
　帰無仮説 H_0：2変量間には相関なし。
　対立仮説 H_1：2変量間には相関あり。

(2) **検定統計量を求める**：r_S の計算：
　① 変量 x と y を別々に、1から n まで順位を付ける。

　② r_S を計算する
「計算法1」
対応する順位 (rx_i, ry_i) の差 d_i の平方 d_i^2 を求め、次の公式を適用する。

$$r_S = 1 - \frac{6\sum d_i^2}{n^3 - n}$$

「計算法2」
n 組の順位 (rx, ry) から、単相関係数を求める。計算機を利用する場合、こちらの方が便利である。また同順位が多いとき「計算法1」では誤差が出るのでこの方法を用いる。

$$r_S = \frac{S_{r_x \cdot r_y}}{\sqrt{S_{r_x r_x} \cdot S_{r_y r_y}}}$$

ここに、$S_{rx \cdot ry}$ は x, y の順位の偏差積和、$S_{rx \cdot rx}$, $S_{ry \cdot ry}$ はそれぞれ x の順位, y の順位の偏差平方和である。

(3) **確率と判定**：とりうる値の範囲は、$-1 \leqq r_S \leqq 1$

　H_0 が正しいとすると、標本から求めた r_S の有意性は、
　■ $n \leqq 30$ のとき、順位相関係数検定表から判定する。

　■ $n > 30$ のとき、r_S の期待値は0、標準誤差は $\sqrt{\dfrac{1 - r_S^2}{n - 2}}$ である。従って、その比が自由度 $n-2$ の t 分布に従うことを利用して、

$$t = r_S \sqrt{\frac{n - 2}{1 - r_S^2}}$$

から判定する。(実際には $n > 10$ でも十分な近似が得られる)

健常者 18 名の血中 HDL コレステロール (HDL-C) と中性脂肪 (TG) の値の関連を調べた。両者の関連の強さをスピアマン順位相関係数で求め、有意な相関とみなせるかを検定せよ。

ID	HDL-C	TG	HDL-C 順位 rx_i	TG 順位 ry_i	順位の差 d_i	差の平方 d_i^2
1	46	230	1	18	-17	289
2	71	38	14	2	12	144
3	49	113	3	13	-10	100
4	54	91	6	12	-6	36
5	64	66	12	8	4	16
6	66	127	13	16	-3	9
7	77	31	18	1	17	289
8	75	63	17	6	11	121
9	52	151	5	17	-12	144
10	59	43	8	3	5	25
11	74	53	16	5	11	121
12	48	76	2	10	-8	64
13	60	67	9	9	0	0
14	58	124	7	14	-7	49
15	73	44	15	4	11	121
16	61	77	10	11	-1	1
17	63	125	11	15	-4	16
18	51	65	4	7	-3	9
合計						$\sum d_i^2 = 1{,}554$

(単位:mg/dL)

考え方

1) 変量 HDL-C と TG ごとに 1 から 18 まで順位を付ける。

2) 対応する順位 (HDL-C$_x$、TG$_y$) の差 d_i、その平方 d_i^2 を求めて　公式にあてはめて、相関係数 rs を求める。

$$r_S = 1 - \frac{6\sum d_i^2}{n^3 - n} = 1 - \frac{6 \times 1554}{18^3 - 18} = -0.6037$$

3) 確率と判定:

順位相関係数検定表から、n=18 で $p < 0.05$ となる最小の r_S は、0.472 である。従って $r_S = -0.6037$ と絶対値が大きいため、有意な相関があると判定される。

StatFlex での計算

手順：

1. サンプルファイル「例題 37_スピアマン HDL-C と TG の例題.SFD6」を開く。
2. 「統計」メニューの「多変量解析」の「二変量統計」を選択する。
3. ① Y 軸（従属変数）に中性脂肪を選択、② X 軸（独立変数）に HDL-C を選択する。
4. ③順位相関係数　チェックボックスをチェックして、「実行」ボタンを押す。

計算過程と結果：

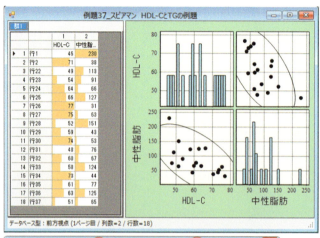

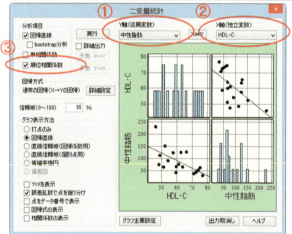

<< 相関係数 >>

Y:中性脂肪 X:HDL-C

スピアマン順位相関係数 rS ＝− 0.604（n=18）（$P < 0.01$：統計表より）

有意確率に対する rS 値（スピアマン順位相関表）
$P < 0.05$：rS = 0.472
$P < 0.01$：rS = 0.6

例題 38　12名について、ある薬物濃度と脈拍数を調べた。両者の関連の強さを単相関係数とスピアマン順位相関係数で求めよ。

(1) 単相関関係は下図の通りで、相関係数 r は下記の式で求める。

ID	薬物濃度 x	脈拍数 y	x^2	y^2	xy
1	4.7	88	22.09	7744	413.6
2	5.3	103	28.09	10609	545.9
3	5.1	106	26.01	11236	540.6
4	5.8	107	33.64	11449	620.6
5	6.0	116	36.00	13456	696.0
6	6.1	119	37.21	14161	725.9
7	6.9	128	47.61	16384	883.2
8	7.4	131	54.76	17161	969.4
9	7.9	129	62.41	16641	1019.1
10	8.9	139	79.21	19321	1237.1
11	9.6	136	92.16	18496	1305.6
12	10	136	100.00	18496	1360.0
合計	83.7	1438	619.19	175154	10317

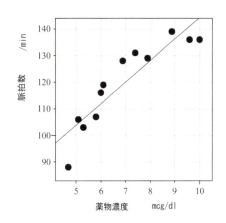

$$S_{xx} = \sum x_i^2 - \frac{(\sum x_i)^2}{n} = 619.19 - \frac{(83.7)^2}{12} = 35.38$$

$$S_{yy} = \sum y_i^2 - \frac{(\sum y_i)^2}{n} = 175154 - \frac{(1438)^2}{12} = 2833.67$$

$$S_{xy} = \sum x_i y_i - \frac{(\sum x_i)(\sum y_i)}{n} = 10317 - \frac{(83.7)(1438)}{12} = 286.95$$

$$r = \frac{S_{xy}}{\sqrt{S_{xx} \times S_{yy}}} = \frac{286.95}{\sqrt{35.38 \times 2833.67}} = 0.91$$

(2) スピアマン順位相関係数は、薬物濃度と脈拍数をそれぞれ順位に置き換えて求めた相関係数である。その相関図は下図の通りで、相関係数 rs は下記の式で求める。

ID	薬物濃度順位 rx_i	脈拍数順位 ry_i	順位の差 d_i	差の平方 d_i^2
1	1	1	0	0
2	3	2	1	1
3	2	3	-1	1
4	4	4	0	0
5	5	5	0	0
6	6	6	0	0
7	7	7	0	0
8	8	9	-1	1
9	9	8	1	1
10	10	12	-2	4
11	11	10	1	1
12	12	11	1	1
合計				10

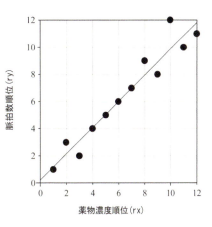

$$r_S = 1 - \frac{6\sum d_i^2}{n^3 - n} = 1 - \frac{6 \times 10}{12^3 - 12} = 0.965$$

09-02 スピアマン順位相関係数

演習:18　14人の中性脂肪 (TG) と空腹時血糖値 (FBS) の値である。スピアマンの順位相関係数を求めよ。（解答260頁）

ID	X: TG	Y: FBS	(TG) 順位	(FBS) 順位
1	60	72		
2	75	82		
3	85	73		
4	90	70		
5	100	80		
6	110	85		
7	115	75		
8	120	78		
9	125	88		
10	135	77		
11	150	83		
12	160	79		
13	175	80		
14	180	125		
合計				

03 回帰直線 (linear regression)

　n 個の点よりなる、2つの変量 x, y の関係を表す直線の中で、データにもっともフィットしたものを回帰直線という。"各点 (x_i, y_i) から回帰直線までの距離 (y 軸に平行に距離を計測) の2乗和 S（回帰からの偏差平方和）が最小となる場合"の直線の式を用いる。

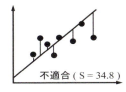
不適合 (S = 34.8)

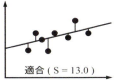
適合 (S = 13.0)

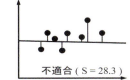
不適合 (S = 28.3)

　これを解くには、回帰係数　傾き (b)、切片 (a) を未知数として、S を最小にするときの b, a を、求めればいいことになる。この数学的解法は**最小二乗法**と呼ばれ、回帰式と各点の残差の二乗和が最小になるように傾きと切片の各係数を求めるものである。次の公式を使えば、b, a は簡単に求まる。各係数のグラフ上の意味は右図のとおりである。

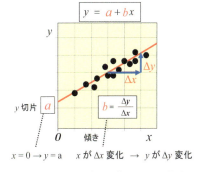

回帰係数のグラフ上の意味

$$b = \frac{S_{xy}}{S_{xx}} = \frac{\sum(x_i - \bar{x})(y_i - \bar{y})}{\sum(x_i - \bar{x})^2} = \frac{\sum x_i y_i - (\sum x_i \cdot \sum y_i)/n}{\sum x_i^2 - (\sum x_i)^2/n}$$

$$a = \bar{y} - b\bar{x} = \frac{1}{n}\left(\sum y_i - b \sum x_i\right)$$

　また、回帰直線の周りの平均的なバラツキの大きさを「回帰直線の周りの標準偏差」といい、本書では、s で表すが、一般には s_{yx} と表記される。

$$s = \sqrt{\frac{S_{yy} - 2bS_{xy} + b^2 S_{xx}}{n-2}}$$

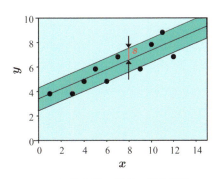

回帰直線の周りの標準偏差

09-03 回帰直線 (linear regression)

> **例題 39** 次のデータは、数学と物理学の点数である。数学の点数から物理学の点数を予測する回帰直線 $y = a + bx$ を求めよ。

ID	x	y	x^2	y^2	xy
1	77	82	5929	6724	6314
2	65	75	4225	5625	4875
3	74	76	5476	5776	5624
4	59	66	3481	4356	3894
5	65	69	4225	4761	4485
6	68	70	4624	4900	4760
7	65	65	4225	4225	4225
8	71	66	5041	4356	4686
9	52	52	2704	2704	2704
10	58	61	3364	3721	3538
合計	654	682	43294	47148	45105
	$\sum x$	$\sum y$	$\sum x^2$	$\sum y^2$	$\sum xy$

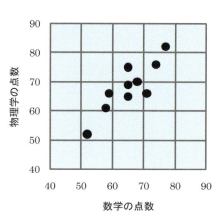

$$S_{xx} = \sum x_i^2 - \frac{(\sum x_i)^2}{n} = 43294 - \frac{(654)^2}{10} = 522.4$$

$$S_{yy} = \sum y_i^2 - \frac{(\sum y_i)^2}{n} = 47148 - \frac{(682)^2}{10} = 635.6$$

$$S_{xy} = \sum x_i y_i - \frac{(\sum x_i)(\sum y_i)}{n} = 45105 - \frac{(654)(682)}{10} = 502.2$$

$$b = \frac{S_{xy}}{S_{xx}} = \frac{502.2}{522.4} = 0.961$$

$$a = \bar{y} - b\bar{x} = \frac{682}{10} - 0.961 \times \frac{654}{10} = 5.33$$

$$s = \sqrt{\frac{S_{yy} - 2bS_{xy} + b^2 S_{xx}}{n-2}}$$

$$= \sqrt{\frac{635.6 - 2 \times 0.961 \times 502.2 + (0.961)^2 \times 522.4}{10-2}}$$

$$= 3.15$$

StatFlex での計算

手順：

1. サンプルファイル「例題 37_数学と物理の回帰直線.SFD6」を開く。
2. 「統計」メニューの「多変量解析」の「二変量統計」を選択する。
3. ①Y 軸（従属変数）に物理を選択、②X 軸（独立変数）に数学を選択する。
4. ③グラフ中の回帰式の表示にチェックを入れるか、④「実行」をクリックする。
5. 回帰直線 $Y = a + bX = 5.32887 + 0.96133X$　と表示される。
   なお、回帰式の種類を変更したい場合は、「回帰方式」の詳細設定で、標準主軸回帰、Deming 回帰、Passing-Bablok 法などが選択できる。（200 頁回帰直線による予測の求心性と線形関係式を参照）

計算過程と結果：

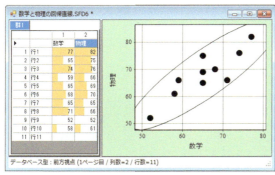
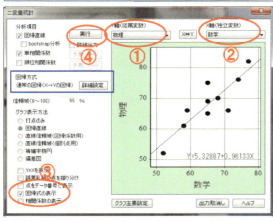

詳細設定で
標準主軸回帰、
Deming 回帰
Passing-Bablok 法など
回帰式が選択可能
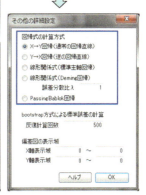

```
<< 相関係数と回帰直線 >>

Y:物理 X:数学
r = 0.8715 ( 0.5361～0.9693) () は 95.0 %信頼区間
(P < 0.01：統計表より)
n =10
有意確率に対する r 値（相関係数検定表）
P < 0.05：r = 0.632
P < 0.01：r = 0.765
P < 0.001：r = 0.872
＜X を基準に Y を回帰＞
回帰直線 Y = a + bX = 5.32887 + 0.96133X
```

09-03 回帰直線 (linear regression)

演習:19 計測値 x と計測値 y の関係を調べると下表のようになった。y は通常計測が困難なため、x から予測したい。

1) 両方の計測値の関係を図示せよ。
2) x から y を予測する回帰直線 $y = a + bx$ を求めよ。
3) 回帰直線の周りの標準偏差 s を計算せよ。
4) その関係の強さを、相関係数 r で表せ。

（解答 261 頁）

計測値 x	計測値 y	x^2	y^2	xy
1	30			
2	40			
3	30			
4	50			
5	40			
5	50			
7	50			
7	60			
8	70			
10	70			
合計				

■ 何を独立変数にするかで回帰式が変わる（回帰の方向性）

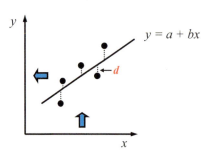

x から y を回帰
$y = a + bx$
$S = \Sigma d^2$ を最小にする
a, b を求める

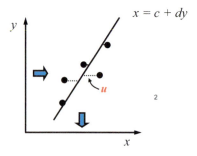

y から x を回帰
$x = c + dy$
$S = \Sigma u^2$ を最小にする
c, d を求める

探究 最小二乗法の原理と回帰直線

n 個の数値組に対して特定の一次関数を考えるとき、関係を表す直線は無数に存在する。その中で、"各点 (x_i, y_i) から回帰直線までの垂直距離の 2 乗和 S(回帰からの偏差平方和) が最小となる場合"の直線の式を求める。

これを解くには、回帰係数 b, a を未知数として、S を最小にするときの b, a を、次の**微分**を利用して決める。

今、求める回帰式を $y = bx + a$ として、n 個の点すべてについて、実測値 y_i と回帰直線上の推定値 Y_i との差 (回帰残差)$y_i - Y_i$ の平方和を求める。

$$S = \Sigma(y_i - Y_i)^2$$
$$= \Sigma(y_i - bx_i - a)^2$$

この偏差平方和 S を最小にする b, a を求めるには、S を b, a の関数とみて、b, a で偏微分し、その関数 $\delta S/\delta b, \delta S/\delta a$ が、それぞれが 0 になっている場合を計算すればよい (S の最小値問題)。

ここで、$T = y_i - bx_i - a$ とおいて、a について偏微分すると、

$$\frac{\delta S}{\delta a} = \frac{\delta \Sigma(y_i - bx_i - a)^2}{\delta a}$$

$$= \frac{\delta \Sigma T^2}{\delta T} \times \frac{\delta T}{\delta a}$$

$$= 2\Sigma(y_i - bx_i - a) \cdot (-1)$$

$$= -2\Sigma(y_i - bx_i - a) = 0 \ldots ①$$

同様に、b について偏微分すると、

$$\frac{\delta S}{\delta b} = \frac{\delta \Sigma(y_i - bx_i - a)^2}{\delta b}$$

$$= \frac{\delta \Sigma T^2}{\delta T} \times \frac{\delta T}{\delta b}$$

$$= 2\Sigma(y_i - bx_i - a) \cdot (-x_i)$$

$$= -2\Sigma(x_i y_i - bx_i^2 - ax_i) = 0 \ldots ②$$

式①②を整理すると、

$$n \cdot a + (\Sigma x_i)b = \Sigma y_i$$
$$(\Sigma x_i)a + (\Sigma x_i^2)b = \Sigma x_i y_i$$

となり、これを**正規方程式**と呼ぶ。

これは、b, a に関する 2 元 1 次の連立方程式になっており、その解が前頁の式①②で、b, a の最小二乗法推定値にあたる。

探究 回帰直線による予測の求心性と線形関係式

予測式を作る場合、x から y を予測する場合と、y から x を予測する場合では異なるので注意が必要である。次のように、x＝国語の点数、y＝算数の点数 と置き換えてみるとわかりやすい。

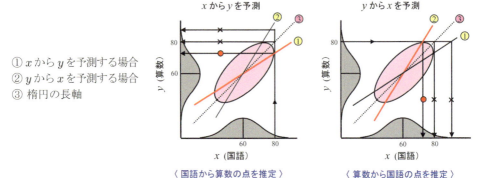

① x から y を予測する場合
② y から x を予測する場合
③ 楕円の長軸

〈 国語から算数の点を推定 〉　〈 算数から国語の点を推定 〉

いま、国語が 80 点のとき、①式を用いると、算数の予測値は 80 点より低くなるが、②式を用いると逆に 80 点より高くなってしまう。その中間としての③式は楕円の長軸にあたり、国語点と同じ値が予測値になる。**予測の安全性（予測誤差の最小化）**という観点からは x から y を予測する場合"算数点の分布の中心に近い側に予測"する①の方式が妥当となる。

逆に y から x を予測する場合、算数が 80 点のとき、②式を用いると、国語の予測値は 80 点より低くなるが、①式を用いると逆に 80 点より高くなってしまう。その中間としての③式は楕円の長軸にあたり、算数点と同じ値が予測値になる。**予測の安全性（予測誤差の最小化）という観点からは**"国語点の分布の中心に近い側に予測"する②の方式が妥当となる。

一方、単に算数と国語の点数の関係（線形関係式）を求めるのが目的であれば、③の形の楕円の長軸に相当する回帰直線を求めるのが妥当となる。線形関係式の求め方には様々な方法があるが、最も分かりやすく使いやすいのが、**標準主軸回帰** (standard major axis regression) である。その回帰直線の傾き b は、x から y を予測する回帰直線①と y から x を予測する回帰直線②の傾きをそれぞれ、b_1, b_2 とすると

$$b = \sqrt{b_1 \cdot b_2} = \sqrt{\frac{S_{yy}}{S_{xx}}}$$

として求まるので、**幾何平均回帰** geometric mean regression とも呼ばれる。そして y 切片 a は、次式で、x, y の平均値 $\bar{x}, \bar{y}$ の平均値から次のように求まる。

$$a = \bar{y} - b\bar{x}$$

標準主軸回帰は、各点の直線までの x 軸と y 軸方向の距離の積和 $\sum \Delta x \Delta y$ が最小となる性質を持つため、2 つの関連した計測値の間で、相互にその値の変換式を求めるような**方法間比較**を行うときに利用する。

その他の線形関係式の算出方法をして、2 つの計測値の内因性誤差の相対的な大きさを考慮して求める **Deming 回帰法**がある。また、ノンパラメトリック法に属する方法として **Passing-Bablok 法**がある。

健常者16名について、あるホルモンを旧法と新法について測定した。回帰係数を求め、旧法の値を新法に変換するための線形関係式（標準主軸回帰）$y = a + bx$ を求めよ。

ID	旧法	新法
1	1.5	1.6
2	2.5	1.9
3	2.6	3.1
4	3.6	3.5
5	3.6	4.4
6	4.0	3.0
7	4.3	4.1
8	4.5	4.8
9	5.4	5.0
10	5.8	6.1
11	6.4	5.5
12	6.6	6.6
15	7.5	8.1
13	6.5	7.5
14	7.6	7.0
16	8.8	8.2

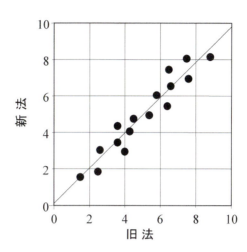

基本となる $\sum x_i = 81.2$ $\sum x_i^2 = 476.94$ $\sum y_i = 80.4$

$\sum y_i^2 = 470.36$ $\sum x_i y_i = 470.88$ から、$S_{xx} = 64.85$ $S_{yy} = 66.35$ $S_{xy} = 62.85$

を求めて、標準主軸回帰 $y = a + bx$ を求めると、

$$b = \sqrt{b_1 b_2} = \sqrt{\frac{S_{yy}}{S_{xx}}} = \sqrt{\frac{64.85}{66.35}} = 1.011$$

$$a = \frac{1}{10}\left(\sum y_i - b \sum x_i\right) = \frac{1}{10}(80.4 - 1.011 \times 81.2) = -0.11$$

なお、参考までに $y \to x$ の回帰直線 $y = a + bx$ を求めると、

$$b = \frac{S_{xy}}{S_{xx}} = \frac{62.85}{64.85} = 0.969$$

$$a = \frac{1}{10}\left(\sum y_i - b \sum x_i\right) = \frac{1}{10}(80.4 - 0.969 \times 81.2) = 0.11$$

となり、2つの回帰直線の傾きや y 切片が微妙に異なっている。

09-03 回帰直線(linear regression)

■ 回帰直線を計算するときに注意すべき点

1) 直線関係と考えてよいか？

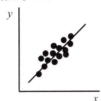 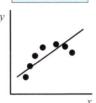
問題となるケース

曲線回帰を考えるか
y を変数変換（例：対数変換）して直線化

2) x の分布に偏りはないか？

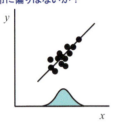 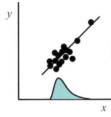

歪度の強い分布で、端の点の影響力大
できるだけ対称な分布となるよう変数変換

3) 飛び離れ点はないか？

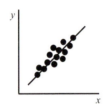 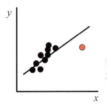

飛び離れ点は、y 方向偏差の2乗で影響
ミスでなければ棄却検定を試みる

4) 変数 x, y のとり方は妥当か？

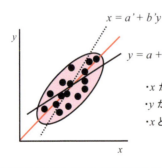

x と y の関係式を求める場合は、
標準主軸回帰を用いる

・x から y を予測するのか？
・y から x を予測するのか？
・x と y の関係式を求めるのか？

🔑 **キーポイント**　回帰直線を求める場合のポイント

1) 必ず2次元散布図を描いて、点の配置を確認
2) x から y を予測する場合は、通常の回帰直線を利用、
　 2変量の関係を調べるには線形関係式（標準主軸回帰等）を利用する

第10章

適切な統計処理に必要な考え方

■よくある質問に答えて

Q1. パラメトリック検定では、分布の正規性を検定で確認する必要がありますか？

A. 2標本t検定、一元配置分散分析法などのパラメトリック検定は、もともと計測値の分布が正規分布であることを前提としている。このため、分布に歪みがあれば、有意確率を正しく計算できない。そこで、厳密には分布の正規性の検定（χ^2適合度検定、歪度・尖度検定）が必要となる。

しかし、有意差検定に適した少数データの場合には、標本分布に見かけ上歪みがあるように見えても、検定結果は「正規分布から有意に乖離しているとは言えない」という判定になる。すなわち少数データでは、一見歪んでいるようでも、実際には偶然の範囲内の現象と解釈される。よって、正規分布とみなしてパラメトリック法で検定してもよいことになる。

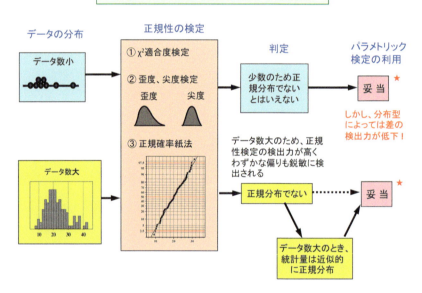

① 観察度数と正規理論度数の乖離度を χ^2 統計量で検定
② 尖度・歪度統計表から判定
③ 計測値を大きさ順に並べ、各データの累積度数比と測定値の関係をプロットすると正規分布であれば直線となる

逆にデータ数が多い場合には、正規性の検定は非常に鋭敏となり、パラメトリック検定には影響しないわずかな分布の歪みがあっても、正規分布でないと判定されてしまう。実際上、健常者集団の臨床検査値の分布など、検定で用いるデータの多くは正規分布に従っていない。ただしデータ数が多いと、中心極限定理という統計理論により、検定統計量の分布は正規分布に近似するため、結局のところ「標本データ数が多い場合には、正規分布でない場合もパラメトリック法を利用可能」となる。

結局、検定毎に逐一正規性の検定を行う必要はないと考えられる。

　重要なことは、分布型の検定結果によらず、分布に視覚的に明瞭な歪みがあれば、パラメトリック法による差の検出力は低下する。したがって、計測値の分布型が未知で、データ数も少ない場合には、ノンパラメトリック法を利用すべきである。一方、過去の経験から計測値の分布型が分かっている場合には、データ数によらず、その分布型に応じて検定法の使い分けをするか、データを正規分布に変換してパラメトリック検定を行えばよいことになる。

　なお、正規確率紙法は、データ数によらず正規分布からの歪みを、累積度数グラフの直線性から鋭敏に把握できるため、検定を利用せずに正規性の判定を行うには最も相応しい方法と言える。

・少数のデータでは、正規性の検定は困難。
・視覚的にまたは正規確率紙上で、明瞭な分布の歪みがある場合、ノンパラメトリック検定を利用する。
・ただし、計測値を正規分布に変換できれば、パラメトリック検定を利用。

Q2. 検定法によって判定が異なる場合、どう対処すればいいですか？

A. 群間差が十分大きい、または明らかに群間差が小さいと分かる場合には、どの検定でも同じ判定となり迷うことはない。やはり問題となるのは、群間差がさほど大きくなく、検定法により判定が異なる、いわゆる**グレーゾーン**への対応である。

ここで、標本データ数が大きい場合には、群間差に実質的な意味がないと判断できる。しかし、下図のように、データ数が小さい場合には、$P = 0.05$ 付近では、検定法の特性によって判定が異なることが多い。そうなる理由は次のいずれかである。

1つは、データの分布型が歪んでいるか、極端値の存在がその要因である。その場合の多くは、ノンパラメトリック法を用いることで、より的確な判定を行える。2つめの理由は、データ数不足で β エラー (215 頁を参照) が大きくなっている場合である。これに対しては、**データ数を増やす**しか対応法がない。

なお、実験的研究の場合は、結果が出てから統計処理法を決めるのではなく、あらかじめ用いる検定法を決めておくことが要求される。通常、実験的研究は、先行するパイロット試験や観察研究の結果、計測値の分布特性が分かっていることが多い。このため、基本的には最初からそれに相応しい検定法を決めるので、そもそもデータが出てから検定法を選択するのは適切ではない。

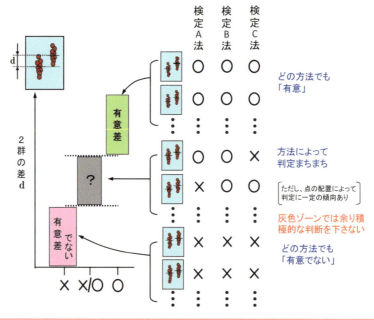

検定法によって判定が異なる場合の解釈

検定法により結果が異なる場合、データの分布が歪んでいないかを確認する。歪みがなければデータ数不足なので積極的な判断を行わない。

Q3. 片側検定と両側検定をどのように使い分けるのですか？

A. ある標本の統計量が、理論的に偏った値かどうかは、その理論分布上の位置を確率 P で表し、P が有意水準より小さいかどうかで判定する。このとき、正規分布、t 分布とそれに近似した分布を利用する場合、統計量の偏りを分布の片側に限定するか、両側とも考慮するのかで統計量の有意点の位置が変わる。たとえば、正規分布を用いた片側検定で有意水準 0.05 に対する理論分布の位置 (1.65) は、両側検定の場合の有意水準 0.1 の位置に相当する（両側検定で有意水準 0.05 の位置は 1.96）。したがって片側検定では、統計量の偏りがより少なくても"統計的に有意"となるので、判定が甘くなる。

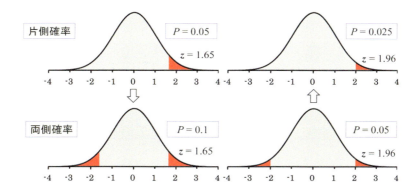

実際上は、実験または調査の前には、データの偏りが理論分布の中心からどちら側に起こるのか、わかっていないことが多いため、より厳密な両側検定を行うのが正しい。ただし、あらかじめデータがどちらの方向に偏るかを特定できる場合、たとえば、脈を抑える薬をある特定の患者群に使って、その効果があるかどうかを調べる場合は、片側の効果だけを調べればよいという理屈になる。しかし、そのような場合ですら、**例外的に逆の効果をもつこともありえるので、両方の可能性を考えて両側検定するのが妥当である。**

使い分けの実際

■**統計量の理論分布が左右対称となる場合**（t 検定、Wilcoxon 検定、Mann-Whitney 検定など）
上記の理由により、特別の場合を除いて両側検定を用いる。

■**2 項検定の場合**
理論確率 p が 0.5 の場合や試行回数 n が多く、2 項分布を正規分布で近似できる場合は、統計量の理論分布が左右対称となるため両側検定を用いる。一方 $p \neq 0.5$ で、試行回数 n も少ない場合は、左右非対称の分布となるため一般に片側検定を用いてよい。ただし、その判断を厳密に行うには、例えば、$p < 0.5$ の場合、出現度数 $r = 0$ に対する個別確率を求め、それが 0.025 以上の場合は両側確率は常に 0.05 を超えるので、検定が成立しない。従って片側検定（上側確率）を用いる、といった判断するのがよい。

■**統計量の分布が左右非対称となる場合**（F 検定、分散分析、χ^2 検定など）
上側確率が偏り（差を）表すので、それに基づいて片側検定を行う。

Q4. 有意差検定の有意水準は常に $P = 0.05$ でいいのですか？

A. 有意確率 P の意味は、データ数によって全く異なる。しかし、学術論文において、統計学的方法の記載で、"$P < 0.05$ を統計学的に有意とみなした"という記述が、紋切り型でよく見られるが、**データ数によっては不適切な記述と言える**。

次の図は、2標本 t 検定において、有意確率が $P = 0.05, 0.01, 0.001$ となる、2群の位置関係を、2群の標本データ数を段階的に変化させて示したものである。データ数が少ないと見た目にも明瞭な差がないと各レベルで有意とはいえない。逆に、データ数が多くなると、わずかな群間差でも有意と判定される。

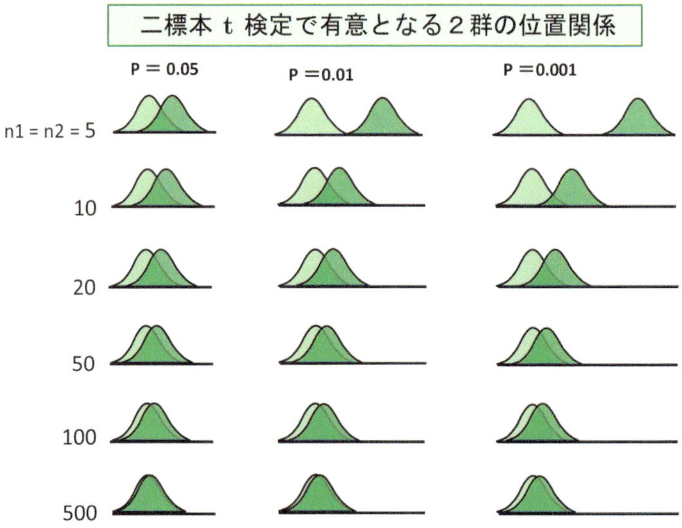

二標本 t 検定で有意となる2群の位置関係

（$P = 0.05$、$P = 0.01$、$P = 0.001$ の各列について、$n_1 = n_2 = 5, 10, 20, 50, 100, 500$ の行で2群の分布を示した図）

1) **データ数が小さい場合の有意確率の解釈**

標本データ数が小さいと、標本を抽出するたびに分布が大きく揺らぐため、群間差が大きい場合も、それが偶然の範囲内か、意味のある差であるのかがはっきりとしない。そこで、統計学を用いて**確率論的な判定（検定）が必要**となる。

2) **データ数が大きい場合の有意確率の解釈**

逆に、データ数が大きいと、標本抽出による分布の揺らぎはほとんど起こらなくなる。従って、観察した群間差の偶発的な揺らぎは生じず、差の有意性を検定する意味もなくなる。すなわち、観察した差が、そのまま実際の差であり、データの解釈で要求されるのは、有意差検定ではなく、「**観察した群間差の実質的な意味**」を評価（解釈）することである。たとえば、2群の標本データ数が500の場合、たとえ群間差の有意確率が $P = 0.01$ や $P = 0.001$ と低くても、実際の差はほんのわずかである。従って、観察した差を、何らかの外的な基準に照らして、どのような割合であるかを相対的に論じる必要がある。たとえば、臨床検査値について群間差を見ている場合、その検査の基準範囲に照らして、その幅に対する群間差をみるのが相応しい（次項参照）。

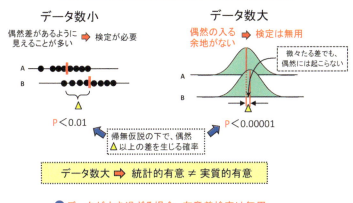

- データが大き過ぎる場合、有意差検定は無用

観察された差の実質的な大きさを評価する
effect size

 標本のデータ数が大きいと、標本は揺らがないので、有意差検定は無意味。観察した群間差の実質的な意味を評価する。

Q5. データ数が大きく、有意差検定が無意味な場合、研究結果をどのようにまとめればいいですか？

A. データ数が大きい場合、標本抽出誤差による群間差はほとんど起こらなくなる。従って、有意差検定は無用で、観察した群間差が、そのまま母集団の差であると解釈できる。もちろん検定を行ってもよいが、むしろ検定後の推定が重要で、観察された検定統計量（例えば、平均値の差や観察比率の差）の信頼区間を示し、その安定性（精度）を提示すれば良い。この群間差は、実験的研究（介入研究）の場合には、因果関係（cause-effect relationship）を見ているので、介入の**効果量**（effect size）を表しており、その大きさの実質的な意味を、**費用対効果**などの視点で吟味する。

または同じデータから、単位に依存しない**群間差指標**を求めて提示するのが良い。下図には、2群と多群について、どのような群間差指標を利用できるかを例示した。例えば、2群間比較の場合は、2群の平均値の差やそれを標準偏差(SD)の形で表して、2群の合成標準偏差 s（s_1, s_2 の平均的な値）で割って、群間差指数の形で表すことができる。

別の表現法としては、2群を区別する最適な値 cutoff 値を設定して、それを超える割合（確率またはオッズ）を各群で求め、その相対比を、尤度比やオッズ比の形で表す形がよく用いられる。また、cutoff 値を段階的に変化させて、ROC 曲線を描きその曲線下面積を群間差の相対指標をする形も良く用いられる。一方、多群間の比較の場合では、分散分析で得られる純群間 SD と群内 SD を求め、その比を上記の2群の場

合と同様に、群間差指数という形で表すのが有用である (Ichihara K. Clin Chim Acta 2014;432:108-18)。

なお、各群間の相対指標を利用する上で、どの大きさを実質的に意味のある値とするかは、その指標を使う目的・状況によって変化し、一定の基準があるわけではない。

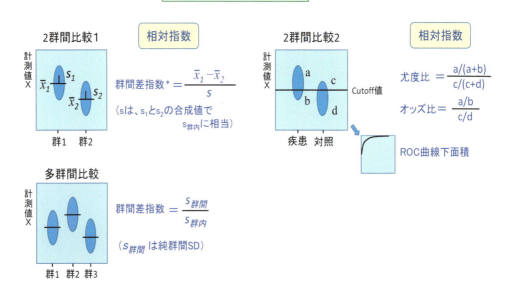

* 2群の場合、データ数 n_1, n_2 が大きくかつ $n_1 ≒ n_2$ の場合、2群の平均値の差を標準偏差の形式で表すと、近似的に $s_{群間} = (\bar{x}_1 - \bar{x}_2)/\sqrt{2}$ となる。このため、多群間比較の場合の群間差指数と、同じ形式で表すには、分子に $\bar{x}_1 - \bar{x}_2$ ではなく、この $s_{群間}$ を用いる方が良い。

Q6. 臨床試験などの介入研究では、計画段階でデータ数の設定が要求されるのはなぜですか？　また何を目安に設定するのですか？

A. 臨床試験では、薬剤などの治療（介入）効果を確認するため、治療の必要な対象例をランダムに群分けし、各群に異なる薬剤を割り付けて、その結果（outcome）の群間差から薬剤（介入）の効果を判定する。ここで重要なことは、有意差検定で検出しうる群間差は標本のデータ数に依存するため、データ数が少ないと「本当は差があるのに、判定保留とするエラー」（第2種過誤またはβエラー）が起こりやすいことである。しかし、多大な経費をかけて行う薬剤開発が、有意差検定のβエラーのために「判定保留」となっては全てが台無しになってしまう。そこで、臨床試験では、あらかじめ検出すべき薬剤効果量（effect size）Δ を決めておき、H_1に基づく検定統計量の分布の中心Δから、βエラーの確率が一定内（通常、**対立仮説が存在する片側確率で表現し、0.2が使われる**）に抑えうる、症例数を次の計算により求める。

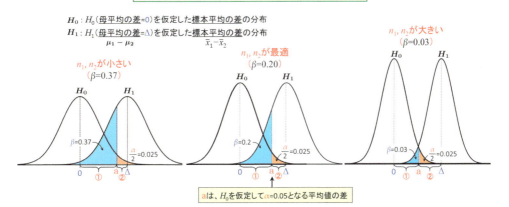

上図でH_0の分布とは、2標本を同じ母集団から抽出したときの標本平均の差$\bar{x}_2 - \bar{x}_1$の理論分布で、その中心は0、母集団の標準偏差σが既知とすると、その標準誤差SEは$\sigma\sqrt{\frac{1}{n_1} + \frac{1}{n_2}}$となる。通常通り、有意水準 $\alpha = 0.05$（αエラーに相当、両側確率で表示）で検定する場合、平均値の差が各図のaより大きい場合はH_0を棄却してH_1を採用するのでβエラーは起こらない。

逆にH_1が正しくても、標本平均の差がa以下だとH_0を棄却できず、βエラーが発生する。βエラーの確率は各図の水色の領域となり、片側確率で表示する。水色領域の大きさは標本データ数に依存し、**左側の図**のように標本データ数が少ないとβエラーは大きくなり、**右側の図**のように、データ数が大きいとH_0, H_1の分布は急峻となるためβエラーは小さくなる。

検定に必要なデータ数の計算では、この関係を利用して、**中央の図**に示す、①の長さ（H_0を仮定してαエラー＝0.05となる標本平均の差aに相当）と②の長さ（H_1を仮定した標本平均の差の分布で、βエラー＝0.2となるΔからの位置）より、Δ＝①＋②となるように、2群のデータ数n_1, n_2を以下に示す式により決める（なお、より厳密な条件とする場合は、βエラー＝0.1とする）。

$$\Delta = \mu_1 - \mu_0$$
$$= z_\alpha \times SE + z_{2\beta} \times SE$$
$$= z_\alpha \times \sigma \sqrt{\frac{1}{n_1} + \frac{1}{n_2}} + z_{2\beta} \times \sigma \sqrt{\frac{1}{n_1} + \frac{1}{n_2}}$$

ここに、$\sigma =$ 計測値分布の標準偏差、$z_\alpha = 1.96$ ($\alpha = 0.05$：両側) $z_{2\beta} = 0.842$ ($\beta = 0.20$：片側) となる n_1, n_2 を決める ($\beta = 0.10$ のときは、$z_{2\beta} = 1.28$)。

いま、治験群：対照群$= n_1 : n_2 = 1 : k$ とすると $n_2 = k \times n_1$ となり、n_1 を決めれば良いことになるが、計算を容易にするため、$n = n_1 = n_2$ とすると上記の式は、

$$\Delta = z_\alpha \times \sigma \sqrt{\frac{1}{n} + \frac{1}{n}} + z_{2\beta} \times \sigma \sqrt{\frac{1}{n} + \frac{1}{n}} = \sigma \times (z_\alpha + z_{2\beta}) \sqrt{\frac{2}{n}}$$

と簡単になる。これを n について解くと、

$$n = 2 \left(\frac{z_\alpha + z_{2\beta}}{\Delta/\sigma} \right)^2 \text{ として求まる。}$$

ただし、上記の計算式では、理論を平易にすべく計測値の標準偏差 σ を既知の値としたが、実際に検定を行う際には、σ を標本標準偏差 s で代用することになり、その曖昧さを補正した計算方式が必要となる。これには z 値を非心 t 分布という特殊な t 分布の値に置き換えるなど、上の関係式を高度の数理統計理論が解く必要がある。しかしその結論だけを示すと、各群に必要なデータ数 n は、近似的に次式で求まる。

$$n = 2 \left(\frac{z_\alpha + z_{2\beta}}{\Delta/s} \right)^2 + \frac{z_\alpha^2}{4}$$

具体的な数値例として、2つの減量法の比較臨床試験で、体重の変化量を効果指標とする場合を想定する。一方（治験法）の体重の変化量が $\Delta = 4kg$ 優れていると仮定して、それを $\alpha = 0.05, \beta = 0.2$ のエラーで検定するに必要な各群のデータ数（2群のデータ数は同じと仮定）を求めてみる。ここで必要となるのは、体重の分布の標準偏差であり、いま成人男性だけを対象とする場合を想定し、標準偏差を 8kg（平均値は 8kg）とすれば、各群の必要データ数は次のように計算される。

$$n = 2 \left(\frac{z_\alpha + z_{2\beta}}{\Delta/s} \right)^2 + \frac{z_\alpha^2}{4}$$
$$= 2 \left(\frac{1.96 + 0.842}{4/8} \right)^2 + \frac{1.96^2}{4}$$
$$= 63.7$$

となる。

2）比率の差の有意差検定の場合

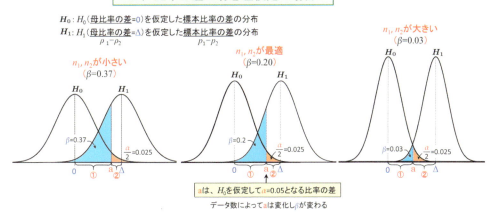

H_0 の分布とは、母比率を ρ_0 と仮定した場合に、そこから得られた2つの標本比率の差 $p_2 - p_1$ の理論分布で、その中心は 0、標準誤差 SE は、$\sqrt{\dfrac{\rho_0(1-\rho_0)}{n_1} + \dfrac{\rho_0(1-\rho_0)}{n_2}}$ となる。通常通り、有意水準 $\alpha=0.05$（α エラーに相当、両側確率で表示）で検定する場合、標本比率の差 $p_2 - p_1$ が各図の a より大きい場合は H_0 を棄却して $H_1(\rho_1 = \rho_0 + \Delta)$ を採用するので β エラーは起こらない。

逆に H_1 が正しくても、比率の差が a 以下だと H_0 を棄却できず、β エラーが発生する。β エラーの確率は各図の水色の領域となり、片側確率で表示する。水色領域の大きさは標本データ数に依存し、**左側の図**のように標本データ数が少ないと β エラーは大きくなり、**右側の図**のように、データ数が大きいと H_0, H_1 の分布は急峻となるため β エラーは小さくなる。

検定に必要なデータ数の計算では、この関係を利用して、**中央の図**に示す、①の長さ（H_0 を仮定して α エラー $= 0.05$ となる標本比率の差 a に相当）と②の長さ（H_1 を仮定した標本比率の差の分布で、β エラー $= 0.2$ となる Δ からの位置）から、$\Delta = ① + ②$ となるように、2群のデータ数 n_1、n_2 を図の下に示す式により決める。ここで、n_1 と n_2 の比を $1:k$ とすれば、$n_2 = k \times n_1$ とすることで、数式から簡単にデータ数 n_1 が求まる。

いま母比率の差が $\Delta = \rho_1 - \rho_0$ であるとして、対立仮説 H_1 の分布の、期待値は $\rho_1 - \rho_0$ で、その標準誤差は、

$$\sqrt{\dfrac{\rho_0(1-\rho_0)}{n_1} + \dfrac{\rho_1(1-\rho_1)}{n_2}} \text{ となる。}$$

$$\begin{aligned}
\Delta &= \rho_1 - \rho_0 \\
&= z_\alpha \times SE + z_{2\beta} \times SE \\
&= z_\alpha \times \sqrt{\dfrac{\rho_0(1-\rho_0)}{n_1} + \dfrac{\rho_0(1-\rho_0)}{n_2}} + z_{2\beta} \times \sqrt{\dfrac{\rho_0(1-\rho_0)}{n_1} + \dfrac{\rho_1(1-\rho_1)}{n_2}}
\end{aligned}$$

いま計算を容易にするため、$n = n_1 = n_2$ とすると上記の式は、

$$\Delta = z_\alpha \times \sqrt{\frac{2\rho_0(1-\rho_0)}{n}} + z_{2\beta} \times \sqrt{\frac{\rho_0(1-\rho_0)}{n} + \frac{\rho_1(1-\rho_1)}{n}}$$

これを n について解くと、

$$n = \left(\frac{z_\alpha \times \sqrt{2\rho_0(1-\rho_0)} + z_{2\beta} \times \sqrt{\rho_0(1-\rho_0) + \rho_1(1-\rho_1)}}{\Delta} \right)^2$$

具体的な数値例として、新旧治療法による再発率を比較する臨床試験について必要データ数を計算する。ここで必要となるのは、旧治療法による治癒率 ρ_0 と新治療法による治癒率 ρ_1 の推定値である。例えば旧、新治療法の治癒率をそれぞれ、0.50, 0.65 とすると、$\Delta = \rho_1 - \rho_0 = 0.15$ となり、2群のデータ数比を等しく n とすると、$z_\alpha = 1.96$（$\alpha = 0.05$：両側）　$z_{2\beta} = 0.842$（$\beta = 0.20$：片側）とおけば、上式から、

$$n = \left(\frac{1.96 \times \sqrt{2 \times 0.5 \times (1-0.5)} + 0.842 \times \sqrt{0.5(1-0.5) + 0.65(1-0.65)}}{\Delta} \right)^2$$

$$n = \left(\frac{1.96 \times 0.5\sqrt{2} + 0.842\sqrt{0.25 + 0.2275}}{0.15} \right)^2$$

必要データ数は $n = 172$ となる

薬剤の効果判定を有意差検定で行う場合、検出すべき群間差 Δ をまず決め、β エラー（本来差があるのに、判定保留となる確率）が許容限界以下となる、2群のデータ数を算出する。

参考 有意差検定における αエラーと βエラー

　有意差検定で、観察した違いについて判定を行う場合、2つのエラー（過誤）の可能性がある。一つは、αエラー（第1種過誤）と呼び、有意確率 P が有意水準 $α$ より低く、帰無仮説 H_0 を棄てて、対立仮説 H_1 を採用する場合に生じる。すなわち、本当は H_0 が正しいのに、$P < α$ であるため、誤って H_0 を棄却するのが αエラーである。P が十分に小さいと誤判断の可能性は乏しいが、P が $α$ に近いと、誤判断のリスクが高くなる。このため、有意確率 P は別名、**危険率**と呼ばれる。

　もう一方は、βエラー（第2種の過誤）で、$P ≧ α$ で帰無仮説を棄却できなかった場合に起こる。これは、本当は対立仮説 H_1 が正しいのに、$P ≧ α$ のため、誤って判定保留とするのが βエラーである。

　下図に示すごとく、一般に標本のデータ数が小さいと、H_0 や H_1 を仮定した検定統計量の理論分布の広がりが大きく、βエラーの領域（確率）が大きくなる。

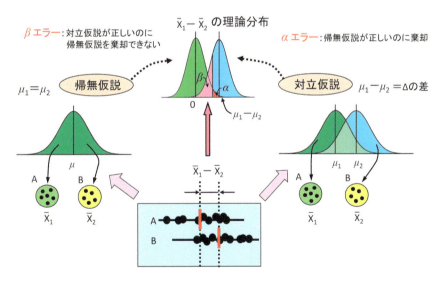

データ数が小さいと検定統計量がゆらぎ、βエラーが大きくなる

10-01 適切な統計処理に必要な考え方

逆に、下図に示すごとく、データ数が増えると、H_0、H_1 に基づく検定統計量の理論分布は狭くなり、β エラーの確率は小さくなる。

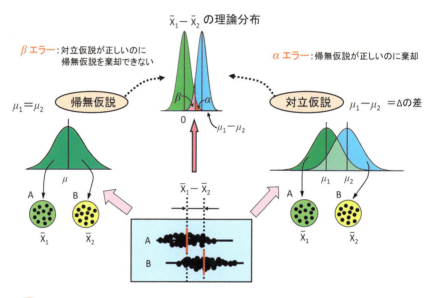

 データ数が大きいと検定統計量が安定し、β エラーは小さくなる

Key word　キーワード　　α エラーと β エラー

α エラー：**有意差ありと判定したときに生じる。** 帰無仮説が正しいのに、それを誤って棄却してしまう確率。有意差検定を行うと有意確率 P（＝危険率）として常に計算される。

β エラー：**判定保留としたときに生じる。** 対立仮説が正しいのに、それを採択できない確率。帰無仮説に対する対立仮説の相対位置、すなわち群間差を指定すれば計算できる。

Q7. 多群間で 2 群ずつ検定したところ、査読者から検定回数による有意確率の補正を要求されました。なぜ補正が必要なのですか？

A. 補正の必要性の問題は、検定の多重性と呼ばれ、α エラー（本来群間差がないのに、差があると判定するエラー）を減らすことが目的である。

すなわち、多群の場合、2 群ずつ総当たりで計 k 回、有意水準を α として検定すると、α エラーの累積確率（検定全体として α エラーが生じる確率）は $P = 1 - (1 - \alpha)^k$ と計算される。例えば、4 群の場合、2 群ずつ総当たりで検定すると計 $_4C_2 = 6$ 通りの検定をするので、累積 α エラーは $P = 0.265$ となる。このことは、6 回中 1 回以上、偶然に有意差を見いだす確率が 0.265 であることを示す。また群数が 6, 10 の場合、15, 45 組の検定を行うことになり、累積 α エラーは 0.537, 0.901 と高い値となる。

そこで、科学雑誌では、論文審査において多重検定に対して、1）個別検定で得られた有意確率を総検定回数に応じて補正するか、2）可能な場合には多重比較法の利用を要求するケースが増えている。これは、P 値が十分に低ければ、そのような調整をしても群間差の統計学的有意性は保たれるが、P 値が有意水準に近い場合には、補正により群間差は有意でなくなる。これにより、明瞭に大きな群間差のみが有意となり、ボーダーラインの群間差の報告は抑制される。

要するに、P 値が十分に低くない中途半端な有意差は、たくさん検定を行うといくらでも出てくるので、確率調整してもなお十分に有意な結果に限って、レポートすべきという科学雑誌の立場である。

帰無仮説が正しいときに、総当たり検定で誤って有意差を得る確率

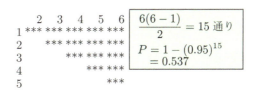

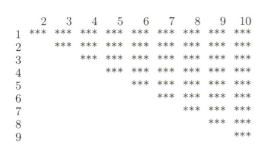

補正法には 2 通りある。一つは、通常通りの検定を行って得た有意確率 P を検定回数に応じて補正する**有意確率補正法**、もう一つは、帰無仮説が正しい場合に、検定全体として有意な判定を下す確率が 0.05 となるように作られた**多重比較法**を用いる方法である。

以下、よく用いられる2種類の有意確率の補正方法について記す。

1）有意確率補正法（検定回数に応じた補正）

検定の総組数を m とおくと、次の2つの確率補正法がある。

■ **Sidak 補正** 　　　　　　■ **Bonferroni 補正**
$$P' = 1 - (1-P)^m \qquad\qquad P' = P \times m \quad (P' > 1 \text{ のとき } P' = 1)$$

具体例で2つの方法による補正計算例を示す。いま、4群 (A、B、C、D) 間で総当たりで2標本 t 検定を行うと、A 対 B、A 対 C の間で有意差を認め、それぞれ有意確率 $P = 0.013$、$P = 0.0035$ であった。

全部で $_4C_2 = 6$ 通りの検定を行っているので、$m = 6$ として補正を行うと、

A 対 B

　　Sidak 補正 $\implies P' = 1 - (1-P)^m = 1 - (1-0.013)^6 = 0.0755$ 　有意とは言えない
　Bonferroni 補正 $\implies P' = P \times m = 0.013 \times 6 = 0.078$ 　　　　　　有意とは言えない

A 対 C

　　Sidak 補正 $\implies P' = 1 - (1-P)^m = 1 - (1-0.0035)^6 = 0.0208$ 　有意差と判定
　Bonferroni 補正 $\implies P' = P \times m = 0.0035 \times 6 = 0.021$ 　　　　　有意差と判定

Bonferroni 法は、検定回数が多くなると補正後の P 値が1を超えるという不都合が生じるが、Sidak 法では $P > 1$ となることはない。しかし、肝心の補正後の P 値が 0.05 付近となるケースでは、両者の補正効果にほとんど差はない。いずれにしろ2つの方法は、**あくまで α エラーを減らすための簡便法**であり、次項で紹介する多重比較法を利用できる場合は、それを利用すべきである。しかし、多変量間で相関係数を総当たりで計算したり、多要因で2×2分割表を作成し χ^2 検定を行う場合には、適切は補正法がないので、この補正法を用いるしかない。

2）多重比較法

上述のごとく、多重に検定すると α エラーの発生率が検定回数に応じて高まる。多重比較法を用いると、帰無仮説が正しい場合には、検定総数が変化しても累積 α エラーが、検定の有意水準（$\alpha = 0.05$ など）通りになるよう調整される。その結果、個々の検定での P 値は検定回数に応じた補正が自動的に行われる。しかし、その補正は上記の簡便法よりも緩く、差の検出力の低下が少し抑制される。

多重比較法には、独立多群のデータに適用するものと、関連多群のデータに適用するものに分かれる。また、それぞれは、k 群に対して、全2群間で総当たりで $_kC_2$ 組の検定を行う場合に用いる方法 (Tukey 法, Dunn 法) と、1つの群を対照群と定めて、それと他の群との間で $k-1$ 組の検定を行う方法 (Dunnett 法, Dunn 法) に分かれる。当然、前者よりも後者の方が検定回数が少ないので、差の検出力の低下が抑制される。従って、可能な場合は後者の方式で検定組数を減らすほうが良い。Tukey 法と Dunnett 法

はパラメトリック法であり、分布の正規性を仮定した方法である。一方、Dunn 検定はノンパラメトリック法に相当し、全 2 群間検定用と対照群との比較用の 2 通りがある。

以下、上記の代表的な 2 つのパラメトリック法について、独立多群型のデータへの適用に限定して、その概要を紹介する。

■ Tukey 法

k 群あれば、2 群ずつ検定をすると $_kC_2 = k(k-1)/2$ 通りとなるが、各ペアについて、平均値の差の検定が行われる。ただし、2 標本 t 検定では検定統計量に t を求めたが、Tukey 検定では次の検定統計量 q を求める。

$$q = \frac{\bar{x}_i - \bar{x}_j}{SE}$$

$$SE = \sqrt{\frac{s^2}{2}\left(\frac{1}{n_i} + \frac{1}{n_j}\right)}$$

ここで SE は、比較する、2 群 i, j の平均値の差 ($\bar{x}_i - \bar{x}_j$) の標準誤差で、s^2 は一元配置分散分析で求まる残差変動の不偏分散、n_i, n_j はデータ数を表す。

判定：Tukey 検定表で、有意水準 α、群数 k、残差変動の自由度 $N - k$ (N は総データ数) から、その有意点を調べ、それより q が大きければ有意と判定する。

■ Dunnett 検定

1 つの対照群と他の $k-1$ 群との間で、計 $k-1$ 組の検定を行う場合に利用する。全 2 群間検定の Tukey 検定に比べ差の検出力が高くなる。

対照群と第 i 群の平均値の差の有意性を、次の検定統計量 q' により判定する。

$$q' = \frac{\bar{x}_{con} - \bar{x}_i}{SE}$$

$$SE = \sqrt{s^2\left(\frac{1}{n_{con}} + \frac{1}{n_i}\right)}$$

ここで、$\bar{x}_{con}, \bar{x}_i$ は対照群、第 i 群の平均値、SE は平均値の差の標準誤差、n_{con}, n_i は各群のデータ数、s^2 は分散分析で求まる誤差分散である。判定は、Dunnett の q' 表から、有意水準 α、対照群も含めた群数 k、s^2 の自由度 $N - k$ から有意点を求めて、算出した q' がそれより大きいと有意とする。

> 多重に検定を行うと、無意味な有意差の出現率が増える。科学雑誌ではそれを抑制するため、検定回数に応じた有意確率の補正を要求することが多い。これには、有意確率を総検定回数に応じて補正するか、可能な場合は多重比較法を利用する。

Q8. 観察研究では群間比較に有意差検定を使えないって本当ですか？

A. データ収集の条件にもよるが、基本的に観察研究では本書で取り扱った群間比較検定を使うべきでない。その理由は「観察研究では、群間比較でバイアスが入りやすい」ためで、その意味を理解するためには、「観察研究」の対極にある「実験的研究」との違いを明確にしておく必要がある。

通常、量的な計測値を用いる研究は、大きく**実験的研究**と**観察研究**（調査研究）に分かれる。実験的研究 experimental study (interventional study) では、対象に異なる介入（処理; intervention）を加え、その効果 (outcome) を比較する。この場合、対象を各群にランダムに割り振っているため、介入の違い以外の点では、群間差はない。よって介入の結果生じた outcome の違い（有意差）は、そのまま介入の効果と判断される。

一般的に、2 群間比較のための検定法の使い分けは、outcome 変数が連続尺度で分布に歪みがない場合（血圧の変化など）は **2 標本 t 検定**、順序尺度の場合は **Mann-Whitney 検定**、名義尺度の場合は **χ^2 独立性検定**（比率の差の検定）が使われる。

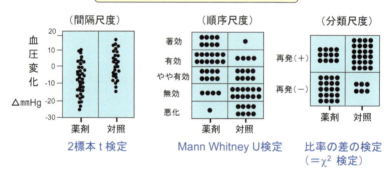

また、介入の方法が 3 種類またはそれ以上に分かれる場合は、独立多群の差の検定を利用することになり、同様に outcome 変数が連続尺度で分布に歪みがない場合は**一元配置分散分析**、順序尺度の場合は **Kruskal-Wallis 検定**、名義尺度の場合は **1 × m 分割表**が使われる。

これに対して、観察研究 observational study (survey) では、いろいろな条件で収集したデータを群分けし、同じく 2 群間、多群間でその差違を比較する。しかし、実験的研究とは異なり、群の割り付けがランダムではないため、次に述べる 1) 交絡現象 (confounding) や 2) 交互作用 (interaction) が起こりやすく、観察された見かけ上の差は、他の要因の状態に影響される。

1）交絡現象

交絡現象とは、2つのパラメータ（計数値や変数）の間に観察される見かけ上の関係（相関や群間差）で、着目していない第3のパラメータによりもたらされる。例えば下図の例では、検査値Xと性（男女）という2つのパラメータの関係を調べると、Xには統計学的に有意な男女差が見られる。しかし、第3のパラメータである年齢とXにはもともと直接的な関係（Xは加齢で低下）があり、かつ年齢分布が男女で異なっている（年齢の偏りの存在）。この結果、**Xの性差に関する分析において、年齢が交絡し、見かけ上の男女差が生じた**。一般に、交絡現象を見抜くには、第3のパラメータのレベル別に、2つのパラメータの関係を調べると明らかになる。この例では、年代別にXの男女差を見れば、交絡が生じていたことは明らかである。

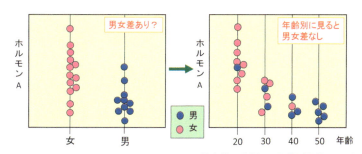

 年齢別に見ると男女差はなく、年齢が交絡して男女差を生じた

2）交互作用

交互作用とは、2つのパラメータの関係の強さが、他のパラメータの状況により変化する現象をさす。下図では、計測値Y（検査値）と計測値X（年齢）の間に関連があるようには見えない。しかし、男女別にXとYの関係を調べると、女性ではYは年齢で低下、男性では逆に年齢で上昇している。すなわち、XとYの関係の強さ（直線の傾き）が、性別というパラメータの状態により変化したことになる。

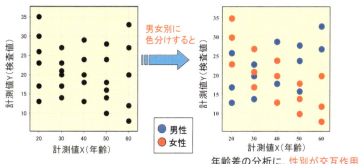

 性別を無視すると年齢差はないが、男女別に見ると、男女で年齢変化が異なるという現象（交互作用）がみられる。

3）交絡現象の実例

次の例は、健常者から採血し、免疫グロブリン（IgG）の値の変動要因を調べた調査研究である。その要因として性別、喫煙習慣の有無が調べられた。IgG は喫煙で低下し、また男性は女性に比し値が低い。しかし、喫煙群では男性の割合が極めて多いため、IgG は喫煙のために低いのか、男性だから低いのか、単純には解釈できない。

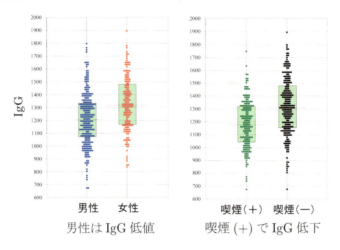

男性は IgG 低値　　　喫煙 (+) で IgG 低下

そこで、まず男女に分けてから、さらに喫煙習慣別に分けて IgG の値を調べると次の図のようになる。

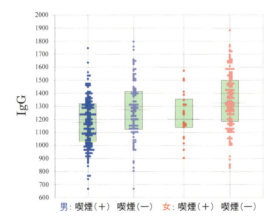

この結果、男女別に見た場合も喫煙 (+) で IgG は低下。一方、喫煙 (+) での男女差なく、喫煙 (−) でも男女差はない。すなわち、IgG は男性だから低いのではなく、喫煙習慣で低くなっていると解釈できる。

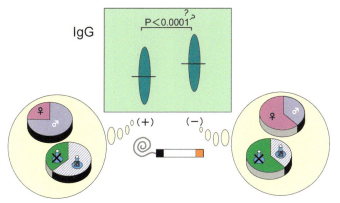

重回帰分析の利用で、どの因子がIgGと関連しているかが分かる

 調査研究には偏りがつきもの、単純分類による群間差検定は無意味

4）調査研究の結果を正しく評価するには、多変量解析が必要

　実験データであれば、対象をランダムに群分けしておき、それに異なる処理を行うので有意な群間差はそのまま処理効果と解釈できる。一方、調査研究では、多数のパラメータが相互に絡み合っているため、パラメータ毎に有意差検定を行っても、無意味である。このため、多変量解析を用いて、全てのパラメータを同時に取り扱い、その相互関連性を調整した上での判断が必要となる。

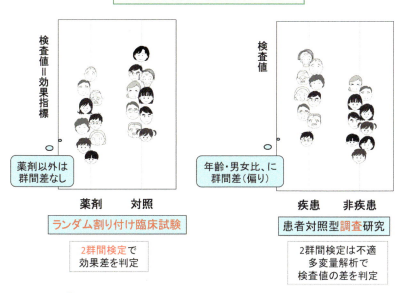

 群間差に関する有意差検定は、調査研究では使えない！

例えば上述の交絡現象の例では、検査値 X、性、年齢を同時に比較すべく、性を 2 値変数（男 0、女 1）とし、多変量解析の代表である重回帰分析を次式を作成して行い、

$$\text{検査値 X} = b_0 + b_1(\text{性}) + b_2(\text{年齢})$$

回帰係数 b_0, b_1, b_2 の有意性（0 と有意に異なるか）から性と年齢のどちらが、より直接的に検査値 X と関連しているかを調べる必要がある。

交互作用の例では、

$$\text{検査値 X} = b_0 + b_1(\text{性}) + b_2(\text{年齢}) + b_3(\text{性}) \times (\text{年齢})$$

の形で、性と年齢の積を新しいパラメータとして用意し、b_3 の有意性から交互作用の有無を調べることになる。

よって、調査研究では最初から多変量解析を用いるべきで、パラメータ毎に群間比較のための有意差検定を行っても妥当な結論を得にくい。群間比較が許容されるのは、実験的研究の場合に限られるといっても過言ではない。

第11章 実験してみよう

第11章
01 実験してみよう

実験してみよう

2色のチップを5個ずつ袋に入れて、よく混ぜて1つずつ順に取り出し、偶然で、2色のチップの配置にどの程度偏りが生じるかを調べてみよう。この実験を多人数で行うと、Mann-Whitney検定の統計量Uの理論分布、すなわち、U値が偶然でゆらぐ範囲を知ることができる。

■実験手順

(1) 2種のチップ（写真の例では青色と黄色）を5個ずつ袋に入れ、よく混ぜる。

(2) 袋から1つずつ順にチップを取り出し、次頁の記録紙左のA列に一方のチップを、B列に他方のチップを上から順に配置していく。

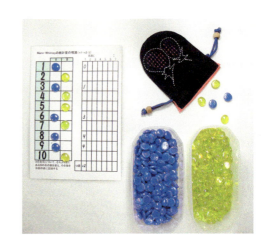

(3) 全部取り出したら、A列のチップに注目し、各チップより前にあるB列のチップの個数を数えて、記録紙右側に記録し、その合計、すなわちU値を求める。

(4) この実験を合計7回行う。

(5) 最後に、全員が7つのU値を共通の記録紙に記入し、U値の理論分布の形状を調べよう[*9]。

順位	1	2	3	4	5	6	7	8	9	10
●チップ	●		●			●		●	●	
●チップ		●		●	●		●			●

よくまぜよう！

[*9] 実験結果例は、付録の解答集262頁を参照。記録用紙は付属CDの「実験ファイル」フォルダーにあります。

例えば上の写真の結果を得た場合について、U値を求めてみると、

青色チップ群に注目すると、$U = 0 + 1 + 3 + 4 + 4 = 12$
なお黄色チップ群に注目すると、$U' = 1 + 2 + 2 + 3 + 5 = 13$ となるが、この実験ではU値の分布を見るのが目的なので、必ず一方の色（この場合青）に注目し、**他方に注目したU値を求めてはいけない。**

実験1　個人用記録紙（Mann-Whitneyの検定統計量U）

Aの各石について、それより上にあるBの石の数を数え、その数を右側の表に記録する

実験してみよう

6枚のコインを透明のケースに入れてよく振って、表の出る回数の分布を調べてみよう。一度に投げるのは6枚だが、集計用紙上で、12枚、24枚投げた場合についても調べよう。この実験を多人数で行うと、コインの表の出る確率は0.5なので、母比率 $p = 1/2(0.5)$ に対する、表の出現度数の理論分布（$p=0.5$、試行回数 $n=6, 12, 24$ に対する二項分布）が求まる。

■実験手順

(1) 6個のコインを投げて、表の出た枚数を調べ、集計表A1に記録する。それを計40回反復する。

(2) ただし、12枚、24枚投げたときの枚数は、実際には投げないで、6枚投げたときの記録から計算で求める。

(3) 集計表B1に、表の出た枚数別に、その出現回数を数え上げる。

(4) 実験者全員のデータを集計して、集計グラフを完成する[*10]。

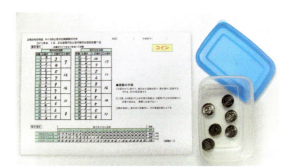

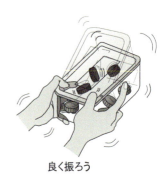

良く振ろう

集計表A1 …任意のコインを6つ使って実験

実験	表の出た回数			実験	表の出た回数		
	6個中	12個中	24個中		6個中	12個中	24個中
1				21			
2				22			
3				23			
4				24			
5				25			
6				26			
7				27			
8				28			
9				29			
10				30			
11				31			
12				32			
13				33			
14				34			
15				35			
16				36			
17				37			
18				38			
19				39			
20				40			

集計表B1

	表の出た回数																									合計
	0	1	2	3	4	5	6	7	8	9	10	11	12	13	14	15	16	17	18	19	20	21	22	23	24	
6回投げたとき								×	×	×	×	×	×	×	×	×	×	×	×	×	×	×	×	×	×	=40
12回投げたとき														×	×	×	×	×	×	×	×	×	×	×	×	=20
24回投げたとき																										=10

[*10] 実験結果例は、付録の解答集263頁を参照。記録用紙は付属CDの「実験ファイル」フォルダーにあります。

実験してみよう

6個のサイコロを透明のケースに入れてよく振り、1の目の出る個数の分布を調べてみよう。一度に投げるのは6個だが、集計用紙上で、12個、24個投げた場合についても調べよう。この実験を多人数で行うと、サイコロの1の目の出る確率は0.167なので、母比率 $p = 1/6$ に対する、出現度数の理論分布（$p=0.167$、施行回数 $n=6, 12, 24$ に対する二項分布）が求まる。

■実験手順

(1) 6個のサイコロを投げて、1の目の出た個数を集計表 A2 に記録する。それを、計40回反復する。

(2) ただし、12個、24個投げたときの1の目の個数は、実際には投げず、6個投げたときの記録から計算で求める。

(3) 集計表 B2 に、1の目の個数別に、その出現回数を数える。

(4) 実験者全員のデータを集計して、集計グラフを完成する[*11]。

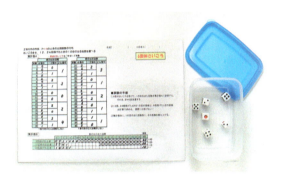

[*11] 実験結果例は、付録の解答集 264 頁を参照。

11-01 実験してみよう

実験してみよう

χ^2 独立性の検定 と χ^2 適合度検定 を理解するために次のような実験を行う。
χ^2 独立性の検定 に対しては、数値を偶数と奇数に分類したとき、A 群と B 群で偏りがあるかを検定するモデルを、χ^2 適合度検定 に対しては、1～6 の数値の出現回数について偏りがあるかを検定するモデルを考える。

■ 実験手順

(1) 頭の中で 1～6 までの数値をランダムになるように考えて、表 1 の「頭で作る乱数の表」のA 群欄に 30 個順に記入する。つづいて B 群欄に 30 個同様に記入する。

(2) 大小のサイコロ 3 つずつを合計 10 回振り、表 2 の「サイコロで作る乱数」の A 群欄に大サイコロの目を、B 群欄に小サイコロの目を記入する。

(3) 記入した数値を、添付 CD 内の Excel ファイル「χ2 独立性検定.xls」のシート上段の $\boxed{1}$ の表の中に入力する（次頁は「頭で作る乱数」の記入例）。

(4) すると同シート中段 $\boxed{2}$ に、列要因（A 群か B 群か）と行要因（偶数か奇数か）の関係の強さを表す χ^2 値（独立性の検定の χ^2 値：①③）が計算される。また、下段 $\boxed{3}$ には、1～6 の目の出方の偏りを表す χ^2 値（適合度検定の χ^2 値：②④）が自動的に計算される。

(5) 最後に全員の①～④の値を集めて、4 つの χ^2 値①～④の分布形状を調べてみよう。

■表1. 頭で作る乱数
1～6までの数値を、まずA欄に30個、つづいてB欄に30個、ランダムに記入

A群						B群					

① 独立性 $\chi^2=$ ____　　② 適合度 $\chi^2=$ ____
　　　　P＝ ____　　　　　　　P＝ ____

■表2. サイコロで作る乱数
大のサイコロを30回振ってA欄に、小のサイコロを30回振ってB欄に記録

A群 (大きなさいころ)						B群 (小さなさいころ)					

③ 独立性 $\chi^2=$ ____　　④ 適合度 $\chi^2=$ ____
　　　　P＝ ____　　　　　　　P＝ ____

①③は自由度 1 の χ^2 値、②④は自由度 5 の χ^2 値なので、StatFlex の「統計量→確率の計算」機能を利用して、各々の有意確率 P を計算してみよう。

「χ2独立性検定.xls」の「頭で作る乱数」シートへの記入例

1 の表に、記入した数値を入力する。入力された数値に従って、2 および 3 に集計結果と、その偏りを表す χ^2 値が計算される。

2 では、列要素としてA群とB群に分け、行要素として数値を偶数か奇数に分け、2×2 で集計し、列要素と行要素の関連を表す χ^2 値 (①) を計算している。

3 では、1〜6 の出現回数を集計し、その回数の偏りを示す χ^2 値 (②) を計算している[*12]。

[*12] 実験結果例は、付録の解答集 265 頁を参照。

11-01 実験してみよう

実　験　し　て　み　よ　う

4色のチップを4個ずつ袋に入れて、よく混ぜて1つずつ順に取り出し、偶然で、4色のチップの配置にどの程度偏りが生じるかを調べてみよう。偏りの程度は、Kruskal-Wallisの検定統計量 H を使って表そう。この実験を多人数で行うと、Kruskal-Wallisの検定統計量 H の理論分布、すなわち、H 値が偶然でゆらぐ範囲を知ることができる。

■実験手順

(1) 4色のチップを4個ずつ袋に入れ、よく混ぜる。

(2) あらかじめ、どの色のチップをどの行に配置するかを決めておく。

(3) 袋から1つずつ順にチップを取り出し、次頁の記録紙上に、その色のチップの配置行に順に置いていく。

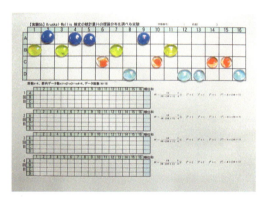

(4) 全部取り出したら、各チップに割り振られた順位を下方の集計欄に書き出し、各色のチップの順位和を求める（記録紙の記入計算例を参照）。

(5) 4色のチップの順位和から、配置の偏りを表す統計量 H を計算する。

(6) この実験を合計4回行う。

(7) 最後に、全員が4回の H 値を共通の記録紙に記入し、H 値の理論分布の形状を調べる。

　なお、本標本抽出実験を3色のチップを5枚ずつ使って行う場合にも対応できるよう、次々頁にその記録紙を示す。

実験結果記録用紙 (実験 4a) $k = 4$、$n_1 = n_2 = n_3 = n_4 = 4$ の場合

群数k=4、群内データ数n1=n2=n3=n4=4、データ総数 N=16

1回目

	1	2	3	4	5	6	7	8	9	10	11	12	13	14	15	16	順位和	n
A																		0
B																		0
C																		0
D																		0

$$H = \frac{12}{16(16+1)} \left\{ \frac{\square}{4} + \frac{\square}{4} + \frac{\square}{4} + \frac{\square}{4} \right\} - 3*17 = \square$$

2回目

	1	2	3	4	5	6	7	8	9	10	11	12	13	14	15	16	順位和	n
A																		0
B																		0
C																		0
D																		0

$$H = \frac{12}{16(16+1)} \left\{ \frac{\square}{4} + \frac{\square}{4} + \frac{\square}{4} + \frac{\square}{4} \right\} - 3*17 = \square$$

3回目

	1	2	3	4	5	6	7	8	9	10	11	12	13	14	15	16	順位和	n
A																		0
B																		0
C																		0
D																		0

$$H = \frac{12}{16(16+1)} \left\{ \frac{\square}{4} + \frac{\square}{4} + \frac{\square}{4} + \frac{\square}{4} \right\} - 3*17 = \square$$

4回目

	1	2	3	4	5	6	7	8	9	10	11	12	13	14	15	16	順位和	n
A																		0
B																		0
C																		0
D																		0

$$H = \frac{12}{16(16+1)} \left\{ \frac{\square}{4} + \frac{\square}{4} + \frac{\square}{4} + \frac{\square}{4} \right\} - 3*17 = \square$$

見本

	1	2	3	4	5	6	7	8	9	10	11	12	13	14	15	16	順位和	n
A	1		3				7	8									19	4
B					5					10			13	14			42	4
C						6					11				15	16	48	4
D		2		4					9			12					27	4
																	OK	

集計

11-01 実験してみよう

■ 実験結果記録用紙（実験 4b） $k=3$、$n_1=n_2=n_3=5$ の場合

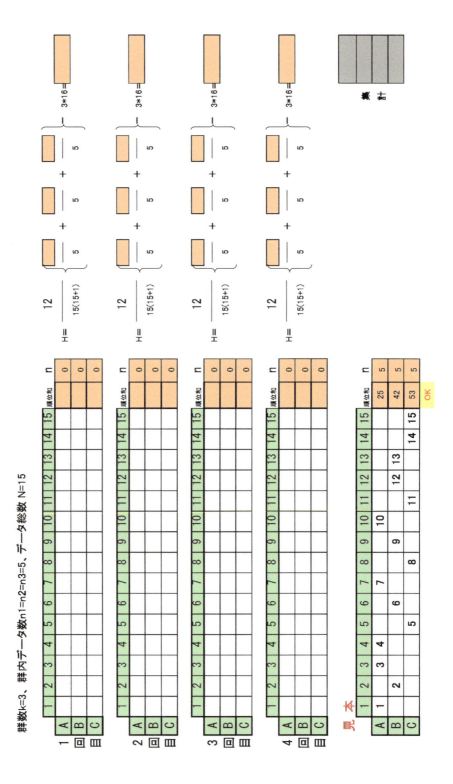

■計算例

例えば、232 頁の写真の結果について、Kruskal-Wallis の統計量 H を求めてみよう。

いま青、黄、赤、水色をそれぞれ、●、▲、■、★の記号に置き換えて表すと次の表のようになる。

順位	1	2	3	4	5	6	7	8	9	10	11	12	13	14	15	16
●チップ		●		●	●				●							
▲チップ	▲		▲				▲				▲					
■チップ						■				■				■	■	
★チップ								★				★	★			★

この結果に対する各チップの順位と順位和は下表のようになり、これから Kruskal-Wallis の統計量 H を計算する。

					順位和 R_i	R_i^2
●チップ	2	4	5	9	20	400
▲チップ	1	3	7	11	22	484
■チップ	6	10	14	15	45	2025
★チップ	8	12	13	16	49	2401

$$H = \frac{12}{16(16+1)}\left(\frac{20^2}{4} + \frac{22^2}{4} + \frac{45^2}{4} + \frac{49^2}{4}\right) - 3(16+1) = 7.566$$

一般に、各チップが、ランダムに出るとすると、H は、近似的に自由度 3 の χ^2 分布に従い、$P = 0.05$ に対する χ^2 の有意点は 7.815 である。

得られた H 値は 7.566 で、χ^2 の有意点 7.815 より小さく、観察された H 値は、帰無仮説とは全く矛盾しないと判断される。

ちなみに、H が最小値 ($H = 0$) となる場合の●▲■★の配置例は何通りも考えられるが、その一つの例を挙げると次のようになる。

順位	1	2	3	4	5	6	7	8	9	10	11	12	13	14	15	16	順位和
●チップ	●							●	●						●		34
▲チップ		▲				▲				▲				▲			34
■チップ				■		■					■		■				34
★チップ				★	★						★	★					34

また H が最大値 ($H = 14.118$) となる場合の●▲■★の配置例としては、次の例が考えられる[*13]。

順位	1	2	3	4	5	6	7	8	9	10	11	12	13	14	15	16	順位和
●チップ	●	●	●	●													10
▲チップ					▲	▲	▲	▲									26
■チップ									■	■	■	■					42
★チップ													★	★	★	★	58

[*13]実験結果例は、付録の解答集 266 頁を参照。

実験してみよう

　大小2つのサイコロを用意し、それを同時に合計6回（$n=6$）振って、大きい方のサイコロの目をX、小さい方の目をYとしたときの、XとYの相関係数rを求める。当然YとXは無関係であり、rの期待値は0であるが、実際には、偶然のゆらぎで、rは幅広い値を示す。同じことを、$n=12$の場合についても調べて見よう。この実験を多人数で行うと、無相関の2変量母集団から得られたn個の標本に対する標本相関係数の理論分布を得ることができる。なお、通常の標本相関係数の理論分布は、2変量正規分布する母集団から得られた標本を仮定して導かれる。この実験では、X, Yは1〜6の範囲の一様分布（離散量）であるため、特殊な母集団と考える必要があるが、データ数nが10以上であれば、rの分布はほぼ正規分布とみなせる。

■実験手順

(1) 大小2つのサイコロを用意する。

(2) 2つを同時に投げて、大きい方のサイコロの目をX、小さい方のサイコロの目をYと見なして、それぞれを右頁の記録紙に記録する。この試行を合計6回繰り返す。

(3) 6つのデータに対して、相関係数rを求める。なお、付属のCDの「実験ファイル」内に入っているExcelの記録紙に入力すると、自動的にrが計算される。

(4) 相関係数の程度を把握するため、記録表の横に配置したグラフ覧に、X、Yの値を打点する。

(5) この試行を合計6回繰り返し、6つのr相関係数を記録する。

(6) 続いて、次々頁の$n=12$用の記録紙に、6つ単位で2組の相関係数の実験データを統合して$n=12$に対する相関係数rを求める。

(7) 最後に、全員で相関係数の集計用紙に$n=6$について6回分、$n=12$について3回分を記録し、それぞれどのような分布型になるかを調べる。

11-01 実験してみよう

標本相関係数記録用紙 (n=6)

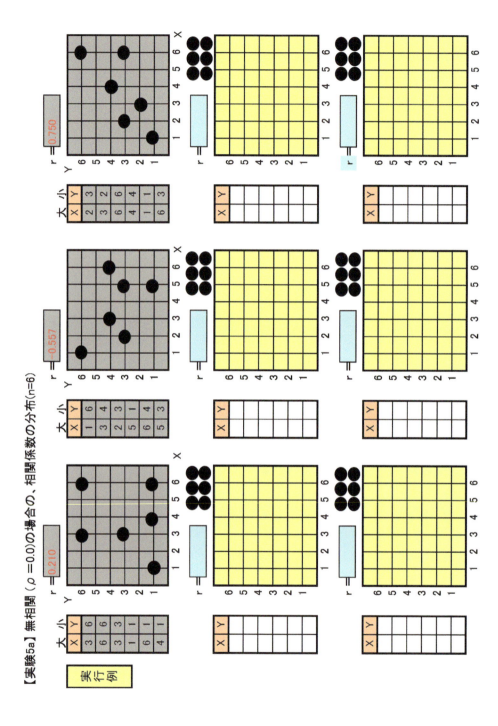

【実験5a】無相関（$\rho=0.0$）の場合の、相関係数の分布 (n=6)

■ 標本相関係数記録用紙 (n=12)

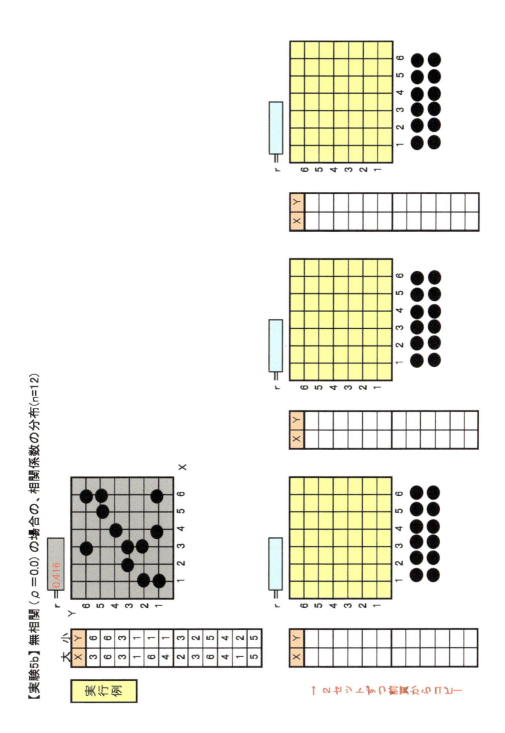

第 11 章

実験してみよう

解答集

演習 1

■身長について

$$\sum x_i = 155.6 + 155.8 + 156.1 + 155.5 + 155.9 + 155.7 + 155.8 = 1090.4$$

$$\sum x_i^2 = 155.6^2 + 155.8^2 + 156.1^2 + 155.5^2 + 155.9^2 + 155.7^2 + 155.8^2 = 169853.4$$

$$\text{平均値 } \bar{x} = \frac{\sum x_i}{n} = \frac{1090.4}{7} = 155.78 cm$$

$$\text{標本分散 } s^2 = \frac{\sum(x_i - \bar{x})^2}{n-1} = \frac{\sum x_i^2 - \frac{(\sum x_i)^2}{n}}{n-1} = \frac{169853.4 - \frac{1090.4^2}{7}}{7-1}$$

$$= 0.039$$

$$\text{標本標準偏差 } s = \sqrt{\text{標本分散}} = 0.1976 cm$$

$$\text{CV} = \frac{\text{標本標準偏差}}{\text{標本平均値}} \times 100 = \frac{0.1976}{155.78} \times 100 = 0.127 \%$$

■体重について

$$\sum x_i = 53.3 + 52.6 + 54.1 + 53.7 + 52.8 + 52.9 + 54.0 = 373.4$$

$$\sum x_i^2 = 53.3^2 + 52.6^2 + 54.1^2 + 53.7^2 + 52.8^2 + 52.9^2 + 54.0^2 = 19920.4$$

$$\text{平均値 } \bar{x} = \frac{\sum x_i}{n} = \frac{373.4}{7} = 53.3 kg$$

$$\text{標本分散 } s^2 = \frac{\sum(x_i - \bar{x})^2}{n-1} = \frac{\sum x_i^2 - \frac{(\sum x_i)^2}{n}}{n-1} = \frac{19920.4 - \frac{373.4^2}{7}}{7-1}$$

$$= 0.363$$

$$\text{標本標準偏差 } s = \sqrt{\text{標本分散}} = 0.602 kg$$

$$\text{CV} = \frac{\text{標本標準偏差}}{\text{標本平均値}} \times 100 = \frac{0.602}{53.3} \times 100 = 1.129 \%$$

StatFlex での計算 (演習 1)

手順：

1. データベース型としてデータを入力する。またはサンプルファイルから「演習1_身長と体重」を開く。
2. 「統計」「基本統計量」の設定でパラメトリックを選択して実行する。

計算結果：

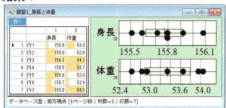

```
<< 基本統計量 >>
< パラメトリック法 >  [第1頁：群1]
N：行数 n：有効データ数
        n    Mean    SD     CV     SE     最小値   最大値   べき乗   変換原点
身長    7   155.77  0.198  0.127  0.075  155.50  156.10  1.0000   0.000
体重    7   53.343  0.602  1.129  0.228   52.600  54.100  1.0000   0.000
```

演習2

1. 60点の標準化値 $z_1 = \dfrac{60 - 55}{15} = 0.333$

2. 80点の標準化値 $z_2 = \dfrac{80 - 55}{15} = 1.667$

3. $z_1 \leqq z$ となる片側確率 $P_1 = \dfrac{1}{2} P(|z| \geqq 0.333) = 0.3696$

4. $z_2 \leqq z$ となる片側確率 $P_2 = \dfrac{1}{2} P(|z| \geqq 1.667) = 0.0478$

5. 求める確率は $P = P_1 - P_2 = 0.322$

6. 60〜80点に含まれる生徒数は、P に生徒数をかけて $[400 \times 0.322 = 128.8]$ 人として求まる。

7. 得点60〜80点を、偏差値の形で基準化すると $[0.333 \times 10 + 50 = 53.3]$ 〜 $[1.667 \times 10 + 50 = 66.7]$ となる。

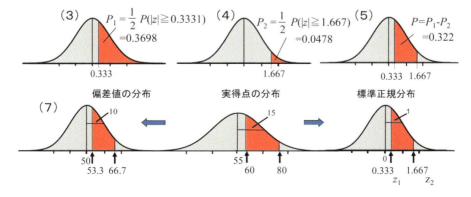

演習 3

解

① 仮説 H_0 のもと、差の平均値 $\bar{d}$ の理論分布を考える。その中心位置は 0、その標準誤差は不明なので s_d の $1/\sqrt{n}$ で代用する。

② $\bar{d}$ を検定統計量として、それが $\bar{d}$ の理論分布に照らして、確率的にどの程度偏っているかを知りたい。これには $\bar{d}$ 値をその標準誤差 $s_d/\sqrt{n}$ で標準化すると、その値 t は自由度 $n-1$ の t 分布に従うことを利用する。

$$\bar{d} = 0.971、s_d = 1.357 \text{ から、} t = \frac{\bar{d}}{\frac{s_d}{\sqrt{n}}} = \frac{0.971}{\frac{1.357}{\sqrt{7}}} = 1.893 \text{ となる。}$$

$|\bar{d}| \geq 0.971$ となる確率は、$|t| \geq 1.893$ の確率を求めることと同じである。

③ 判定:t 分布表より、自由度 $n-1$、有意水準 $\alpha = 0.05$ に対する t 値の有意点は 2.447 である。一方、観察された t 値は 1.893 であり、$|t| \geq 1.893$ となる有意確率は、α より大きい。

$$\therefore P = P(|\bar{d}| \geq 0.971) = P(|t| \geq 1.893) > P(|t| \geq 2.447) = 0.05$$

よって $p > 0.05$

従って:帰無仮説 H_0 を棄却出来ず、お茶には有意な体重減少効果があるとは言えない(判定保留)。

StatFlex での計算

手順:

1. サンプルファイル「演習 3_一標本 t 検定②.SFD6」を開く。
2. 「統計」メニューの「関連群間の比較」の「2 群間検定」を選択する。
3. 統計処理パネルが出るので、検定法の「1 標本 t 検定」にチェックを入れ、「OK」ボタンをクリックする。

計算結果:

```
<< 関連多群全 2 群間比較 >>

< 1 標本 t 検定 >
頁=[変数 1]   条件 1 vs. 条件 2
差の平均値=-0.971 差の標準偏差= 1.357
 t 値=-1.894
自由度= 6
有意確率 P = 0.1071
```

演習 4

利尿剤 A	利尿剤 B	差 d_i	d_i^2
1.8	1.9	-0.1	0.01
2.5	2.5	0.0	0.0
2.7	3.0	-0.3	0.09
2.9	2.6	0.3	0.09
1.2	2.4	-1.2	1.44
4.0	4.0	0.0	0.0
2.4	1.8	0.6	0.36
1.6	2.3	-0.7	0.49
1.5	2.4	-0.9	0.81
2.3	2.8	-0.5	0.25
2.2	2.9	-0.7	0.49
3.0	3.7	-0.7	0.49
合計		-4.2	4.52

$$\bar{d} = -0.35 \qquad s_d = \sqrt{\frac{\sum(d_i - \bar{d})^2}{n-1}} = 0.527$$

$$t = \frac{\bar{d}}{\frac{s_d}{\sqrt{n}}} = \frac{-0.35}{\frac{0.527}{\sqrt{12}}} = 2.303$$

付表の t 分布表より、自由度 11 の両側確率 $P < 0.05$ となる t 値は 2.201 で、この標本の t 値は 2.303 であることから、H_0 を棄却して H_1 が採用し、利尿剤 B が有意に効果があると判定（$P < 0.05$）。

StatFlex での計算　（演習 4）

手順：

1. 関連多群型としてデータを入力する。またはサンプルファイルから「演習 4_利尿剤の効果」を開く。
2. 「統計」「関連分間の比較」「2 分間の比較」の設定で「1 標本 t 検定」にチェックを入れて実行する。

計算結果：

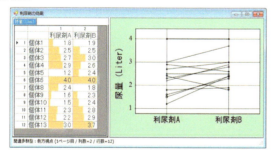

```
<< 関連多群全2群間比較 >>
< 1標本 t 検定 >頁=［尿量（Liter）］　利尿剤 A vs. 利尿剤 B
差の平均値＝ 0.35　差の標準偏差＝ 0.5266
t 値＝ 2.303　　自由度＝ 11　　有意確率 P = 0.0418
```

演習 5

2 標本 t 検定を用いて次のように計算する。
データを要約すると、下記のようになる。

	非妊娠群	妊娠群 d_i^2
データ数	12	6
平均	1.875	3.150
標準偏差	0.839	1.104

合成標準偏差 $s = \sqrt{\dfrac{s_1^2(n_1-1) + s_2^2(n_2-1)}{n_1 + n_2 - 2}} = \sqrt{\dfrac{0.770^2(12-1) + 0.652^2(12-1)}{12+6-2}}$
$= 0.924$

検定統計量 $t = \dfrac{\bar{x}_1 - \bar{x}_2}{s\sqrt{\dfrac{1}{n_1} + \dfrac{1}{n_2}}} = \dfrac{1.875 - 3.15}{0.924\sqrt{\dfrac{1}{12} + \dfrac{1}{6}}} = -2.760$

標準化後の値 $|t| = 2.760$ は、両側確率 0.05 に対応する t 値 $t(16, 0.05) = 2.120$ よりも偏った値である。よって $P < 0.05$ で (H_0) を棄却し、(H_1) を採用する。すなわち 2 群の平均値は有意に異なると判定する。

StatFlex での計算　(演習 5)

手順：

1. 独立多群型としてデータを入力する。または、サンプルファイルから「演習 5_ホルモンと妊娠」を開く。
2. 「統計」「独立群間の比較」「2 群間検定」で「2 標本 t 検定」を選択し、出力ボタンを押す。

計算結果：

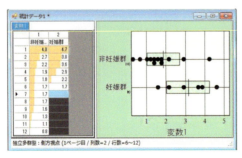

```
<< 独立多群 2 群間比較 >>
< 2 標本 t 検定 >
頁＝[変数 1]　非妊娠群 vs. 妊娠群
平均値 1 = 1.8750    SD1 = 0.8292    n1 = 12
平均値 2 = 3.1500    SD2 = 1.1041    n2 = 6
平均値の差=-1.2750 合成標準偏差= 0.9239
 t 値=-2.760
自由度= 16
有意確率 P = 0.01394
```

演習6

(1) 和菓子9個と饅頭25個を詰め合わせる場合、総重量の分布はどうなるか。
平均値　$E(9x_1 + 25x_2) = 9E(x_1) + 25E(x_2) = 1765$
分散　$Var(9x_1 + 25x_2) = 9^2 Var(x_1) + 25^2 Var(x_2) = 81 \times 4 + 25^2 \times 1 = 949$
標準偏差　$SD = \sqrt{949} = 30.806$
95％信頼区間　　$1765 - 30.806 \times 1.96$　〜　$1765 + 30.806 \times 1.96$
　　　　　　　　　　　1704.6　〜　1825.4

(2) 総重量が1720g以下を不良品とみなす場合、全体の何％が不良品となるか。

$z = \dfrac{1720 - 1765}{30.806} = -1.461$

$p = 0.072$　　より　　7.2 ％

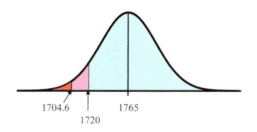

(3) 不良品を3％以下にしたい場合は、何g以下を不良品とすれば良いか。ただし、不良品かどうかは片側で判断するものとする。
片側確率3％は　$z = -1.8808$　となることから、
重量　$w = z \times 30.806 + 1765 = 1707.06$　よって1707 g 以下

演習7

(1) エレベータに男子4名、女子3名が同時に乗る場合、7人の合計体重の分布は、
平均値　$E(4x_1 + 3x_2) = 4E(x_1) + 3E(x_2) = 4 \times 70 + 3 \times 55 = 445$
分散　$Var(4x_1 + 3x_2) = 4^2 Var(x_1) + 3^2 Var(x_2) = 16 \times 10^2 + 9 \times 9^2 = 2329$
標準偏差　$SD = \sqrt{2329} = 48.26$
分布型は　正規分布

(2) 上の問題で、500kgを超えると、ブザーが鳴るとすれば、7名が同時に乗って、ブザーが鳴る確率は、

$z = \dfrac{500 - 445}{48.26} = 1.14$

$P = 0.1271$

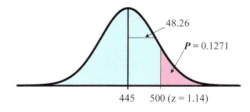

演習 8

治療群と対照群には差はない（2 群の点の配置に差はない）という帰無仮説をたてる。

検定統計量 U を求める：

治療群に注目すると、$U = 0 + 0 + 0 + 1 + 1.5 + 2 = 4.5$

対照群群に注目すると、$U' = 3 + 4.5 + 6 + 6 + 6 + 6 = 31.5$

ここに $U + U' = n_1 n_2$ が成立し、4.5+31.5=36 となっている。

付表より両側確率 $P < 0.05$ となる U 値の下側有意点は 5 で、この標本の U 値は 4.5 で、それより小さい。従って、H_0 を棄却して H_1 が採用し、治療群の ALT が有意に高いと判定（$P < 0.05$）。

StatFlex での計算　（演習 8）

手順：

1. 独立多群型としてデータを入力する。または、サンプルファイルから「演習 8 薬物と肝障害」を開く。
2. 「統計」「独立群間の比較」「2 群間検定」で「Mann-Whitney 検定」を選択し、出力ボタンを押す。

計算結果：

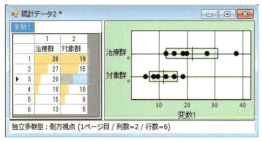

```
<< 独立多群2群間比較 >>
< Mann-Whitney U 検定 >
頁＝［変数 1］治療群 vs. 対象群
U値＝ 4.5（P ＜ 0.05：統計表より）
n1, n2 = 6, 6
有意確率に対する U 値
P ＜ 0.05：U ≦ 5
P ＜ 0.01：U ≦ 2
```

演習 9

喫煙者と非喫煙者の CEA 値には差はない（2 群の点の配置には差がない）という帰無仮説をたてて、検定統計量 U を求める：

非喫煙群に注目すると、$U = 4+5+7+9+9+10+11+11+12+12+12+12+12.5+14+14+14+14+14 = 196.5$

逆に喫煙群に注目すると、$U' = 0+0+0+0+1+2+2+3+3+5+6+8+12.5+13 = 55.5$
ここに、$U + U' = n_1 n_2$ が成立し、196.5+55.5=252 となっている。

付表より両側確率 $P < 0.01$ となる U 値の下側有意点は 58 で、この標本の U 値は 55.5 で、それより小さい。従って、有意水準 1% で H_0 を棄却し、H_1 が採用され、喫煙者群の CEA 値が有意に高い。

StatFlex での計算　（演習 9）

手順：

1. 独立多群型としてデータを入力する。または、サンプルファイルから「演習 9 CEA と喫煙」を開く。
2. 「統計」「独立群間の比較」「2 群間検定」で「Mann-Whitney 検定」を選択し、出力ボタンを押す。

計算結果：

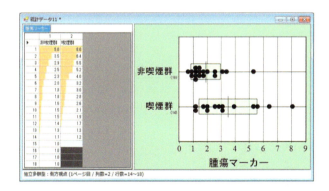

```
<< 独立多群 2 群間比較 >>
< Mann-Whitney U 検定 >
頁＝［腫瘍マーカー］非喫煙群 vs. 喫煙群
U値= 55.5 (P < 0.01：統計表より)
n1, n2 = 18, 14
U値の正規近似 z = 2.681
有意確率 P = 0.00733
有意確率に対する U 値
P < 0.05：U ≦ 74
P < 0.01：U ≦ 58
P < 0.001：U ≦ 42
```

演習 10

StatFlex での計算

手順：

1. サンプルファイル「演習 10_独多型 心筋梗塞判別.SFD6」を開く。独立多群形式で、CK と LD の測定値が示される。
2. 各項目のデータの分布状況を見るために、「グラフ変更」アイコンを押し、グラフ形式の設定を度数分布図に変更する。
3. 「統計」メニューの「独立群間の比較」の「判別分析（ROC 解析）」を選択する。
4. ① 判別群に「心筋梗塞群」を選択、対象群に「非心筋梗塞群」を選択する。
5. ②［全頁一括処理］を指定する。さらに下図のように、表示された ROC 曲線上で右クリックして、［変数別描画条件の設定］を実行して、CK と LD を識別するため、記号や色を変更する。
6. ③ 出力間隔の数を増やしていくと図が変わっていく。ここでは [3] を入力している。
7. ④ 出力項目全てにチェックを入れて実行ボタンをクリックする。
8. 感度・特異度ボタンを押すことで ROC 曲線とグラフの切り替えが行える。

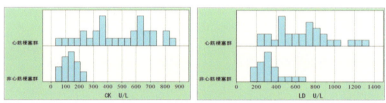

「グラフ変更」アイコンを押して、グラフ形式の設定を度数分布図に変更し、分布状態を確認する。

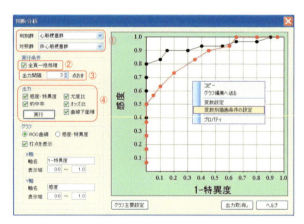

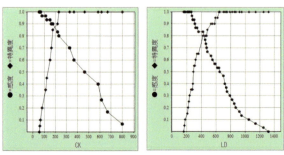

《 判別特性分析 》

被判別群 : 心筋梗塞群
対照群 : 非心筋梗塞群

項目の臨床的意義と各パラメータの数値から適切なcutoff値を設定する

2×2分割表の位置

< CK >

No.	cutoff	感度	1-特異度	+的中率	-的中率	尤度比	オッズ比	[a]	[b]	[c]	[d]
1	801	0.06667	0.0	1.00000	0.41667	-----	------	2	0	28	20
2	669	0.16667	0.0	1.00000	0.44444	-----	------	5	0	25	20
3	614	0.26667	0.0	1.00000	0.47619	-----	------	8	0	22	20
4	583	0.40000	0.0	1.00000	0.52632	-----	------	12	0	18	20
5	463	0.50000	0.0	1.00000	0.57143	-----	------	15	0	15	20
6	368	0.60000	0.0	1.00000	0.62500	-----	------	18	0	12	20
7	330	0.70000	0.0	1.00000	0.68966	-----	------	21	0	9	20
8	233	0.80000	0.0	1.00000	0.76923	-----	------	24	0	6	20
9	221	0.83333	0.1	0.92593	0.78261	8.33333	45.0	25	2	5	18
10	177	0.90000	0.15	0.90000	0.85000	6.00000	51.0	27	3	3	17
11	164	0.90000	0.3	0.81818	0.82353	3.00000	21.0	27	6	3	14
12	152	0.93333	0.4	0.77778	0.85714	2.33333	21.0	28	8	2	12
13	122	0.93333	0.55	0.71795	0.81818	1.69697	11.4545	28	11	2	9
14	112	0.96667	0.65	0.69048	0.87500	1.48718	15.6154	29	13	1	7
15	80	0.96667	0.8	0.64444	0.80000	1.20833	7.25	29	16	1	4
16	66	1.00000	0.9	0.62500	1.00000	1.11111	------	30	18	0	2
17	61	1.00000	0.95	0.61224	1.00000	1.05263	------	30	19	0	1

< 感度=特異度となるカットオフ値 >
カットオフ値 = 435.00
感度 (=特異度)= 0.8000000

頁	変数名	心筋梗塞群 n	非心筋梗塞群	面積	標準誤差
1	CK	30	20	0.93	0.03764
2	LD	30	20	0.87	0.04858

変数名	変数名	平均相関	平均面積	z	両側確率
CK	LD	0.6415	0.8975	1.06285	0.2878

オッズ比 (OR: odds ratio) と尤度比 (LR: likelihood ratio) は、感度と特異度を組み合わせた総合診断特性を表す。したがって、この数値が大きな値をcutoff値の目安とする (臨床的意義を考慮して決定する必要がある)。

CK と LD の診断特性の比較では、ROC 曲線下面積の大きさを持って比較が可能であるが、標準誤差からいって相互に重なり合うところが大きいことが推定できる。また、両側確率の所でも 0.287 であることから、「今回の検討データからは両検査法に有意な差がなかった。」と言える。

演習 11

StatFlex での計算　（演習 11）

手順：

1. 「統計」「統計量→確率の計算」から「二項分布」にチェックを入れ実行ボタンを押す。
2. 「確率の計算」ウインドウに数値を入力して「OK」ボタンを押す。
3. 度数を含む上側確率と下側確率 (有意水準) と 個別確率値が表示される。

(1) コインを 8 回投げて表の出た回数は 1 回だけであった。
このようなことは十分あり得るか。

StatFlex の「確率の計算」パネルに 比率＝ 0.5 試行数＝ 8 実現数＝ 1 を入力する。

```
<< 統計量→確率 >> 二項分布
< 入力情報 > 比率 0.500 8 回中 1 回
< 計算結果 >
度数 1 を含む上側確率 P＝0.9961
度数 1 を含む下側確率 P＝0.03516
(実現数 1 と 0 を足したものが優位確率となる)
度数 1 の個別確率 P＝0.03125
```

(2) 膵癌の診断後 1 年目の生存率は 1/5 であった。新しい化学療法剤で 18 名を治療したところ、生存者は 6 例（生存率 6/18）であった。この治療は有効か？

StatFlex の「確率の計算」パネルに 比率＝ 0.2 試行数＝ 18 実現数＝ 6 を入力する。

```
<< 統計量→確率 >> 二項分布
< 入力情報 > 比率 0.200 18 回中 6 回
< 計算結果 >
(母比率よりも大きい確率なので上側確率が有意確率となる)
度数 6 を含む上側確率 P＝0.1329
度数 6 を含む下側確率 P＝0.9487
度数 6 の個別確率 P＝0.08165
```

(3) 日本人における O 型の比率は 0.3 である。ある疾患 X を有する患者 90 名の血液型を見たところ、O 型は 18 名であった。疾患 X では O 型の比率は有意に低いか？

StatFlex の「確率の計算」パネルに 比率＝ 0.3 試行数＝ 90 実現数＝ 18 を入力する。

```
<< 統計量→確率 >> 二項分布
< 入力情報 > 比率 0.300 90 回中 18 回
< 計算結果 >
度数 18 を含む上側確率 P＝0.9881
度数 18 を含む下側確率 P＝0.02225
度数 18 の個別確率 P＝0.01032
```

演習 12

1）仮説の設定：
帰無仮説 H_0：観察度数は期待度数に適合
対立仮説 H_1：観察度数に偏り

血液型	A 型	O 型	B 型	AB 型	計
観察度数	38	42	34	6	120
期待度数	48	36	24	12	120

2）偏りを表す検定統計量 χ^2 を求める。期待度数として 120 名を 4:3:2:1 に割り振る。

$$\chi^2 = \frac{(38-48)^2}{48} + \frac{(42-36)^2}{36} + \frac{(34-24)^2}{24} + \frac{(6-12)^2}{12}$$
$$= 10.25$$

3）判定：χ^2 値は自由度 $df = k-1 = 3$ の χ^2 分布に従い、有意水準 0.05 の χ^2 値 7.815 よりも大きいが、有意水準 0.01 の χ^2 値 11.345 よりは小さい。従って、疾患 X では血液型の割合に有意な偏りがあると判定する（$P < 0.05$）。

StatFlex での計算　（演習 12）

手順：

1. 「統計」「計数値の検定」から「χ^2 適合度検定」に進み、カテゴリ数に 4 を入れセットボタンを押す。

2. 期待度数の設定のところで「期待度数を指定する」にチェックを入れ数値を入力して実行ボタンを押す。

計算結果：

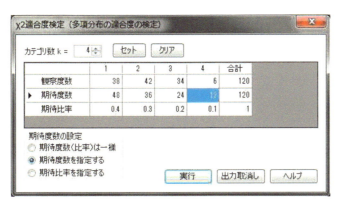

演習 13

期待度数は右の表のとおりである。

	治療法		
	A	B	計
生存	45	45	90
死亡	30	30	60
計	75	75	150

$$\chi^2 = \frac{(55 \times 40 - 35 \times 20)^2 \times 150}{90 \times 60 \times 75 \times 75} = 11.11$$

判定：

自由度 1、有意水準 0.01 の χ^2 値は、6.635 であるから、
求めた $\chi^2 = 11.11 < \chi^2(0.01) = 6.635$ となり、H_0 は棄却され、
治療法により生存率は有意に異なる（$P < 0.01$）と言える。

StatFlex での計算　（演習 13）

手順：

1. 「統計」「計数値の検定」から「2×2 分割表」に進み、データを入力する。
2. 「独立性検定」にチェックを入れ、実行ボタンを押す。

計算結果：

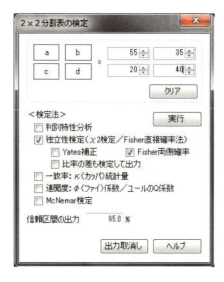
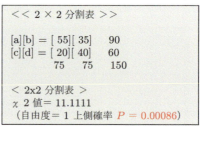

演習 14

■群間変動の偏差平方和

$$\begin{aligned}
S_A &= \sum_{i=1}^{k} n_1 (\bar{x}_i - \bar{\bar{x}})^2 \\
&= 10 \times (22 - 28.9)^2 + 7 \times (27 - 28.9)^2 + 8 \times (36 - 28.9)^2 + 8 \times (32 - 28.9)^2 \\
&= 10 \times 47.6 + 7 \times 3.6 + 8 \times 50.4 + 8 \times 9.6 = 981.5
\end{aligned}$$

■群内変動の偏差平方和

$$\begin{aligned}
S_E &= \sum_{i=1}^{k}\sum_{j=1}^{n_1}(x_{ij} - \bar{x}_i)^2 \\
&= [(14-22)^2 + (19-22)^2 + (17-22)^2 + (19-22)^2 + (20-22)^2 \\
&\quad +(21-22)^2 + (25-22)^2 + (27-22)^2 + (28-22)^2 + (30-22)^2] \\
&\quad +[(19-27)^2 + (20-27)^2 + (26-27)^2 + (28-27)^2 + (29-27)^2 \\
&\quad +(30-27)^2 + (37-27)^2] \\
&\quad +[(24-36)^2 + (30-36)^2 + (31-36)^2 + (39-36)^2 + (40-36)^2 \\
&\quad +(40-36)^2 + (41-36)^2 + (43-36)^2] \\
&\quad +[(23-32)^2 + (25-32)^2 + (29-32)^2 + (33-32)^2 + (34-32)^2 \\
&\quad +(35-32)^2 + (38-32)^2 + (39-32)^2] \\
&= (64+9+25+9+4+1+9+25+36+64) + (64+49+1+1+4 \\
&\quad +9+100) + (144+36+25+9+16+16+25+49) + (81+49+9 \\
&\quad +1+4+9+36+49) = 1032
\end{aligned}$$

	偏差平方和	自由度	不偏分散	F 値
群間変動	981.5	3	327.17	9.19
群内変動	1032	29	35.6	
総変動	2013.5	32		

有意確率と判定：F 分布より自由度 $df_A = 3$、$df_E = 29$、有意水準 $\alpha = 0.05$ の F 値 (F_α) を調べると、$F(3, 29: 0.05) = 2.93$

→　$F = 9.19 > F_{0.05}$ より群間変動は群内変動より有意に大きい（曝露騒音レベルによってホルモン量に差がある）と判定 ($P < 0.05$)

StatFlex での計算　（演習 14）

手順：

1. 独立多群型としてデータを入力する。または、サンプルファイルから「演習 14 騒音と副腎皮質ホルモンの関係」を開く。
2. 「統計」「独立群間の比較」から「多群同時比較」に進み、「一元配置分散分析」にチェックを入れ、実行ボタンを押す。

計算結果：

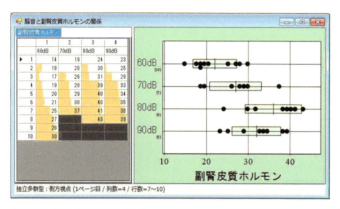

演習 15

これには、まず、　　総平均 $\bar{\bar{x}} = \dfrac{\sum_i^a \sum_j^{n_i} x_{ij}}{N} = \dfrac{101}{21} = 5.00$

$S_{日間} = \sum n_i \cdot (\bar{x}_i - \bar{\bar{x}})^2 = \underline{5} \cdot (4.94 - 5.00)^2 + \underline{4} \cdot (5.35 - 5.00)^2 + \underline{6} \cdot (4.98 - 5.00)^2$
$\qquad\qquad + \underline{6} \cdot (4.85 - 5.00)^2 = \boxed{0.64419}$

$S_{日内} = \sum \sum (x_{ij} - \bar{x}_i)^2$
$\qquad = (4.90 - 4.94)^2 + (5.10 - 4.94)^2 + (5.20 - 4.94)^2 + (4.80 - 4.94)^2$
$\qquad + (4.70 - 4.94)^2 + (5.10 - 5.35)^2 + (5.40 - 5.35)^2 + (5.40 - 5.35)^2$
$\qquad + (5.50 - 5.35)^+ (5.30 - 4.98)^2 + (5.20 - 4.98)^2 + (4.90 - 4.98)^2$
$\qquad + (5.10 - 4.98)^2 + (4.80 - 4.98)^2 + (4.60 - 4.98)^2 + (4.90 - 4.85)^2$
$\qquad + (4.80 - 4.85)^2 + (5.00 - 4.85)^2 + (4.60 - 4.85)^2 + (5.00 - 4.85)^2$
$\qquad + (4.80 - 4.85)^2 = \boxed{0.72533}$

	偏差平方和 S	自由度 df	平均平方 s^2	F値	確率
日間変動	0.64419	3	0.21473	5.032	0.0112
日内変動	0.72533	17	0.04267		
総変動		20			

$s_{日間}{}^2$、$s_{日内}{}^2$ から、純粋な日間の大きさを計算する。これには、まず、補正反復測定数 n_0 を求める。データ総数 N=21 で、$\sum n_i{}^2 = 113$ であることから、

$$n_0 = \dfrac{1}{4-1} \cdot \left(21 - \dfrac{113}{21}\right) = \dfrac{1}{3} \cdot \left(\dfrac{328}{21}\right) = 5.21 \text{ として求まる。}$$

これを用いて、

$$s_{純日間}{}^2 = \dfrac{s_{日間}{}^2 - s_{日内}{}^2}{n_0} = \dfrac{0.21473 - 0.04267}{5.21} = 0.03315$$

これらを CV で表すには、各々の平方根を取って標準偏差の形にしてから、総平均で割り、比率をとる。

$$CV_{純日間} = \dfrac{s_{純日間}}{\bar{\bar{x}}} = \dfrac{\sqrt{0.03315}}{5.00} \times 100 = 3.6\,\%$$

一方、日内変動を CV で表すと、

$$CV_{日内} = \dfrac{s_{日内}}{\bar{\bar{x}}} = \dfrac{\sqrt{0.04267}}{5.00} \times 100 = 4.13\,\% \text{ となる。}$$

演習16

20代	30代	40代
136	142	158
138	150	172
142	155	180
148	170	215
156	188	220
	190	240

⟹ 大きさ順に並べ換え

	20代	30代	40代
	1	3.5	9
	2	6	11
	3.5	7	12
	5	10	15
	8	13	16
		14	17
順位和 R_i	19.5	53.5	80

データ総数 $N = 17$、群数 $k = 3$ とし、順位和の偏りを表す統計量 H を次式で求める。

$$H = \frac{12}{N(N+1)} \sum_{i=1}^{3} \frac{R_i^2}{n_i} - 3(N+1)$$

$$= \frac{12}{17(17+1)} \left(\frac{19.5^2}{5} + \frac{53.5^2}{5} + \frac{80^2}{5} \right) - 3(17+1) = 9.5199$$

$k \leqq 3$、$N \leqq 17$ なので、Kruskal-Wallis 検定表で判定する。
Kruskal-Wallis 検定表より $P < 0.05$ となる H 値の有意点は 5.765 である。この標本の H 値はそれより大きく、また、$P < 0.01$ となる有意点 8.124 よりも大きい。従って、年代差は有意に大きいと判定（$P < 0.01$）。

StatFlex での計算　（演習16）
手順：

1. 独立多群型としてデータを入力する。または、サンプルファイルから「演習16 年齢別生化学検査」を開く。
2. 「統計」「独立群間の比較」から「多群同時比較」に進み、「Kruskal-Wallis 検定」にチェックを入れ、実行ボタンを押す。

計算結果：

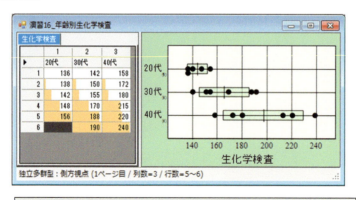

≪ Kruskal-Wallis 検定 ≫ 頁［生化学検査］

H値 = 9.531616　（$P < 0.01$：統計表より）　(k=3, n= 5, 6, 6) N=17
有意確率に対する H 値（Kruskal-Wallis 検定表）
$P < 0.05$：H=5.765
$P < 0.01$：H=8.124

演習 17

$$r = \frac{S_{xy}}{\sqrt{S_{xx}S_{yy}}} = \frac{34733}{\sqrt{2483333 \times 760.9}} = 0.799$$

r をその標準誤差 $\sqrt{\frac{1-r^2}{n-2}}$ で割った値が t 分布に従うことを利用。

$$t = r\sqrt{\frac{n-2}{1-r^2}} = 0.799\sqrt{\frac{13}{1-0.799^2}} = 4.79 \cdots \text{P} = 0.0004$$

よって、r は有意であり、H_0（無相関とする仮説）を否定。

StatFlex での計算　（演習 17）

手順：

1. データベース型としてデータを入力する。または、サンプルファイルから「演習 17_肺活量と身長の関係」を開く。
2. グラフ形式の設定を相関図にする。
3. 「統計」「多変量解析」から「相関係数、分散・共分散行列」に進み、
4. 「相関行列および分散・共分散行列」パネルの単相関係数をチェックして「実行」ボタンを押す。

計算結果：

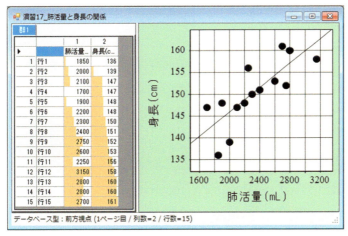

＜ 単相関係数 ＞：肺活量 (mL) vs. 身長 (cm)

単相関係数 = 0.7990 ($P < 0.001$：相関係数検定表より)

データ数 = 15
t 値 (df) = 4.791(13)
確率 $P = 0.0004$
有意確率に対する r 値 (相関係数検定表)
$P < 0.05$: s = 0.514
$P < 0.01$: s = 0.641
$P < 0.001$: s = 0.76

演習 18

ID	X: TG	Y: FBS	(TG) 順位	(FBS) 順位	順位の差	差の平方
1	60	72	1	2	-1	1
2	75	82	2	10	-8	64
3	85	73	3	3	0	0
4	90	70	4	1	3	9
5	100	80	5	8.5	-3.5	12.25
6	110	85	6	12	-6	36
7	115	75	7	4	3	9
8	120	78	8	6	2	4
9	125	88	9	13	-4	16
10	135	77	10	5	5	25
11	150	83	11	11	0	0
12	160	79	12	7	5	25
13	175	80	13	8.5	4.5	20.25
14	180	125	14	14	0	0
合計						$\sum d_i^2 = 221.5$

$$r_S = 1 - \frac{6\sum d_i^2}{n^3 - n} = 1 - \frac{6 \times 256}{14^3 - 14} = 0.513$$

スピアマン検定表から、$n = 14$ で $P < 0.05$ となる最小の r_S は 0.539 である。従って $r_S = 0.513$ はそれより小さいため、帰無仮説 H_0 を棄却できない（判定保留）。

StatFlex での計算　（演習 18）

手順：

1. データベース型としてデータを入力する。または、サンプルファイルから「演習 18_TG と FBS の関係」を開く。
2. グラフ形式の設定を相関図にする。
3. 「統計」「多変量解析」から「相関係数、分散・共分散行列」に進み、
4. 「相関行列および分散・共分散行列」パネルの スピアマン順位相関係数をチェックして「実行」ボタンを押す。

計算結果：

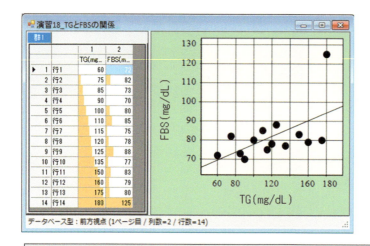

＜ スピアマン順位相関係数 ＞：TG(mg/dL) vs. FBS(mg/dL)

スピアマン順位相関係数 = 0.5127 (NS：スピアマン順位相関係数検定表より)
データ数 = 14
有意確率に対する rS 値 (スピアマン順位相関係数検定表)
$P < 0.05$: rS = 0.539
$P < 0.01$: rS = 0.675

演習 19

(1)

	計測値 x	計測値 y	x^2	y^2	xy
	1	30	1	900	30
	2	40	4	1600	80
	3	30	9	900	90
	4	50	16	2500	200
	5	40	25	1600	200
	5	50	25	2500	250
	7	50	49	2500	350
	7	60	49	3600	420
	8	70	64	4900	560
	10	70	100	4900	700
合計	52	490	342	25900	2880

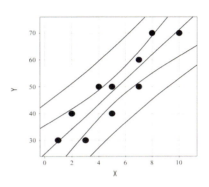

(2)
$$b = \frac{S_{xy}}{S_{xx}} = \frac{\sum x_i y_i - (\sum x_i \cdot \sum y_i)/n}{\sum x_i^2 - (\sum x_i)^2/n} = \frac{2880 - (52 \times 490)/10}{342 - 52^2/10} = 4.637$$

$$a = \bar{y} - b\bar{x} = \frac{1}{n}\left(\sum y_i - b\sum x_i\right) = \frac{1}{10}(490 - 0.4637 \times 52) = 24.888$$

よって、回帰式は $y = 24.888 + 4.637x$ である。

(3)
$$S_{xx} = \sum x_i^2 - \frac{(\sum x_i)^2}{n} = 342 - \frac{(52)^2}{10} = 71.6$$

$$S_{yy} = \sum y_i^2 - \frac{(\sum y_i)^2}{n} = 25900 - \frac{(490)^2}{10} = 1890$$

$$S_{xy} = \sum x_i y_i - \frac{(\sum x_i)(\sum y_i)}{n} = 2880 - \frac{(52)(490)}{10} = 332$$

$$s = \sqrt{\frac{S_{yy} - bS_{xy}}{n-2}} = \sqrt{\frac{1890 - 4.637 \times 332}{8}} = 6.619$$

(4)
$$\text{相関係数 } r = \frac{S_{xy}}{\sqrt{S_{xx} \cdot S_{yy}}} = \frac{332}{\sqrt{71.6 \times 1890}} = 0.9025$$

実験 1 の結果例：Mann-Whitney の検定統計量 U の分布 ($n_1 = n_2 = 5$)

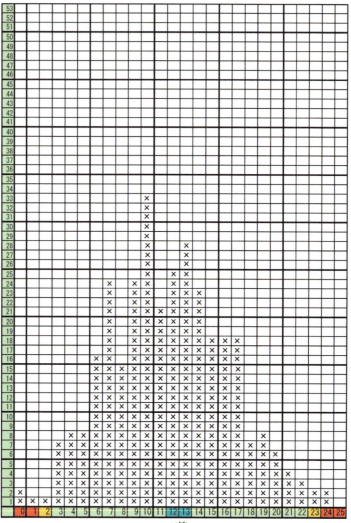

Mann-Whitney の検定統計量 U の分布は、H_0 は $n_1 = n_2 = 5$ のとき、0〜25 の範囲をとり、期待値は下端に水色で示すごとく、12.5 となる (12 または 13)。ここで、Mann-Whitney 統計表に照らして見ると、橙色（赤色）の領域は、帰無仮説が正しくても $P < 0.05$（$P < 0.01$）の確率で起こる領域に相当する。この例では、全試行回数 322 回のうち、実際にそのまれな領域に入った割合は、8/322=0.0248（5/322=0.015）となっている。$P < 0.05$ に対する割合は、期待確率よりはやや少ないが、$P < 0.01$ に対する割合は、ほぼ期待通りとなっている。

実験２の結果例：コインの表の目の出現度数の分布

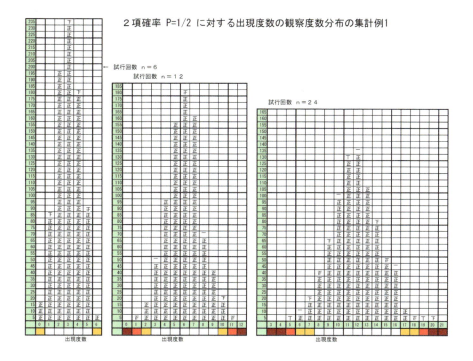

実験３の結果例：さいころの１の目の出現度数の分布

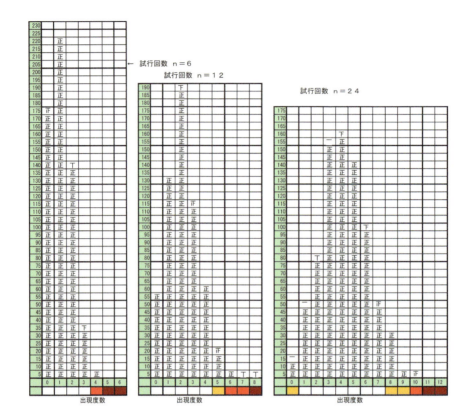

実験4の結果例：χ^2独立性の検定とχ^2適合度検定

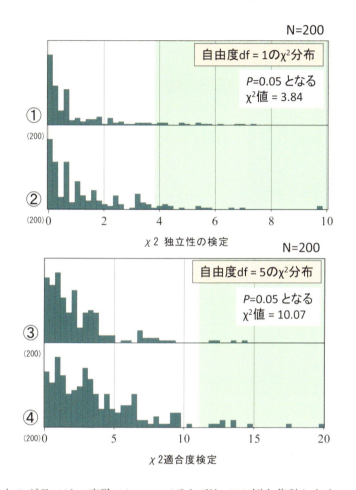

上のグラフは、実験4についてそれぞれ200例を集計したものである。

　実験4では、頭による乱数と、サイコロによる乱数の偏りを表す統計量として、χ^2値を計算する。上段のグラフは、A群とB群で、偶数と奇数の出方に偏りがあるかを示すχ^2値を、頭の場合（①）とサイコロの場合（②）についてそれぞれ計算したものである。下段のグラフは1〜6までの数値の出現回数の偏りを表すχ^2値を、頭の場合（③）とサイコロの場合（④）についてそれぞれ計算したものである。

　1から6の目がランダムに出ている場合、①と②は自由度1のχ^2分布、③と④は自由度5のχ^2分布となる。

　自由度5のχ^2分布の場合、P=0.05となるχ^2値は、統計表より10.07である。理論通りであれば、下段のグラフで10.07以上となるのは10例である。④の場合に9例であるのに対して、③の場合では4例と理論度数より大幅に少ない。これは、頭で乱数を作る場合、どうしても目の出方を揃えようとしてしまうからである。

実験5の結果例：Kruskal-Wallis の検定統計量 H の分布

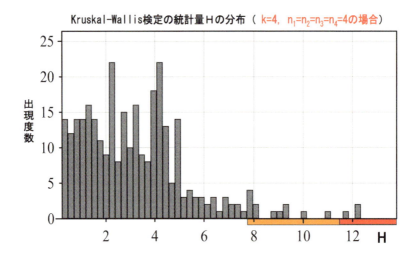

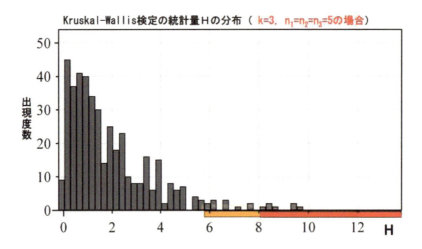

上段は、本書で例示した、$n_1 = n_2 = n_3 = n_4 = 4$ の場合について、下段は、$n_1 = n_2 = n_3 = 5$ の場合について実験した結果である。

上段のケースでは、群数が $k \geqq 4$ であり、χ^2 分布表に照らすと、橙色（赤色）の領域は、帰無仮説が正しくても $P \leqq 0.05$（$P \leqq 0.01$）の確率で起こる領域に相当する。この例では、全試行回数 306 回のうち、実際にそのまれな領域に入った割合は、14/306=0.045（3/306=0.01）となっており、ほぼ期待確率通りとなっている。

一方、下段のケースについては、群数が $k \leqq 3$ であり、Kruskal-Wallis 検定表に照らして、帰無仮説が正しくても $P \leqq 0.05$（$P \leqq 0.01$）の確率で起こる領域を、橙色（赤色）で示している。この例では、全試行回数 415 回のうち、実際にそのまれな領域に入った割合は、18/415=0.043（7/415=0.016）となっており、ほぼ期待確率のとおりの出現率になっている。

実験６の結果例：無相関の２変量母集団から求めた標本相関係数 r の分布

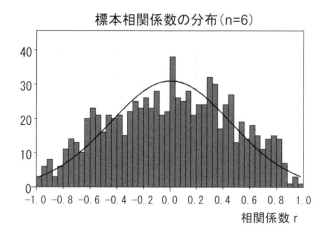

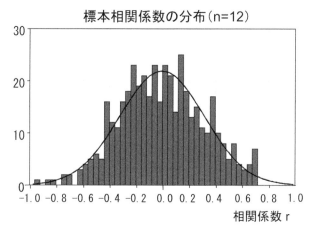

解答集

統計表

表1 正規分布表

標準正規分布表（両側確率）

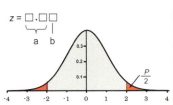

正規分布表の見方

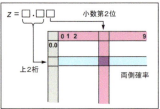

z	(b) .00	.01	.02	.03	.04	.05	.06	.07	.08	.09
(a) 0.0	1.0000	.9920	.9840	.9760	.9680	.9602	.9522	.9442	.9362	.9282
0.1	.9204	.9124	.9044	.8966	.8886	.8808	.8728	.8650	.8572	.8494
0.2	.8414	.8336	.8258	.8180	.8104	.8026	.7948	.7872	.7794	.7718
0.3	.7642	.7566	.7490	.7414	.7338	.7264	.7188	.7114	.7040	.6966
0.4	.6892	.6818	.6744	.6672	.6600	.6528	.6456	.6384	.6312	.6242
0.5	.6170	.6100	.6030	.5962	.5892	.5824	.5754	.5686	.5620	.5552
0.6	.5486	.5418	.5352	.5286	.5222	.5156	.5092	.5028	.4964	.4902
0.7	.4840	.4776	.4716	.4654	.4592	.4532	.4472	.4412	.4354	.4296
0.8	.4238	.4180	.4122	.4066	.4010	.3954	.3898	.3842	.3788	.3734
0.9	.3682	.3628	.3576	.3524	.3472	.3422	.3370	.3320	.3270	.3222
1.0	.3174	.3124	.3078	.3030	.2984	.2938	.2892	.2846	.2802	.2758
1.1	.2714	.2670	.2628	.2584	.2542	.2502	.2460	.2420	.2380	.2340
1.2	.2301	.2262	.2224	.2186	.2150	.2112	.2076	.2040	.2006	.1970
1.3	.1936	.1902	.1868	.1836	.1802	.1770	.1738	.1706	.1676	.1646
1.4	.1616	.1586	.1556	.1528	.1498	.1470	.1442	.1416	.1388	.1362
1.5	.1336	.1310	.1286	.1260	.1236	.1212	.1188	.1164	.1142	.1118
1.6	.1096	.1074	.1052	.1030	.1010	.0990	.0970	.0950	.0930	.0910
1.7	.0892	.0872	.0854	.0836	.0818	.0802	.0784	.0768	.0750	.0734
1.8	.0718	.0702	.0688	.0672	.0658	.0644	.0628	.0614	.0602	.0588
1.9	.0574	.0562	.0548	.0536	.0524	.0512	.0500	.0488	.0478	.0466
2.0	.04550	.04444	.04338	.04236	.04134	.04036	.03940	.03846	.03752	.03662
2.1	.03572	.03486	.03400	.03318	.03236	.03156	.03078	.03000	.02926	.02852
2.2	.02780	.02710	.02642	.02574	.02510	.02444	.02382	.02320	.02260	.02202
2.3	.02144	.02088	.02034	.01980	.01928	.01878	.01828	.01778	.01732	.01684
2.4	.01640	.01596	.01552	.01510	.01468	.01428	.01390	.01352	.01314	.01278
2.5	.01242	.01208	.01174	.01140	.01108	.01078	.01046	.01016	.00988	.00960
2.6	.00932	.00906	.00880	.00854	.00830	.00804	.00782	.00758	.00736	.00714
2.7	.00694	.00672	.00652	.00634	.00614	.00596	.00578	.00560	.00544	.00528
2.8	.00510	.00496	.00480	.00466	.00452	.00438	.00424	.00410	.00398	.00386
2.9	.00374	.00362	.00350	.00338	.00328	.00318	.00308	.00298	.00288	.00278
3.0	.00270	.00262	.00252	.00244	.00236	.00228	.00222	.00214	.00206	.00200
3.1	.00194	.00188	.00180	.00174	.00168	.00164	.00158	.00152	.00148	.00142
3.2	.00138	.00132	.00128	.00124	.00120	.00116	.00112	.00108	.00104	.00100
3.3	.00096	.00094	.00090	.00086	.00084	.00080	.00078	.00076	.00072	.00070
3.4	.00068	.00064	.00062	.00060	.00058	.00056	.00054	.00052	.00050	.00048

統計表

表2　t 分布表

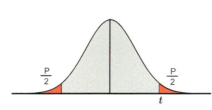

t 分布表（両側確率）

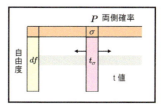

t 分布表の見方

P=	0.10	0.05	0.02	0.01	0.001
df=1	6.314	12.706	31.820	63.657	636.619
2	2.920	4.303	6.965	9.925	31.599
3	2.353	3.182	4.541	5.841	12.924
4	2.132	2.776	3.747	4.604	8.610
5	2.015	2.571	3.365	4.032	6.869
6	1.943	2.447	3.143	3.707	5.959
7	1.895	2.365	2.998	3.500	5.408
8	1.860	2.306	2.896	3.355	5.041
9	1.833	2.262	2.821	3.250	4.781
10	1.813	2.228	2.764	3.169	4.587
11	1.796	2.201	2.718	3.106	4.437
12	1.782	2.179	2.681	3.055	4.318
13	1.771	2.160	2.650	3.012	4.221
14	1.761	2.145	2.624	2.977	4.141
15	1.753	2.132	2.603	2.947	4.073
16	1.746	2.120	2.583	2.921	4.015
17	1.740	2.110	2.567	2.898	3.965
18	1.734	2.101	2.552	2.878	3.922
19	1.729	2.093	2.540	2.861	3.883
20	1.725	2.086	2.528	2.845	3.850
21	1.721	2.080	2.518	2.831	3.819
22	1.717	2.074	2.508	2.819	3.792
23	1.714	2.069	2.500	2.807	3.768
24	1.711	2.064	2.492	2.797	3.745
25	1.708	2.060	2.485	2.787	3.725

P=	0.10	0.05	0.02	0.01	0.001
df=26	1.706	2.056	2.479	2.779	3.707
27	1.703	2.052	2.473	2.771	3.690
28	1.701	2.048	2.467	2.763	3.674
29	1.699	2.045	2.462	2.756	3.659
30	1.697	2.042	2.457	2.750	3.646
32	1.694	2.037	2.449	2.739	3.622
34	1.691	2.032	2.441	2.728	3.601
36	1.688	2.028	2.434	2.720	3.582
38	1.686	2.024	2.429	2.712	3.566
40	1.684	2.021	2.423	2.705	3.551
42	1.682	2.018	2.418	2.698	3.538
44	1.680	2.015	2.414	2.692	3.526
46	1.679	2.013	2.410	2.687	3.515
48	1.677	2.011	2.407	2.682	3.505
50	1.676	2.009	2.403	2.678	3.496
60	1.671	2.000	2.390	2.660	3.460
70	1.667	1.994	2.381	2.648	3.435
80	1.664	1.990	2.374	2.639	3.416
90	1.662	1.987	2.368	2.632	3.402
100	1.660	1.984	2.364	2.626	3.391
120	1.658	1.980	2.358	2.617	3.374
140	1.656	1.977	2.353	2.611	3.361
160	1.654	1.975	2.350	2.607	3.352
180	1.653	1.973	2.347	2.603	3.345
200	1.653	1.972	2.345	2.601	3.340

表3-1：F分布表　α = 0.05

列：分子の自由度　df_1

行：分母の自由度　df_2

df_2 \ df_1	1	2	3	4	5	6	7	8	9	10	12	15	20	30	60	∞
1	161.4	199.5	215.7	224.6	230.2	234.0	236.8	238.9	240.5	241.9	243.9	245.9	248.0	250.1	252.2	254.3
2	18.51	19.00	19.16	19.25	19.30	19.33	19.35	19.37	19.38	19.40	19.41	19.43	19.45	19.46	19.48	19.50
3	10.13	9.55	9.28	9.12	9.01	8.94	8.89	8.85	8.81	8.79	8.74	8.70	8.66	8.62	8.57	8.53
4	7.71	6.94	6.59	6.39	6.26	6.16	6.09	6.04	6.00	5.96	5.91	5.86	5.80	5.75	5.69	5.63
5	6.61	5.79	5.41	5.19	5.05	4.95	4.88	4.82	4.77	4.74	4.68	4.62	4.56	4.50	4.43	4.37
6	5.99	5.14	4.76	4.53	4.39	4.28	4.21	4.15	4.10	4.06	4.00	3.94	3.87	3.81	3.74	3.67
7	5.59	4.74	4.35	4.12	3.97	3.87	3.79	3.73	3.68	3.64	3.57	3.51	3.44	3.38	3.30	3.23
8	5.32	4.46	4.07	3.84	3.69	3.58	3.50	3.44	3.39	3.35	3.28	3.22	3.15	3.08	3.01	2.93
9	5.12	4.26	3.86	3.63	3.48	3.37	3.29	3.23	3.18	3.14	3.07	3.01	2.94	2.86	2.79	2.71
10	4.96	4.10	3.71	3.48	3.33	3.22	3.14	3.07	3.02	2.98	2.91	2.85	2.77	2.70	2.62	2.54
11	4.84	3.98	3.59	3.36	3.20	3.09	3.01	2.95	2.90	2.85	2.79	2.72	2.65	2.57	2.49	2.40
12	4.75	3.89	3.49	3.26	3.11	3.00	2.91	2.85	2.80	2.75	2.69	2.62	2.54	2.47	2.38	2.30
13	4.67	3.81	3.41	3.18	3.03	2.92	2.83	2.77	2.71	2.67	2.60	2.53	2.46	2.38	2.30	2.21
14	4.60	3.74	3.34	3.11	2.96	2.85	2.76	2.70	2.65	2.60	2.53	2.46	2.39	2.31	2.22	2.13
15	4.54	3.68	3.29	3.06	2.90	2.79	2.71	2.64	2.59	2.54	2.48	2.40	2.33	2.25	2.16	2.07
16	4.49	3.63	3.24	3.01	2.85	2.74	2.66	2.59	2.54	2.49	2.42	2.35	2.28	2.19	2.11	2.01
17	4.45	3.59	3.20	2.96	2.81	2.70	2.61	2.55	2.49	2.45	2.38	2.31	2.23	2.15	2.06	1.96
18	4.41	3.55	3.16	2.93	2.77	2.66	2.58	2.51	2.46	2.41	2.34	2.27	2.19	2.11	2.02	1.92
19	4.38	3.52	3.13	2.90	2.74	2.63	2.54	2.48	2.42	2.38	2.31	2.23	2.16	2.07	1.98	1.88
20	4.35	3.49	3.10	2.87	2.71	2.60	2.51	2.45	2.39	2.35	2.28	2.20	2.12	2.04	1.95	1.84
22	4.30	3.44	3.05	2.82	2.66	2.55	2.46	2.40	2.34	2.30	2.23	2.15	2.07	1.98	1.89	1.78
24	4.26	3.40	3.01	2.78	2.62	2.51	2.42	2.36	2.30	2.25	2.18	2.11	2.03	1.94	1.84	1.73
26	4.23	3.37	2.98	2.74	2.59	2.47	2.39	2.32	2.27	2.22	2.15	2.07	1.99	1.90	1.80	1.69
28	4.20	3.34	2.95	2.71	2.56	2.45	2.36	2.29	2.24	2.19	2.12	2.04	1.96	1.87	1.77	1.65
30	4.17	3.32	2.92	2.69	2.53	2.42	2.33	2.27	2.21	2.16	2.09	2.01	1.93	1.84	1.74	1.62
40	4.08	3.23	2.84	2.61	2.45	2.34	2.25	2.18	2.12	2.08	2.00	1.92	1.84	1.74	1.64	1.51
50	4.03	3.18	2.79	2.56	2.40	2.29	2.20	2.13	2.07	2.03	1.95	1.87	1.78	1.69	1.58	1.44
60	4.00	3.15	2.76	2.53	2.37	2.25	2.17	2.10	2.04	1.99	1.92	1.84	1.75	1.65	1.53	1.39
120	3.92	3.07	2.68	2.45	2.29	2.18	2.09	2.02	1.96	1.91	1.83	1.75	1.66	1.55	1.43	1.25
∞	3.84	3.00	2.60	2.37	2.21	2.10	2.01	1.94	1.88	1.83	1.75	1.67	1.57	1.46	1.32	1.00

表3-2：F分布表　α = 0.01

列：分子の自由度　df_1

行：分母の自由度　df_2

df_2 \ df_1	1	2	3	4	5	6	7	8	9	10	12	15	20	30	60	∞
1	4052.2	4999.5	5403.4	5624.6	5763.6	5859.0	5928.4	5981.1	6022.5	6055.8	6106.3	6157.3	6208.7	6260.6	6313.0	6366
2	98.50	99.00	99.17	99.25	99.30	99.33	99.36	99.37	99.39	99.40	99.42	99.43	99.45	99.47	99.48	99.50
3	34.12	30.82	29.46	28.71	28.24	27.91	27.67	27.49	27.35	27.23	27.05	26.87	26.69	26.50	26.32	26.13
4	21.20	18.00	16.69	15.98	15.52	15.21	14.98	14.80	14.66	14.55	14.37	14.20	14.02	13.84	13.65	13.46
5	16.26	13.27	12.06	11.39	10.97	10.67	10.46	10.29	10.16	10.05	9.89	9.72	9.55	9.38	9.20	9.02
6	13.75	10.92	9.78	9.15	8.75	8.47	8.26	8.10	7.98	7.87	7.72	7.56	7.40	7.23	7.06	6.88
7	12.25	9.55	8.45	7.85	7.46	7.19	6.99	6.84	6.72	6.62	6.47	6.31	6.16	5.99	5.82	5.65
8	11.26	8.65	7.59	7.01	6.63	6.37	6.18	6.03	5.91	5.81	5.67	5.52	5.36	5.20	5.03	4.86
9	10.56	8.02	6.99	6.42	6.06	5.80	5.61	5.47	5.35	5.26	5.11	4.96	4.81	4.65	4.48	4.31
10	10.04	7.56	6.55	5.99	5.64	5.39	5.20	5.06	4.94	4.85	4.71	4.56	4.41	4.25	4.08	3.91
11	9.65	7.21	6.22	5.67	5.32	5.07	4.89	4.74	4.63	4.54	4.40	4.25	4.10	3.94	3.78	3.60
12	9.33	6.93	5.95	5.41	5.06	4.82	4.64	4.50	4.39	4.30	4.16	4.01	3.86	3.70	3.54	3.36
13	9.07	6.70	5.74	5.21	4.86	4.62	4.44	4.30	4.19	4.10	3.96	3.82	3.66	3.51	3.34	3.17
14	8.86	6.51	5.56	5.04	4.69	4.46	4.28	4.14	4.03	3.94	3.80	3.66	3.51	3.35	3.18	3.00
15	8.68	6.36	5.42	4.89	4.56	4.32	4.14	4.00	3.89	3.80	3.67	3.52	3.37	3.21	3.05	2.87
16	8.53	6.23	5.29	4.77	4.44	4.20	4.03	3.89	3.78	3.69	3.55	3.41	3.26	3.10	2.93	2.75
17	8.40	6.11	5.18	4.67	4.34	4.10	3.93	3.79	3.68	3.59	3.46	3.31	3.16	3.00	2.83	2.65
18	8.29	6.01	5.09	4.58	4.25	4.01	3.84	3.71	3.60	3.51	3.37	3.23	3.08	2.92	2.75	2.57
19	8.18	5.93	5.01	4.50	4.17	3.94	3.77	3.63	3.52	3.43	3.30	3.15	3.00	2.84	2.67	2.49
20	8.10	5.85	4.94	4.43	4.10	3.87	3.70	3.56	3.46	3.37	3.23	3.09	2.94	2.78	2.61	2.42
22	7.95	5.72	4.82	4.31	3.99	3.76	3.59	3.45	3.35	3.26	3.12	2.98	2.83	2.67	2.50	2.31
24	7.82	5.61	4.72	4.22	3.90	3.67	3.50	3.36	3.26	3.17	3.03	2.89	2.74	2.58	2.40	2.21
26	7.72	5.53	4.64	4.14	3.82	3.59	3.42	3.29	3.18	3.09	2.96	2.81	2.66	2.50	2.33	2.13
28	7.64	5.45	4.57	4.07	3.75	3.53	3.36	3.23	3.12	3.03	2.90	2.75	2.60	2.44	2.26	2.06
30	7.56	5.39	4.51	4.02	3.70	3.47	3.30	3.17	3.07	2.98	2.84	2.70	2.55	2.39	2.21	2.01
40	7.31	5.18	4.31	3.83	3.51	3.29	3.12	2.99	2.89	2.80	2.66	2.52	2.37	2.20	2.02	1.80
50	7.17	5.06	4.20	3.72	3.41	3.19	3.02	2.89	2.78	2.70	2.56	2.42	2.27	2.10	1.91	1.68
60	7.08	4.98	4.13	3.65	3.34	3.12	2.95	2.82	2.72	2.63	2.50	2.35	2.20	2.03	1.84	1.60
120	6.85	4.79	3.95	3.48	3.17	2.96	2.79	2.66	2.56	2.47	2.34	2.19	2.03	1.86	1.66	1.38
∞	6.63	4.61	3.78	3.32	3.02	2.80	2.64	2.51	2.41	2.32	2.18	2.04	1.88	1.70	1.47	1.00

統計表

表4　χ^2分布表

χ^2 分布表（上側確率）

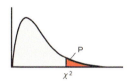

χ^2 分布表の見方

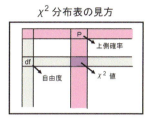

	0.1	0.05	0.01	0.001		0.1	0.05	0.01	0.001
1	2.706	3.841	6.635	10.828	51	64.295	68.669	77.386	87.968
2	4.605	5.991	9.210	13.816	52	65.422	69.832	78.616	89.272
3	6.251	7.815	11.345	16.266	53	66.548	70.993	79.843	90.573
4	7.779	9.488	13.277	18.467	54	67.673	72.153	81.069	91.872
5	9.236	11.070	15.086	20.515	55	68.796	73.311	82.292	93.168
6	10.645	12.592	16.812	22.458	56	69.919	74.468	83.513	94.461
7	12.017	14.067	18.475	24.322	57	71.040	75.624	84.733	95.751
8	13.362	15.507	20.090	26.124	58	72.160	76.778	85.950	97.039
9	14.684	16.919	21.666	27.877	59	73.279	77.931	87.166	98.324
10	15.987	18.307	23.209	29.588	60	74.397	79.082	88.379	99.607
11	17.275	19.675	24.725	31.264	61	75.514	80.232	89.591	100.888
12	18.549	21.026	26.217	32.909	62	76.630	81.381	90.802	102.166
13	19.812	22.362	27.688	34.528	63	77.745	82.529	92.010	103.442
14	21.064	23.685	29.141	36.123	64	78.860	83.675	93.217	104.716
15	22.307	24.996	30.578	37.697	65	79.973	84.821	94.422	105.988
16	23.542	26.296	32.000	39.252	66	81.085	85.965	95.626	107.258
17	24.769	27.587	33.409	40.790	67	82.197	87.108	96.828	108.526
18	25.989	28.869	34.805	42.312	68	83.308	88.250	98.028	109.791
19	27.204	30.144	36.191	43.820	69	84.418	89.391	99.228	111.055
20	28.412	31.410	37.566	45.315	70	85.527	90.531	100.425	112.317
21	29.615	32.671	38.932	46.797	71	86.635	91.670	101.621	113.577
22	30.813	33.924	40.289	48.268	72	87.743	92.808	102.816	114.835
23	32.007	35.172	41.638	49.728	73	88.850	93.945	104.010	116.092
24	33.196	36.415	42.980	51.179	74	89.956	95.081	105.202	117.346
25	34.382	37.652	44.314	52.620	75	91.061	96.217	106.393	118.599
26	35.563	38.885	45.642	54.052	76	92.166	97.351	107.583	119.850
27	36.741	40.113	46.963	55.476	77	93.270	98.484	108.771	121.100
28	37.916	41.337	48.278	56.892	78	94.374	99.617	109.958	122.348
29	39.087	42.557	49.588	58.301	79	95.476	100.749	111.144	123.594
30	40.256	43.773	50.892	59.703	80	96.578	101.879	112.329	124.839
31	41.422	44.985	52.191	61.098	81	97.680	103.010	113.512	126.083
32	42.585	46.194	53.486	62.487	82	98.780	104.139	114.695	127.324
33	43.745	47.400	54.776	63.870	83	99.880	105.267	115.876	128.565
34	44.903	48.602	56.061	65.247	84	100.980	106.395	117.057	129.804
35	46.059	49.802	57.342	66.619	85	102.079	107.522	118.236	131.041
36	47.212	50.998	58.619	67.985	86	103.177	108.648	119.414	132.277
37	48.363	52.192	59.893	69.346	87	104.275	109.773	120.591	133.512
38	49.513	53.384	61.162	70.703	88	105.372	110.898	121.767	134.745
39	50.660	54.572	62.428	72.055	89	106.469	112.022	122.942	135.978
40	51.805	55.758	63.691	73.402	90	107.565	113.145	124.116	137.208
41	52.949	56.942	64.950	74.745	91	108.661	114.268	125.289	138.438
42	54.090	58.124	66.206	76.084	92	109.756	115.390	126.462	139.666
43	55.230	59.304	67.459	77.419	93	110.850	116.511	127.633	140.893
44	56.369	60.481	68.710	78.750	94	111.944	117.632	128.803	142.119
45	57.505	61.656	69.957	80.077	95	113.038	118.752	129.973	143.344
46	58.641	62.830	71.201	81.400	96	114.131	119.871	131.141	144.567
47	59.774	64.001	72.443	82.720	97	115.223	120.990	132.309	145.789
48	60.907	65.171	73.683	84.037	98	116.315	122.108	133.476	147.010
49	62.038	66.339	74.919	85.351	99	117.407	123.225	134.642	148.230
50	63.167	67.505	76.154	86.661	100	118.498	124.342	135.807	149.449

表5　Wilcoxon T 検定表

N	P		
	0.05	0.01	0.001
6	0		
7	2		
8	3	0	
9	5	1	
10	8	3	
11	10	5	0
12	13	7	1
13	17	9	2
14	21	12	4
15	25	15	6
16	29	19	9
17	34	23	11
18	40	27	14
19	46	32	18
20	52	37	21
21	58	42	26
22	65	48	30
23	73	54	35
24	81	61	40
25	89	68	45

表 6-1　Mann-Whitney U 検定表

: $P < 0.05$　（n_1, n_2 はどちら向きに見ても同じ）

	2	3	4	5	6	7	8	9	10	11	12	13	14	15	16	17	18	19	20
2	-	-	-	-	-	-	0	0	0	0	1	1	1	1	1	2	2	2	2
3	-	-	-	0	1	1	2	2	3	3	4	4	5	5	6	6	7	7	8
4	-	-	0	1	2	3	4	4	5	6	7	8	9	10	11	11	12	13	14
5	-	0	1	2	3	5	6	7	8	9	11	12	13	14	15	17	18	19	20
6	-	1	2	3	5	6	8	10	11	13	14	16	17	19	21	22	24	25	27
7	-	1	3	5	6	8	10	12	14	16	18	20	22	24	26	28	30	32	34
8	0	2	4	6	8	10	13	15	17	19	22	24	26	29	31	34	36	38	41
9	0	2	4	7	10	12	15	17	20	23	26	28	31	34	37	39	42	45	48
10	0	3	5	8	11	14	17	20	23	26	29	33	36	39	42	45	48	52	55
11	0	3	6	9	13	16	19	23	26	30	33	37	40	44	47	51	55	58	62
12	1	4	7	11	14	18	22	26	29	33	37	41	45	49	53	57	61	65	69
13	1	4	8	12	16	20	24	28	33	37	41	45	50	54	59	63	67	72	76
14	1	5	9	13	17	22	26	31	36	40	45	50	55	59	64	69	74	78	83
15	1	5	10	14	19	24	29	34	39	44	49	54	59	64	70	75	80	85	90
16	1	6	11	15	21	26	31	37	42	47	53	59	64	70	75	81	86	92	98
17	2	6	11	17	22	28	34	39	45	51	57	63	69	75	81	87	93	99	105
18	2	7	12	18	24	30	36	42	48	55	61	67	74	80	86	93	99	106	112
19	2	7	13	19	25	32	38	45	52	58	65	72	78	85	92	99	106	113	119
20	2	8	14	20	27	34	41	48	55	62	69	76	83	90	98	105	112	119	127

【注意】− はデータ数が少なく検定不可。表の中の数値と等しいか、それ以下であれば、有意確率 $P < 0.05$ で有意。

表 6-2　Mann-Whitney U 検定表

∴ $P < 0.01$　　(n_1, n_2 はどちら向きに見ても同じ)

	2	3	4	5	6	7	8	9	10	11	12	13	14	15	16	17	18	19	20
2	-	-	-	-	-	-	-	-	-	-	-	-	-	-	-	-	-	0	0
3	-	-	-	-	-	-	0	0	0	1	1	1	2	2	2	2	3	3
4	-	-	-	-	0	0	1	1	2	2	3	3	4	5	5	6	6	7	8
5	-	-	-	1	1	1	2	3	4	5	6	7	7	8	9	10	11	12	13
6	-	-	0	1	2	3	4	5	6	7	9	10	11	12	13	15	16	17	18
7	-	-	0	1	3	4	6	7	9	10	12	13	15	16	18	19	21	22	24
8	-	-	1	2	4	6	7	9	11	13	15	17	18	20	22	24	26	28	30
9	-	0	1	3	5	7	9	11	13	16	18	20	22	24	27	29	31	33	36
10	-	0	2	4	6	9	11	13	16	18	21	24	26	29	31	34	37	39	42
11	-	0	2	5	7	10	13	16	18	21	24	27	30	33	36	39	42	45	48
12	-	1	3	6	9	12	15	18	21	24	27	31	34	37	41	44	47	51	54
13	-	1	3	7	10	13	17	20	24	27	31	34	38	42	45	49	53	57	60
14	-	1	4	7	11	15	18	22	26	30	34	38	42	46	50	54	58	63	67
15	-	2	5	8	12	16	20	24	29	33	37	42	46	51	55	60	64	69	73
16	-	2	5	9	13	18	22	27	31	36	41	45	50	55	60	65	70	74	79
17	-	2	6	10	15	19	24	29	34	39	44	49	54	60	65	70	75	81	86
18	-	2	6	11	16	21	26	31	37	42	47	53	58	64	70	75	81	87	92
19	0	3	7	12	17	22	28	33	39	45	51	57	63	69	74	81	87	93	99
20	0	3	8	13	18	24	30	36	42	48	54	60	67	73	79	86	92	99	105

【注意】− はデータ数が少なく検定不可。表の中の数値と等しいか、それ以下であれば、有意確率 $P < 0.01$ で有意。

表7　Kruskal-Wallis 検定表　　（表の値は H）

n1	n2	n3	0.05	0.01
2	2	2	—	—
2	2	3	4.714	—
2	2	4	5.333	—
2	2	5	5.160	6.533
2	2	6	5.346	6.655
2	2	7	5.143	7.000
2	2	8	5.356	6.664
2	2	9	5.260	6.897
2	2	10	5.120	6.537
2	2	11	5.164	6.766
2	2	12	5.173	6.761
2	2	13	5.199	6.792
2	3	3	5.361	—
2	3	4	5.444	6.444
2	3	5	5.251	6.909
2	3	6	5.349	6.970
2	3	7	5.357	6.839
2	3	8	5.316	7.022
2	3	9	5.340	7.006
2	3	10	5.362	7.042
2	3	11	5.374	7.094
2	3	12	5.350	7.134
2	4	4	5.455	7.036
2	4	5	5.273	7.205
2	4	6	5.340	7.340
2	4	7	5.376	7.321
2	4	8	5.393	7.350
2	4	9	5.400	7.364

n1	n2	n3	0.05	0.01
2	4	10	5.345	7.357
2	4	11	5.365	7.396
2	5	5	5.339	7.339
2	5	6	5.339	7.376
2	5	7	5.393	7.450
2	5	8	5.415	7.440
2	5	9	5.396	7.447
2	5	10	5.420	7.514
2	6	6	5.410	7.467
2	6	7	5.357	7.491
2	6	8	5.404	7.522
2	6	9	5.392	7.566
2	7	7	5.398	7.491
2	7	8	5.403	7.571
3	3	3	5.600	7.200
3	3	4	5.791	6.746
3	3	5	5.649	7.079
3	3	6	5.615	7.410
3	3	7	5.620	7.228
3	3	8	5.617	7.350
3	3	9	5.589	7.422
3	3	10	5.588	7.372
3	3	11	5.583	7.418
3	4	4	5.599	7.144
3	4	5	5.656	7.445
3	4	6	5.610	7.500
3	4	7	5.623	7.550
3	4	8	5.623	7.585

n1	n2	n3	0.05	0.01
3	4	9	5.652	7.614
3	4	10	5.661	7.617
3	5	5	5.706	7.578
3	5	6	5.602	7.591
3	5	7	5.607	7.697
3	5	8	5.614	7.706
3	5	9	5.670	7.733
3	6	6	5.625	7.725
3	6	7	5.689	7.756
3	6	8	5.678	7.796
3	7	7	5.688	7.810
4	4	4	5.692	7.654
4	4	5	5.657	7.760
4	4	6	5.681	7.795
4	4	7	5.650	7.814
4	4	8	5.779	7.853
4	4	9	5.704	7.910
4	5	5	5.666	7.823
4	5	6	5.661	7.936
4	5	7	5.733	7.931
4	5	8	5.718	7.992
4	6	6	5.724	8.000
4	6	7	5.706	8.039
5	5	5	5.780	8.000
5	5	6	5.729	8.028
5	5	7	5.708	8.108
5	6	6	5.765	8.124

表8 相関係数検定表

P	0.05	0.01	0.001
3	0.997	1.000	1.000
4	0.950	0.990	0.999
5	0.878	0.959	0.991
6	0.811	0.917	0.974
7	0.755	0.875	0.951
8	0.707	0.834	0.925
9	0.666	0.798	0.898
10	0.632	0.765	0.872
11	0.602	0.735	0.847
12	0.576	0.708	0.823
13	0.553	0.684	0.801
14	0.532	0.661	0.780
15	0.514	0.641	0.760
16	0.497	0.623	0.742
17	0.482	0.606	0.725
18	0.468	0.590	0.708
19	0.456	0.575	0.693
20	0.444	0.561	0.679
21	0.433	0.549	0.665
22	0.423	0.537	0.652
23	0.413	0.526	0.640
24	0.404	0.515	0.629
25	0.396	0.505	0.618
26	0.388	0.496	0.607
27	0.381	0.487	0.597
28	0.374	0.479	0.588
29	0.367	0.471	0.579
30	0.361	0.463	0.570

表9 順位相関係数検定表

P	0.05	0.01
5	1.000	—
6	0.886	1.000
7	0.786	0.929
8	0.738	0.881
9	0.700	0.833
10	0.648	0.794
11	0.618	0.755
12	0.587	0.727
13	0.560	0.703
14	0.539	0.675
15	0.521	0.654
16	0.503	0.635
17	0.485	0.615
18	0.472	0.600
19	0.460	0.584
20	0.447	0.570
21	0.435	0.556
22	0.425	0.544
23	0.415	0.532
24	0.406	0.521
25	0.398	0.511
26	0.390	0.501
27	0.382	0.491
28	0.375	0.483
29	0.368	0.475
30	0.362	0.467

表10　歪度 $|Sk|$ の有意点

P	0.05	0.01
30	0.664	0.990
35	0.623	0.925
40	0.588	0.871
45	0.559	0.825
50	0.533	0.786
60	0.492	0.722
70	0.459	0.671
80	0.432	0.630
90	0.409	0.595
100	0.389	0.565
150	0.321	0.464
200	0.280	0.402
250	0.251	0.360
300	0.230	0.329
350	0.213	0.305
400	0.200	0.285
450	0.189	0.269
500	0.179	0.255
550	0.171	0.243
600	0.164	0.233
650	0.157	0.224
700	0.152	0.216
750	0.146	0.208
800	0.142	0.202
850	0.138	0.196
900	0.134	0.190
950	0.130	0.185
1000	0.127	0.18

表11　尖度 Kt の有意点

P	0.99	0.95	0.05	0.01
50	1.95	2.15	3.99	4.88
75	2.08	2.27	3.87	4.59
100	2.18	2.35	3.77	4.39
125	2.24	2.40	3.71	4.24
150	2.29	2.45	3.65	4.13
200	2.37	2.51	3.57	3.98
250	2.42	2.55	3.52	3.87
300	2.46	2.59	3.47	3.79
350	2.50	2.62	3.44	3.72
400	2.52	2.64	3.41	3.67
450	2.55	2.66	3.39	3.63
500	2.57	2.67	3.37	3.60
550	2.58	2.69	3.35	3.57
600	2.60	2.70	3.34	3.54
650	2.61	2.71	3.33	3.52
700	2.62	2.72	3.31	3.50
800	2.65	2.74	3.29	3.46
900	2.66	2.75	3.28	3.43
1000	2.68	2.76	3.26	3.41
1200	2.71	2.78	3.24	3.37
1400	2.72	2.80	3.22	3.34
1600	2.74	2.81	3.21	3.32
1800	2.76	2.82	3.20	3.30
2000	2.77	2.83	3.18	3.28
2500	2.79	2.85	3.16	3.25
3000	2.81	2.86	3.15	3.22
3500	2.82	2.87	3.14	3.21
4000	2.83	2.88	3.13	3.19
4500	2.84	2.88	3.12	3.18
5000	2.85	2.89	3.12	3.17

統計表

付 録

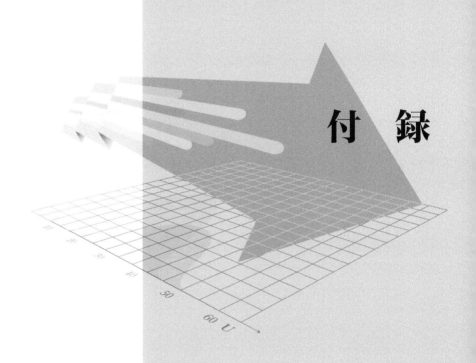

付録 01　StatFlexのインストール

　StatFlexV6 サンプルバージョンを次の要領でインストールすれば、本書で解説した統計処理をすべて実行できます。
プログラムファイルは ZIP（拡張子 zip）形式で圧縮し、一つのファイルにまとめてあります。ダウンロードしたあと圧縮/解凍ツールを使って展開して使用してください。

インストール手順

1. 「https://www.statflex.net/textbook-statflex」より、プログラムのダウンロードのページに移動
2. 「StatFlexV6 サンプルバージョン」（SFV6Sample.zip）をクリックしてダウンロード
3. 適当なホルダーに zip ファイルを移動
4. zip ファイルを選択して、右クリック　→　「展開」を選択
5. 展開時のパスワード「statflex」を入力
6. 展開したフォルダー内の setup.exe を実行し、右頁の手順に従ってインストール

StatFlex 製品版との違い

　本書に付属している StatFlex 基礎統計版は、株式会社アーテックにて販売されている汎用統計ソフトウェア StatFlex を、基礎統計学の学習に必要な機能に限定したバージョンです。製品版との違いは、以下のとおりです。

- 利用できるデータの大きさに制限 (20 列、1500 行) があります。
- 統計データを保存できません。
- 自動グラフのコピーや編集機能を利用できません。
- 多変量解析など、高度な統計機能には対応していません。
- ビジュアルクロス集計機能を利用できません。

　なお、本書に掲載したプログラムやデータなどは著作権法により保護されています。著作者の許諾を得ずに、プログラムおよびデータそのものまたは改変したものを配布したり販売したりすることはできません。

StatFlex 本体のインストール

1. 次へ をクリック

2. 完全 をクリック

3. インストール をクリック

この後、Windows 8.1/10 の場合、「ユーザーアカウント制御」の確認ダイアログがでます。 はい を選択してください。

4. 完了 をクリック

完了すると、デスクトップにショートカット（上図）が作成される

付録 02 StatFlexの機能と基本的な使い方

基本事項

■ データ形式と視点

　StatFlex では、統計処理用のデータを 4 つの形式に分類しています。新規にデータを作成する場合には、どのデータ形式であるかを指定する必要があります。他の統計ソフトウェアではこの指定がないため、誤った統計処理を選択したり、適切でないグラフが作成されることがあります。データ形式を決めることで、このような間違いを防ぐことができるため、StatFlex では先にデータ形式を指定する方式（データ形式主導方式）を採用しています。

　また、StatFlex ではデータシートを 3 次元的に構成しているため、データ形式毎に 2 つまたは 3 つの視点を利用できます。データ形式と視点によって利用可能な統計手法やグラフ形式が変化します。以下、各データ形式とその視点の意味について概説します。

■ データベース型（基本視点：前方視点）

通常のデータベースの基本要素となるテーブルに相当するデータ形式です。異なる種類の測定値は列方向に配置され、1 つ 1 つの 1 レコードは行方向に配置されます。次の特徴があります。

- 単一のデータシート（1 頁）で構成され、列の長さは全列一定です。
- 任意の列を基準に、その列のデータの大きさや種類でシートを分割（群分け）し、独立多群型に変換できます。

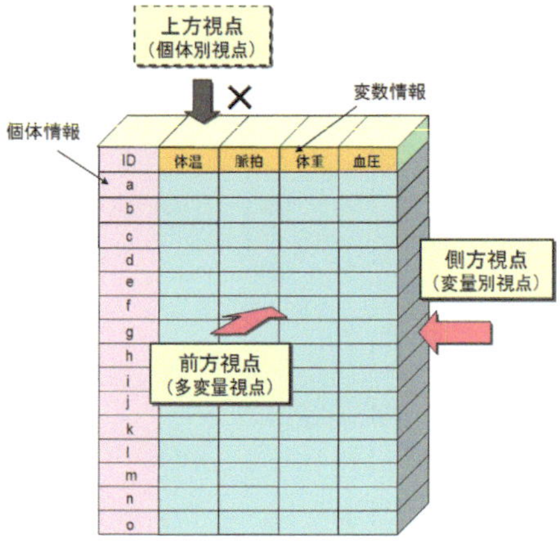

利用可能な統計処理

　前方視点　基本統計量、二変量統計、多変量解析、ほか

　側方視点　基本統計量

■ 独立多群型（基本視点：側方視点）

特定の計測値が列ごとに複数の群に分割されており、その群内比較を行うためのデータ構造です。列間の繋がりを持たないことから、独立多群型と呼びます。次の特徴を持ちます。

- 各頁のデータシートは全て同じ変数の計測値からなっており、1つの列が1つの群を表します。

- 行数は、通常、列ごとに違います。

- 統合機能によって群分けを解除し、データベース型に変換できます。

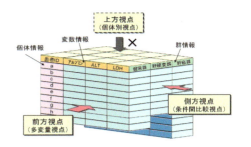

利用可能な統計処理

　前方視点 基本統計量、二変量統計、相関行列の計算、多変量解析、ほか

　側方視点 基本統計量、独立2群の差の検定（2標本 t 検定、F 検定、Mann-Whitney 検定）、独立多群の差の検定（一元配置分散分析、Bartlett 検定、Kruskal-Wallis 検定）、判断分析（ROC）

■ **関連多群型（基本視点：側方視点）**

特定の計測値の変化を、条件の違い（投薬前後、左右の筋力など）比較するためのデータ形式です。同じ個体に対して条件を変化させて計測しているため、列間に繋がりがあり、次の特徴があります。

- 各頁のデータシートは全て同じ変数のデータからなっており、1つの列が1種類の計測条件となっています。

- 各列の行数は必ず一定になります。

- 群間比較の場合、欠測値のある行は1行分の全ての値が除外対象となります。

- データベース型から関連多群型を構築することはできません。新規作成から関連多群型を選択して入力してください。

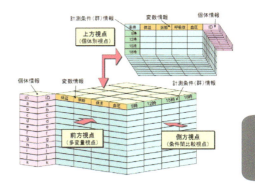

利用可能な統計処理

　前方視点 基本統計量、多変量解析、ほか

　側方視点 基本統計量、関連2群の差の検定（1標本 t 検定、1標本 Wilcoxon 検定）

■ **個体別型**

複数の変数を個体毎に任意の時点で経時的に計測を行った場合のデータ形式です。本書では利用しないため省略します。

変数型と自動グラフ

StatFlex は、データシートに貼り付けられたデータを自動的に解析し、その**変数型**を判定します。統計処理やグラフ作成は、この変数型に応じて行われます。

■ 変数型

変数型には、大きく分けて**数値・時間型**、**カテゴリ型**、**文字型**の 3 種類があります。

- 数値・時間型

    整数型 整数値で構成されるデータ（年齢、日数など）

    実数型 実数値で構成されるデータ（体重、生存率など）

    時間型 年月日、時分などで構成されるデータ

- カテゴリ型

    2 値型 0 と 1 のみで構成される型（性別、喫煙習慣の有無など）

    段階型 整数で構成されるが、その種類の少ないデータ（アンケートの 5 段階評価項目など）

    ユーザ型 文字で構成されるが、その種類の少ないデータ（血液型、国籍など）

- 文字型

    文字で構成され、その種類が多いもの。この変数型に対しては統計処理もグラフ作成も行いません。統計に利用したいデータが間違って文字型に判定されてしまった場合、変数情報設定によりユーザ型など他の型に変換することができます。

■ 自動グラフ

StatFlex では、データ入力（読込）と同時に、そのデータの変数型に対応したグラフを自動的に表示します。これを**自動グラフ**と呼びます。大きく分けて**数値・時間型**のグラフと、**カテゴリ型**のグラフがあります。それぞれの変数型のグラフを次に示します。

■ 数値・時間型のグラフ

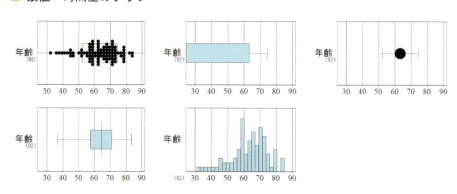

散布図、棒グラフ、記号ひげ図、箱ひげ図、度数分布図を利用できます。

■ カテゴリ型のグラフ

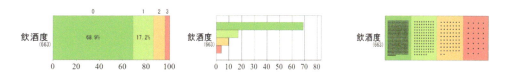

帯グラフ、棒グラフ、度数配置図を利用できます。

また、特定のデータ形式や視点でしか選択できないグラフもあります。

■ 相関図
前方視点でのみ利用可能です。

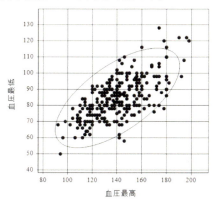

■ 折れ線図
関連多群型の側方視点でのみ利用可能です。

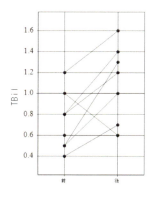

データの取り込み（新規作成）

StatFlex で解析する統計データを新規作成するには、いくつかの方法があります。最も一般的なのは、あらかじめ Excel などで入力したデータを、コピー&ペーストで StatFlex のデータシートに貼り付ける方法です。その手順は以下の通りです。

■ ステップ 1
新規作成ボタン をクリックします。

■ ステップ 2
統計データの新規作成パネルが開かれ、データ形式を選択し、OK をクリックします。

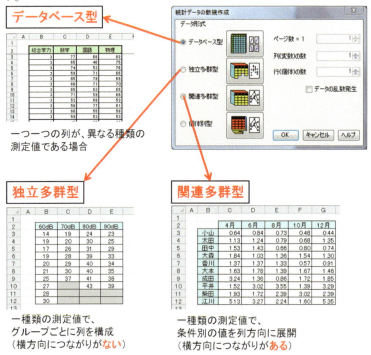

データベース型
一つ一つの列が、異なる種類の測定値である場合

独立多群型
一種類の測定値で、グループごとに列を構成
（横方向につながりが**ない**）

関連多群型
一種類の測定値で、条件別の値を列方向に展開
（横方向につながりが**ある**）

> 貼り付けるデータの大きさに応じて、自動的にデータシートのサイズは拡張されます。そのため、あらかじめ頁・列・行のサイズを指定する必要はありません。

■ ステップ 3
Excel でコピーしたデータを、データシートの適切な位置に貼り付けます。データブロックの**左上隅セル**に相当するデータシート上のセルで**右クリック**して、メニューから「貼り付け」を選択して、その右下方向にデータが貼り付けられます。データシートには、**ヘッダー領域**（灰色）と**データ領域**（水色）があり、ヘッダーを含むデータの場合は、データシートのヘッダー領域で右クリックして貼り付ける必要があります。

■ 貼り付け時の自動確認と修正

　StatFlex では、貼り付け時にデータを自動的に分析し、貼り付け位置の妥当性や、非数値データの混入などを確認しています。貼り付け位置に問題がある場合には右図の確認パネルが開きます。

　また非数値の混入が疑われる場合は、そのデータ位置の一覧表が出ますので、各行でダブルクリックすると、その表位置が表示され、データを修正できます（下図）。

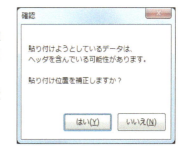

　貼り付けるデータを分析して、変数型の判定が行われます。自動判定とは異なる変数型に変更する場合には、変数情報設定（Var1）で指定できます。

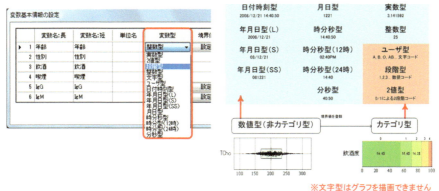

※文字型はグラフを描画できません

付録

289

演習データの読込み

本書で利用する演習用のファイルの読み込み手順を説明します。演習用のファイルはCDの「演習ファイル」フォルダーの中にあります。

ステップ1： 開く をクリックして、演習用のファイルを開きます。

ステップ2：CDのサンプルファイルを指定して開きます。

StatFlexの基本的な使い方

グラフの調整法

変数型とグラフの関係については「1.2 変数型と自動グラフ」を参照してください。

■ グラフ形式の変更

グラフの種類選択では、数値型・時間型とカテゴリ型でそれぞれグラフの種類を指定することができます。

上段で 数値・時間型 変数、**下段**で カテゴリ型 変数のグラフ形式を指定します。

数値型・時間型のグラフでは、散布図（C・S付き）、記号ひげ図、箱図、箱ひげ図で表示される中心と散布度を［数値型・時間型］枠内の下部の表で設定できます。中心（C、Center）と散布度（S、Spread）には、**パラメトリックモードとノンパラメトリックモード**があり、前者ではCとして平均値、Sとして標準偏差または標準誤差を、後者ではCとして中央値、Sとして任意のパーセンタイル値（既定値は25％～75％の範囲）を指定できます。

■ グラフ設定パネル

　グラフの詳細なカスタマイズができます。カスタマイズしたい部位ごとに、6 頁に分けています。詳しくは ヘルプ を参照してください。

- 相関図の信頼域表示
  ［二変量図］→［信頼域の表示］
- 度数分布図の理論曲線を表示
  ［一変量図］→［度数分布図］→［理論曲線］

　変更後に プレビュー をクリックすると、変更後の状態を確認できます。 OK を押さずに右上隅の × でパネルを閉じると、いつでも変更を取り消せますので、パネルのどこを変更するとグラフのどこが変わるのかを自由に試してみることができます。

■ 変数基本情報の設定 Var1

　変数名、変数型、境界値（数値型・時間型のみ）、カテゴリ情報（カテゴリを持つ場合のみ）、べき乗値（数値型のみ）、変換原点（数値型のみ）、小数位（実数型のみ）を設定できます。

　貼り付け時に StatFlex によって意図しない変数型に自動判定された場合など、このパネルで変更できます。

■ 度数分布の階級値など Var2

　表示域、度数分布分割数、参照域に関する設定ができます。表示域の上下限値がともに 0 のとき、StatFlex は自動的にその領域を決めます。度数分布図では、表示域の上下限値を決めて分割数を指定できます。参照域は 3 通り設定でき、表示するものにチェックを付けて上下限を入力します。

上図に従って表示域と度数分布分割数を変更した例を下図に示します。左は表示域および度数分布分割数を設定しない状態の度数分布図で、右は 34.55 から 37.55 の表示域を 30 分割した度数分布図です。

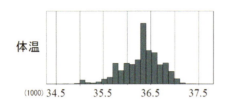
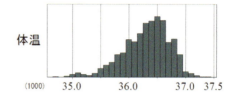

データの並べ替え

■ 前方視点の場合

最大 4 変数を基準に並べ替えできます（複数の変数を指定した場合、上のものが優先されます）。

さらに各変数の並び順について、昇順（値が小さいものが上）、降順（値が大きいものが上）を指定できます。

■ 側方視点の場合

並べ替えは変数単位で行われます。側方視点は単変数であるため、列毎に独立した形で並べ替わります。

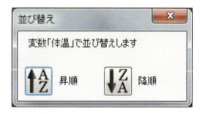

値の一時除外

特定のデータを一時的に除外したい場合、その色を変えて表示し、グラフの描画や統計処理では利用しないように指定する機能です。

除外したい値のセルを選択し、左図のツールボタン 削 （または 削 ）をクリックすると、値が除外されます。

除外されると、セルの背景が水色になり、値が赤（または青）で表示されます。

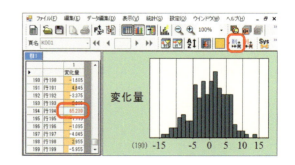

統計表機能

StatFlex には以下の 26 種類の統計表が組み込まれています。

- t 分布表
- χ^2 分布表
- F 分布表（P =0.001、0.01、0.05、0.2、0.5）
- 符号検定表
- 1 標本 Willcoxon 検定表
- Mann Whitney U 表（P <0.001、0.01、0.05）
- Friedman 検定表（P <0.01、0.05）

- 相関係数検定表
- Spearman 順位相関係数検定表
- Kruskal-Wallis 検定表
- 尖度検定表
- 歪度検定表
- スミルノフ棄却検定表
- 多重比較 q 表（P =0.01、0.05）
- 多重比較 Q 表
- 多重比較 q' 表（P =0.01、0.05）
- 多重比較 Q' 表

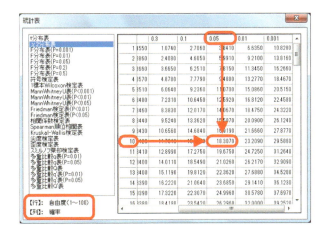

　上図は自由度 10 の χ^2 分布において、P =0.05 となる χ^2 値を調べているところです。表の見方は表によって異なります。左の統計表リストから任意の検定表を選ぶと、リストの下（上図内の赤枠）に表の行と列の意味が表示されます。この例の χ^2 検定表では行が自由度、列が有意確率になっており、図のように両者の交点の数値が求める χ^2 値です。

統計量→確率の計算機能

前述のように、統計表を使って特定の有意水準に対する統計量の有意点を調べることで、観察した統計量の有意性を判定できます。さらに StatFlex では、以下の理論分布に対して、その任意の統計量に対する有意確率を直接求める機能があります。

- 正規分布（z スコア）
- t 分布（t 値、自由度）
- χ^2 分布（χ^2 値、自由度）
- F 分布（F 値、自由度 1、自由度 2）
- 二項分布（比率、試行数、実現数）
- ポワソン分布（期待度数、実現度数）

以下は、自由度 10 の t 分布において、$t=2.1$ の有意確率を求める例を示します。［統計］メニューから［統計量→確率の計算］を選ぶと、下図左のパネルが表示されます。

1. t 分布を選び、実行 をクリック

2. t 値と自由度を指定し、OK をクリック

ここで 送る をクリックすると、統計情報パネルへ記録されます。

3. 計算結果が表示される

memo

第12章

参考文献

第12章 01 参考文献

A. 一般統計：

1) Wonnacott, T.H.and Wonnacott,R.J.: Introductory Statistics, 2nd ed., John Wiley & Sons, 1972.

2) Wonnacott, R.J.and Wonnacott,T.H.: Introductory Statistics, 4thed., John Wiley & Sons,1985.

3) Hamburg, M.: Statistical Analysisfor Decision Making, 2nd ed., Harcourt Brace Jovanovich, 1977.

4) Milton, J.S.and Arnold,J.C: Probability and Statistics in the Engineering and Computing Sciences, McGraw-Hill Book Company,1986.

5) Sachs,L.: Applied Statistics: AHandbook of Techniques(English translation by Reynarowych, Z.), Springer-Verlag,1982.

6) Woolson, R. F.:Statistical Methods for the Analysis of Biomedical Data, JohnWiley & Sons,1987.

7) Daniel, W. W. :Biostatistics:A Foundation for Analysisin the Health Sciences, 4th ed., John Wiley & Sons, 1987.

8) 岸根卓郎：理論応用統計学，養賢堂，1966.

9) 福井三郎ら：推計学入門演習，産業図書，1960.

10) 藤沢偉作：楽しく学べる統計教室，現代数学社，1978.

11) 小寺平治：明解演習数理統計，共立出版，1986.

12) 水野哲夫：臨床統計学：治療評価を中心として，医学書院，1976.

13) 石居進：生物統計学入門：具体例による解説と演習，培風館，1975.

14) キャンベル, R, C．：生物系のための統計学入門，第2版（石居進訳),培風館,1976.

15) 市原清志: バイオサイエンスの統計学，南江堂，1990.

B. ノンパラメトリック統計：

1) Siegel,S:Nonparametric Statistics for the Behavioral Sciences, McGraw-Hill BookCompany,1956.

2) Siegel,S. and Castellan, N.J.Jr.:Nonparametric Statistics for the Behavioral Sciences,2nd ed., McGraw-HillBookCompany, 1988.

3) Conover,W.J.: Practical Nonparametric Statistics, 2nd ed., John Wiley & Sons, 1980.

4) Leach,C.: Introduction to Statistics:A Nonparametric Approachforthe Social Sciences,John Wiley & Sons,1979.

5) KrauthJ.: Distribution-Free Statistics: An Application-Oriented Approach(Techniquesm the Behavioral and Neural Sciences,Vol.2,Huston, J・P.ed.) ,Elsevier Science Publishers B. V.,1988.

6) レーマン,E.L.: ノンパラメトリックス: 順位にもとづく統計的方法（鍋谷清治ら訳), 森北出版, 1976.

7) 柳川尭：ノンパラメトリック法（新統計学シリーズ9），培風館，1982.

D. 応用統計:

1) Wonnacott, T. H. and Wonnacott, R. J.: Regression: A Second Coursein Statistics, John Wiley & Sons, 1981.

2) Neter, J. et al.: Applied Linear Statistical Models: Regression, Analysisof Variance, and Experimental Designs, 2nd ed., Richard D. Irwin, 1985.

3) Miller, R. G. Jr.: Beyond ANOVA, Basics of Applied Statistics, John Wiley & Sons, 1986.

4) Kish, L. : Statistical Design for Research, John Wiley & Sons, 1987.

5) Little, R. J. A. and Rubin, D. B.: Statistical Analysis with Missing Data, John Wiley & Sons,1987.

6) Exploring Data Tables, Trends, and Shapes, Hoaglin, D. C. et al. eds. , John Wiley & Sons, 1985.

7) Understanding Robust and Exploratory Data Analysis, Hoaglin, D. C. et al. eds.,John Wiley & Sons, 1983.

8) Chambers, J. M. et al.: Graphical Methods for Data Analysis, Duxbury Press, 1983.

9) Anderson, S. et al.: Statistical Methods for Comparative Studies: Techniques for Bias Reduction, 2nd ed., John Wiley & Sons, 1980.

10) 柴田義貞: 正規分布: 特性と応用, 東京大学出版会, 1981.

11) 竹内啓, 藤野和建: 二項分布とポアソン分布, 東京大学出版会, 1981.

12) 宮武修, 脇本和昌: 乱数とモンテカルロ法 (数学ライブラリー47), 森北出版, 1978.

13) フライス, J. L.: 計数データの統計学: 医学・疫学を中心に (佐久間昭訳), 東京大学出版会, 1975.

14) 富永帖民: 治療効果判定のための実用統計学: 生命表法の解説, 蟹書房, 1980.

15) ドレーパー, N. R., スミス, H.: 応用回帰分析 (中村慶一訳), 森北出版, 1967.

16) 竹内啓, 大橋靖雄: 統計的推測: 2標本問題 (入門現代の数学Ⅱ), 日本評論社. 1981.

E. その他：

1) Kendall, M. G. and Buckland, W. R.: A Dictionary of Statistical Terms, 4th ed., Longman Scientific & Technical, 1982.

2) Introduction to Statistics, Statistical Tables, Mathematical Formulae, 8th ed., Lemtner,C. ed.,(Geigy Scientific Tables, Vol.2), Ciba-Geigy, 1982.

3) Moore, D. S.: Statistics: Concepts and Controversies, 2nd ed.,W. H. Freemanand Company, 1985.

4) 簡約統計数値表, 統計数値表編集委員会編, 日本規格協会, 1977.

5) 統計用語辞典, 芝祐順ら編, 新曜社, 1984.

6) 現代統計学大辞典, 中山伊知郎編, 東洋経済新報社, 1962.

7) ハブ, D.: 統計でウソをつく法: 数式を使わない統計学入門（高木秀玄訳)(ブルーバックス B-120), 講談社, 1968.

8) メインランド, D.: 医学における統計的推理（柏木力, 高橋暁正訳), 東京大学出版会, 1962.

9) ヘンケル, R. E.: 統計的検定: 統計学の基礎（松原望, 野上佳子訳), (人間科学の統計学 6), 朝倉書店, 1982.

10) Roger Johnson: Assessment of Bias with Emphasis on Method Comparison. Clin Biochem Rev 29: 37-42, 2008.

11) Passing H, Bablok W. A new biometrical procedure for testing the equality of measurements from two different analytical methods. J Clin Chem Clin Biochem 21: 709-720, 1983.

12) Kristian Linnet. Performance of Deming regression analysis in case of misspecified analytical error ratio in method comparison studies. Clinical Chemistry 44: 1024-1031,1998.

13) 市原清志：臨床検査の方法間比較法臨床検査 49: 1315-1326, 2005.

第 12 章

参考文献

索 引

A
average(平均値) ······················ 21

B
Bartlett検定 ························· 170
Bonferroni補正 ······················ 218

C
coefficient of variation(変動係数) ········ 24
CV(変動係数) ···················· 24, 161

D
dispersion(散布度) ··················· 21
Dunnett 検定 ························ 218
Dunn 検定 ·························· 218

F
F検定 ······························ 94
F分布表 ························ 96, 272

G
gaussian distribution(ガウス分布) ········ 32

I
IQR(四分位範囲) ····················· 25

K
Kruskal-Wallis 検定 ·················· 164
　　― 検定表 ······················ 277

M
Mann-Whitney 検定 ·················· 102
　　― 検定の概念 ··················· 103
　　― 検定表(U値) ·················· 275
　　― 標準誤差 ···················· 102
　　― 標本抽出実験 ················· 226
　　― 理論分布 ···················· 108
mean(平均値) ······················· 21

median(中央値) ·················· 21, 25
mode(最頻値) ······················· 21

N
normal distribution(正規分布) ··········· 32

P
paired t 検定 ························ 58
Passing-Bablok法 ················ 197, 200
Pearson の相関係数 ·················· 175
percentile(パーセンタイル) ·············· 41

Q
QD(四分位偏差) ····················· 25
quartile deviation(四分位偏差) ··········· 25

R
ROC 解析 ·························· 116

S
SE(標準誤差) ······················· 52
SEM(平均値の標準誤差) ··············· 52
Sidak 補正 ························· 218
Spearman 順位相関係数 ··············· 188
spread(広がり) ······················ 21
standard deviation(標準偏差) ············ 22
standard error(標準誤差) ·············· 52
standard major axis regression
　　(標準主軸回帰) ·················· 200
statistic(統計量) ····················· 18
statistics(統計学) ···················· 18
Student's t ·························· 82

T
Tukey 検定 ························· 218
t分布
　　― 正規分布との違い ·············· 64
t分布表 ························ 66, 271

V

variance（分散） ……………………………… *22*
variation（変動） ……………………………… *21*

W

Wilcoxon T検定表 …………………… *78, 274*
Wilcoxon 検定 ………………………………… *74*

Z

zスコア …………………………………………… *38*

ア

αエラー ………………………………………… *215*

イ

一元配置分散分析 …………………………… *155*
　　― 群間分散 …………………………… *155*
　　― 群内分散 …………………………… *155*
　　― 検定統計量F ……………………… *155*
　　― 分散分析表 ………………………… *157*
1標本 t 検定 …………………………………… *58*
　　― 検定の概念 ………………………… *58*
　　― 理論分布 …………………………… *67*
1標本Wilcoxon 検定 ………………………… *74*
1標本 t 検定
　　― 標準誤差 …………………………… *59*
陰性的中率 …………………………………… *117*

ウ

上側確率 ………………………………………… *38*

カ

回帰直線 ……………………………………… *195*
　　― 回帰係数 …………………………… *195*
　　― 最小二乗法 ………………………… *195*
　　― 独立変数 …………………………… *195*
　　― 周りの標準偏差 …………………… *195*
回帰の方向性 ………………………………… *198*
回帰予測の求心性 …………………………… *200*
χ²適合度検定 ………………………………… *140*
χ²独立性の検定 ……………………………… *144*
χ²分布表 ………………………………… *142, 273*
介入研究 ……………………………………… *211*

ガウス分布 ……………………………………… *32*
科学 ……………………………………………… *11*
過誤
　　― 第1種の過誤（α） ………………… *211*
　　― 第2種の過誤（β） ………………… *211*
傾き（回帰係数） ……………………………… *195*
カットオフ値 …………………………… *116, 119*
加法定理 ………………………………………… *98*
間隔尺度 ………………………………… *29, 44*
観察研究 ……………………………………… *220*
観察度数 ……………………………………… *144*
感度 …………………………………………… *116*
関連のある2群の差の検定
　　― 検定の概念 ………………………… *58*

キ

幾何平均回帰 ………………………………… *200*
記号 ……………………………………………… *3*
記述統計 ………………………………… *17, 19*
記述統計学 ……………………………… *16, 17*
期待度数 ……………………………………… *144*
帰無仮説 ………………………………… *16, 46*
共分散 …………………………………… *176, 177*
共変動 ………………………………………… *175*

ク

区間推定 ………………………………………… *70*
グレーゾーン ………………………………… *206*
群間差指標 …………………………………… *210*
群間変動 ……………………………………… *157*
郡内変動 ……………………………………… *157*

ケ

検出力 …………………………………………… *6*
検定の概念
　　― Kruskal-Wallis 検定 …………… *164*
　　― Mann-Whitney 検定 …………… *103*
　　― 1標本 t 検定 ……………………… *58*
　　― 独立2群の差の検定 ……………… *82*
　　― 母平均の検定 ……………………… *51*
検定の原理 …………………………………… *50*
検定の多重性 ………………………………… *217*
検定法
　　― F検定 ……………………………… *94*
　　― Kruskal-Wallis検定 ……………… *164*

─ Mann-Whitney検定	102
─ 1標本t検定	58
─ 1標本Wilcoxon検定	74
─ χ^2適合度検定	140
─ χ^2独立性の検定	144
─ 検定統計量	4
─ スピアマン順位相関係数	188
─ 相関係数	180
─ 使い分け	6
─ 等分散性の検定	94
─ 2項検定	49, 126
─ 2標本t検定	82
─ 比率の検定	126, 137
─ 母平均の検定	50, 51

コ

効果量	210
交互作用	220
交絡現象	220
個別確率	48, 131

サ

サイエンス	11
最小二乗法	199
最頻値	21
散布図	174, 178
散布度	21

シ

下側確率	38
実験的研究	220
四分位範囲(IQR)	25
四分位偏差(QD)	25
シミュレーション	
─ 1標本の統計量	67
─ 検出力の比較	112
─ 出現度数の分布	132
─ 二項分布	134
─ 2標本から求めた統計量	90
─ 標本のt値の分布	68
─ 標本相関係数	186
─ 標本平均の理論分布	52
─ 標本平均の分布	54
─ 平均値の差の標準化値tの分布	88

尺度	29
尺度水準	29
自由度	73
順位相関係数	
─ 検定表	278
順序尺度	29, 44
純粋な日間変動	161
真陰性	116
真陽性	116
信頼区間	17
推計学	16, 17
スピアマン順位相関係数	188

セ

正規近似	
─ Mann-Whitney 検定	102
─ 二項分布	137
正規性	6, 204
正規分布	32
─ t分布との違い	64
─ 正規分布表	270
─ zスコア	36
─ 偏差値	36
正規分布の加法定理	98
正規方程式	199
zスコア	32, 36
z変換	36
切片(回帰係数)	195
線形関係式	200
尖度	28
尖度有意点	
─ 検定表	279

ソ

相関係数	174, 176
─ Pearson の相関係数	175
─ 検定	180
─ 検定表	278
─ スピアマン順位相関係数	188
─ 正の相関	174
─ 単相関係数	175
─ 負の相関	174
─ 無相関	174
相関図	17, 188, 287
総変動	157

タ

第1種の過誤(α) …………………………… 211
対応のあるt検定 …………………………… 58
対称補正
 — 二項分布 …………………………… 137
 — パーセンタイル …………………………… 41
第2種の過誤(β) …………………………… 211
対立仮説 …………………………… 16, 46
多重検定
 — Bonferroni 補正 …………………………… 217
 — Sidak 補正 …………………………… 217
多重比較法 …………………………… 217
多変量解析 …………………………… 17, 223

チ

中央値 …………………………… 21, 25
調査研究 …………………………… 220, 223

ト

統計学 …………………………… 10
 — 統計学 …………………………… 10
統計学的仮説検定
 — 統計学 …………………………… 16
統計学的推定
 — 統計学 …………………………… 70, 92
統計的仮説検定 …………………………… 46
統計表 …………………………… 269
 — F分布表 …………………………… 272
 — Kruskal-Wallis検定表 …………………………… 277
 — Mann-Whitney U 検定表 …………………………… 275
 — t分布表 …………………………… 271
 — Wilcoxon T 検定表 …………………………… 78, 274
 — χ^2分布表 …………………………… 273
 — 順位相関係数検定表 …………………………… 278
 — 正規分布表 …………………………… 270
 — 尖度検定表 …………………………… 279
 — 相関係数検定表 …………………………… 278
 — 歪度検定表 …………………………… 279
統計量 …………………………… 17, 18
 — 相関係数 …………………………… 18
 — 平均値 …………………………… 18
等分散性の検定 …………………………… 94
特異度 …………………………… 116
独立2群の差の検定 …………………………… 82
 — 検定の概念 …………………………… 82

度数分布 …………………………… 20

ニ

2×2分割表 …………………………… 144
2項検定 …………………………… 126
 — 標本抽出実験 …………………………… 228, 229
二項分布 …………………………… 49, 134
日間CV …………………………… 161
日内CV …………………………… 161
2標本 t 検定 …………………………… 82
 — 標準誤差 …………………………… 83
2変量正規乱数 …………………………… 186

ノ

ノンパラメトリック法 …………………………… 44
 — Kruskal-Wallis検定 …………………………… 164
 — Mann-Whitney検定 …………………………… 102
 — スピアマン順位相関係数 …………………………… 188

ハ

パーセンタイル …………………………… 41, 43
箱ひげ図 …………………………… 26
パラメトリック法 …………………………… 44, 58
反証の論理 …………………………… 47
反証法 …………………………… 16

ヒ

ピアソンの積率相関係数 …………………………… 174
比尺度 …………………………… 29
ヒストグラム …………………………… 20
百分位数 …………………………… 41
標準化 …………………………… 36
標準誤差
 — Mann-Whitney検定 …………………………… 102
 — 1標本 t 検定 …………………………… 59
 — スピアマン順位相関係数 …………………………… 190
 — 相関係数 …………………………… 180
 — 2標本 t 検定 …………………………… 83
 — 平均値の …………………………… 52
標準主軸回帰 …………………………… 200
標準正規分布 …………………………… 32
標準正規分布表 …………………………… 37
標準偏差 …………………………… 22, 23
費用対効果 …………………………… 210
標本 …………………………… 13, 16

― ゆらぎ ……………………………… 14, 15
標本相関係数 ……………………………… 176
標本抽出実験
　　― Kruskal-Wallis検定 ……………………… 232
　　― Mann-Whitney検定 ………………………… 226
　　― 相関係数 ……………………………… 237
　　― 2項検定 ……………………………… 228, 229
標本標準偏差 ……………………………… 22
標本分散 ……………………………… 22
比率の検定 ……………………………… 126
広がり ……………………………… 21

フ
分散 ……………………………… 22
分布
　　― F分布 ……………………………… 96
　　― Kruskal-Wallis検定統計量H ……… 168
　　― Mann-Whitney検定統計量U ……… 108
　　― t分布 ……………………………… 66
　　― χ^2分布 ……………………………… 142
　　― 正規分布 ……………………………… 32
　　― 二項分布 ……………………………… 137
　　― 標本相関係数の理論分布 ……… 185
分布型 ……………………………… 35
分類尺度 ……………………………… 29

ヘ
平均値 ……………………………… 21
βエラー ……………………………… 215
偏差 ……………………………… 21
偏差積 ……………………………… 176
偏差積和 ……………………………… 177
偏差値 ……………………………… 36
変動 ……………………………… 21
変動係数 ……………………………… 24

ホ
方法間比較 ……………………………… 200
母集団 ……………………………… 13, 16
母集団
　　― 母数 ……………………………… 18
　　― 標準偏差 ……………………………… 18
　　― 母平均 ……………………………… 18
母標準偏差 ……………………………… 22
母比率 ……………………………… 134

母分散 ……………………………… 22

ム
無作為抽出 ……………………………… 13

メ
メディアン ……………………………… 21

ユ
有意確率 ……………………………… 14, 48, 131
有意確率補正法 ……………………………… 218
有意差 ……………………………… 16
有意差検定 ……………………… 16, 47, 208, 209, 215
有意水準 ……………………………… 48, 208
有意点 ……………………………… 61
尤度 ……………………………… 116
尤度比 ……………………………… 116
有病率 ……………………………… 117
ゆらぎ ……………………………… 17

ヨ
陽性的中率 ……………………………… 117

ラ
ランダム化比較試験 ……………………………… 7, 220

リ
理論分布
　　― Kruskal-Wallis 検定統計量H ……… 232
　　― Mann-Whitney 検定統計量U ……… 108
　　― 1標本 t 検定 ……………………………… 67
　　― 2標本から求めた各種統計量 ……… 90
　　― 標本相関係数 ……………………………… 185
　　― 標本平均 ……………………………… 52
　　― 平均値の差 ……………………………… 82
臨床試験 ……………………………… 211

レ
連続尺度 ……………………………… 29

ワ
歪度 ……………………………… 28
歪度有意点

著者略歴

市原清志（いちはらきよし）

1975年	山口大学医学部卒業
1979年	大阪大学大学院 医学研究科博士課程修了
1981年	大阪大学講師 医学部臨床検査診断学講座
1992年	川崎医科大学助教授 検査診断学講座
2002年	山口大学教授 医学部保健学科・病態検査学
2005年	山口大学大学院教授 医学研究科保健学専攻・生体情報検査学
2016年	山口大学大学院特命教授 同上、山口大学名誉教授
	現在に至る

専門：臨床検査医学、医学統計学、情報科学、内分泌学

主な著作
「バイオサイエンスの統計学」（㈱南江堂、1990年）
ビジュアル統計ソフト「StatFlex for Windows Ver.6」（㈱アーテック、2009年）
エビデンスに基づく検査診断実践マニュアル（日本教育研究センター、2011年）

佐藤正一（さとうしょういち）

1980年	大東医学技術専門学校卒業
2008年	千葉県循環器病センター 医療局 検査部 検査科長
2010年	千葉県救急医療センター 医療局 検査部 検査科長
2013年	千葉県救急医療センター 医療局 検査部 部長
2016年	山口大学大学院 生体情報検査学 博士課程修了
2017年	国際医療福祉大学 成田保健医療学部 医学検査学科 准教授
	現在に至る

専門：臨床検査医学、医学統計学

主な著作
病院で使える「臨床統計解析」（㈱東広社、2009年）

山下哲平（やましたてっぺい）

2006年	山口大学大学院 理工学研究科 博士課程修了
2011年	滋慶医療科学大学院大学 助手
2013年	滋慶医療科学大学院大学 助教授
2015年	山口大学大学院 理工学研究科 博士課程修了
2019年	滋慶医療科学大学院大学 講師
	現在に至る

専門：情報工学、医学統計学

主な著作
ビジュアル統計ソフト「StatFlex for Windows Ver.6」（㈱アーテック、2009年）

カラーイメージで学ぶ
〈新版〉統計学の基礎 第2版

2016年8月31日　第1刷発行
2020年5月30日　第2刷発行（定価はカバーに表示してあります）

著　　者：市原清志　佐藤正一　山下哲平
発　　行：株式会社日本教育研究センター
　　　　　〒540-0026　大阪市中央区内本町2-3-8
　　　　　　　　　　　ダイアパレスビル本町1010
　　　　　TEL:06-6937-8000　FAX:06-6937-8004
制　　作：有限会社ユーミット
プログラム開発：市原清志　山下哲平　小栁祐二　佐藤和孝
イラスト：清宮朋子
印　　刷：有限会社三共印刷

乱丁・落丁本はお取り替えいたします。
ISBN978-4-89026-180-2